Transformation

Transformation

Tiefgreifende Veränderungen verstehen, ermöglichen und gestalten

von

Oliver Haas

Klaus North

Claus-Bernhard Pakleppa

Illustrationen: Natalia Zaitseva

Verlag Franz Vahlen München

ISBN Print 978 3 8006 6559 4
ISBN ePDF 978 3 8006 6550 0
ISBN ePub 978 3 8006 6551 7

Satz: Fotosatz Buck
Zweikirchener Str. 7. 84036 Kumhausen
Druck und Bindung: Beltz Grafische Betriebe GmbH
Am Fliegerhorst 8, 99947 Bad Langensalza
Umschlaggestaltung: Ralph Zimmermann, Bureau Parapluie, nach einem Entwurf von Alexander Wege, crossover communication GmbH

CO_2 neutral
vahlen.de/nachhaltig

Gedruckt auf säurefreiem, alterungsbeständigem Papier
(hergestellt aus chlorfrei gebleichtem Zellstoff)

INHALT

PROLOG: EINE EINLADUNG ...

Bis zum 10. April 1970, dem offiziellen Ausstieg von Paul McCartney, hatten die Beatles in wenigen Jahren die Musikwelt aus den Angeln gehoben. Noch heute gelten sie als wegweisend für eine grundlegende Veränderung der Spielregeln von Populärmusik. Schaut man zurück, ist es erstaunlich, wie die Transformation der vier Liverpooler in kürzester Zeit stattgefunden hat – künstlerisch, optisch oder aufnahmetechnisch.

- Am 7. Februar 1964 betraten die „Fab Four" zum ersten Mal den amerikanischen Kontinent. Das Repertoire der in Anzug und Krawatte gekleideten Pilzköpfe bestand aus Klassikern wie „I want to hold your hand" oder „Twist and Shout". Auf ihren Konzerten kam es zu Tumulten und Menschen fielen reihenweise in Ohnmacht. Die Beatlemania war in den USA angekommen.
- Am 26. Mai 1967, also nur drei Jahre später, erschien das Album „Sgt. Pepper's Lonely Hearts Club Band". Die vier Musiker hatten sich nicht nur optisch grundlegend verändert, sondern erweiterten auch ihr musikalisches Handwerkszeug um ein vierzigköpfiges Orchester oder das bis dahin noch unbekannte Musikinstrument Mellotron. Musikalisch reichten die Stile von viktorianischen bis zu hinduistischen Stilelementen. Nebenbei revolutionierten sie die damals üblichen Aufnahmetechniken beispielsweise mit Rückwärtsaufnahmen.

Denken Sie einmal darüber nach, wie es vier Menschen über einen Zeitraum von etwas mehr als drei Jahren gelingen konnte, die Prinzipien, Spielregeln und Praktiken einer ganzen Branche zu revolutionieren. Eine Ausnahme? Mitnichten!

Es ist erst ein gutes Jahrzehnt her, dass die mobile Revolution gestartet wurde. Das erste iPhone kam am 29. Juni 2007 auf den Markt. Und neue Technologien wie künstliche Intelligenz, maschinelles Lernen oder Blockchain sind bereit, unsere Art zu handeln und zu interagieren, radikal zu verändern. Finanzen, Bildung, Unterhaltung, Gesundheit, Energie, Landwirtschaft oder wie wir in diesem Buch sehen werden, Versicherungen ... es gibt keinen Wirtschaftszweig, der sich dem digitalen Wandel entziehen kann.

Doch damit nicht genug: Klimawandel und die Eindämmung menschenerzeugter Umweltzerstörung, demografischer Wandel und alternde Gesellschaften, veränderte Rollenmuster und aufbrechende Geschlechterstereotype, Gesundheit, Mobilität, Urbanität, Konnektivität oder

Individualisierung … die Treiber tiefgreifenden Wandels haben viele Gesichter und berühren Gesellschaft, Politik, Ökonomie, Ökologie und das menschliche Miteinander weltweit. Sie alle eint, dass sie komplex, transdisziplinär, dynamisch und in ihren Auswirkungen zutiefst vielfältig sind.

Neben der Tatsache, dass viele dieser Herausforderungen im Kern nur gemeinsam, im Verbund, gelöst werden können, halten sie uns auch schmerzvoll vor Augen, dass sie sich über eine reine Optimierung und Anpassung des Status Quo nicht lösen lassen. So merken wir schon heute, dass das Handwerkszeug, das wir uns über viele Jahre angeeignet und bisher erfolgreich eingesetzt haben, plötzlich nicht mehr wirkt: eine Restrukturierung hier, eine Prozessoptimierung da. Alles schön und gut, nur greifen diese Mechanismen bei tiefgreifenden Veränderungsanlässen zu kurz und hinterlassen bei den beteiligten Akteuren nicht selten Enttäuschung, Ratlosigkeit oder gar Frustration.

Was heißt das jetzt? Abwarten? Abgucken? Aufgeben? Mitnichten!

Machen wir uns klar: Unvorhersehbare Entwicklungen und radikale, existenzielle Veränderungen in Politik, Gesellschaft, Markt und Technologie sind keine Ausnahmeerscheinungen mehr, sondern die neue „Normalität". Gefragt ist daher die Fähigkeit zur Transformation – sich selbst neu zu denken und zu erfinden.

Mit diesem Buch richten wir uns an Menschen, die sich der Verantwortung für tiefgreifende Veränderung stellen wollen – in Unternehmen, öffentlichen Institutionen, Verbänden oder gemeinnützigen Organisationen. Dabei schauen wir nicht auf spezielle Funktionsträger, sondern uns geht es um Menschen, die Lust daran haben, Zukunft zu bauen.

Verstehen Sie dieses Buch als eine Einladung: als Einladung, sich auf tiefgreifende Veränderungen nicht nur einzulassen, sondern diese ganz bewusst einzuladen und umzusetzen. Wir möchten Sie anregen, Zukunft aktiv zu gestalten. Wir bieten Ihnen hierfür Orientierung und Handlungsanleitung zugleich. Dafür haben wir den Dreiklang – Verstehen, Ermöglichen, Gestalten – gewählt, der auch das Grundmodell für die Befassung mit tiefgreifenden Veränderungen in dem Buch darstellt. Losgelöst von Hypes oder Dogmen geben wir Ihnen Impulse, Anregungen und ganz konkrete Hilfestellungen für das Design Ihrer eigenen Transformationsarchitektur. All das zielt darauf ab, Sie ins Handeln zu bringen. Wir möchten Ihren Blick auf relevante Aspekte im Wandel schärfen, diese mit Ihnen reflektieren und Sie so befähigen, den für Sie passenden Weg durch den Transformationsdschungel zu finden.

Das Buch basiert nicht nur auf unseren eigenen Erkenntnissen aus vielfältiger Transformationsbegleitung, sondern wir lassen auch Menschen aus Wirtschaft, Wissenschaft und Zivilgesellschaft zu Wort kommen, die Transformationen umgesetzt haben und ihre Erfahrungen in Form von Praxiseinblicken mit uns teilen. Auch empfehlen wir Ihnen an geeigneten Stellen immer wieder konkretes Handwerkszeug, das Sie bei Ihrer Transformationsarbeit einsetzen können – allerdings nie ohne dabei konkrete Hinweise auf die entsprechenden Anwendungskontexte zu geben.

Wie können Sie das Buch lesen? Wenn Sie noch ganz am Anfang Ihrer Transformationsarbeit stehen, lohnt es sich, das Buch in der Abfolge der Kapitel zu lesen. Gerade das gemeinsame Verstehen des Transformationsanlasses und der sich daraus ableitenden Möglichkeiten kommt oft zu kurz. Befinden Sie sich bereits in der Umsetzung, mag es sich lohnen, direkt in das „Feld der Gestaltung" zu springen und zu prüfen, ob man die relevanten Aspekte für die Umsetzung tiefgreifender Veränderungen im Blick hat. Letztendlich überlassen wir es Ihnen: Steigen Sie dort ein, wo es Ihnen passend erscheint. Aber steigen Sie ein!

Bleibt die Frage, wie die Beatles heute klingen und performen würden. Würden sie physisch zusammen mit ihren Instrumenten Menschen begeistern? Oder würde künstliche Intelligenz die Musik der Beatles, vollkommen personenunabhängig, komponieren und präsentieren? Moment, das gibt es ja bereits.[1] Nein, die Beatles wären vermutlich weiter, viel weiter. Das ist aber nicht wichtig, denn die Frage ist eher:

Wie weit wollen Sie gehen?

Bonn und Darmstadt, im Januar 2022

Oliver Haas Klaus North Claus-Bernhard Pakleppa

1 Im Jahr 2016 hat das Sony Computer Science Laboratory in Paris anhand künstlicher Intelligenz den Song „Daddy's Car" komponieren lassen, der erstaunlich nach dem Sound der Beatles klingt.

VOR DER TRANSFORMATION

01

Das Gefühl, in die Zukunft geschaut zu haben

Es ist ein sonniger Frühlingsmorgen, als Sabine Testen in den Flieger von Los Angeles nach Frankfurt am Main steigt. Sie strahlt und ist euphorisiert, denn sie hat das Gefühl, in die Zukunft geschaut zu haben. Warum? Sie kommt gerade von einer mehrtägigen Lernreise durch das Silicon Valley.

Ziel der Reise war, besser zu verstehen, welche Auswirkungen die Digitalisierung auf die Geschäftsmodelle und die internen Arbeitsweisen der Versicherungsbranche haben würden, und daraus konkrete Implikationen abzuleiten. Sabine Testen ist schon lange im Geschäft und kennt die Branche durch und durch. Gleichzeitig spürte sie in letzter Zeit immer häufiger, dass sich die Dinge verändern. Auch weiterhin liefen Versicherungsabschlüsse über Versicherungsmakler und der Mensch war der zentrale Vertriebsweg. Gleichzeitig aber spielten neue Technologien eine zunehmend größere Rolle: Seien es die Ermittlung von Betrugsfällen oder die Einschätzung von Risiken – vieles würde zukünftig über künstliche Intelligenz möglich sein. Chatbots und Sprachassistenten kommunizieren schon heute mit Kunden, Adressänderungen werden automatisiert bearbeitet. Testen schaut gedankenverloren auf ein Buch, das sie auf dem Flug in die USA angelesen hatte. Es handelt von der Disruption ganzer Branchen durch Tech-Unternehmen wie Amazon, Google oder Facebook. Und das traf auch auf die Versicherungsbranche zu. So hatte sie auf ihrer Reise durch das Silicon Valley unter anderem gelernt, dass vor allem Amazon Ambitionen zum Aufbau einer Krankenversicherung hat und in Indien bereits in einen Versicherer investiert.

Zuerst war sie unsicher, was eine Reise an die Westküste der USA bringen soll, nun aber ist sie wie aufgeladen. Sie hat das Gefühl, in eine Glaskugel geblickt und verstanden zu haben, worum es jetzt und sofort gehen muss, um die Herausforderungen in ihrer Branche anzugehen. Alles ist möglich, man muss es nur machen – und zwar schnell. Sie ist bereit dafür.

Kaum in Frankfurt gelandet, ruft sie vom Flughafen ihr komplettes Management-Board an und organisiert spontan ein Meeting für kommenden Montagmorgen. Ihre Botschaft ist unmissverständlich: „Wir müssen uns grundlegend neu aufstellen. Schluss mit Kleinklein. Jetzt müssen wir neu, anders und vor allem groß denken." Ein „Ja, aber" oder gar „Nein" akzeptiert sie nicht.

Sabine Testen ist Mitte 50 und leitet als Chief Technical Officer (CTO) den Technikbereich eines internationalen Versicherungsunternehmens. Sie hat schon viele Trends in der Versicherungsbranche kommen und gehen sehen. In den letzten Jahren ist ihr aber mehr und mehr aufgefallen, dass die Werkzeuge und Herangehensweisen bei Veränderungsmaßnahmen in ihrem Unterneh-

men, die in der Vergangenheit wunderbar funktioniert haben, nicht mehr zu greifen scheinen. Hat eine Restrukturierung kombiniert mit Personaleinsparungen vor 10 Jahren noch die nötigen Effizienzgewinne eingebracht, spürt sie schon lange, dass die Herausforderungen tiefer liegen. Im Board hatte es schon seit Monaten hitzige Diskussionen über den Rückgang des Marktanteils und die richtige Strategie, darauf zu reagieren, gegeben. Eine der Ideen, die dabei entstanden, war es, zu schauen, wie andere Unternehmen erfolgreich auf zunehmend gravierende Entwicklungen in ihrem Umfeld reagierten. Daher die Reise ins Silicon Valley. „Von den Großen lernen", so ihre persönliche Erwartung vor der Reise.

Die Reise hielt, was sie versprach: Sabine Testen kehrt inspiriert und voller neuer Ideen zurück, die sie nun umsetzen will. Über allem steht für sie der Gedanke: Wir müssen die neuen digitalen Techniken konsequent in das Geschäftsmodell integrieren und gleichzeitig schneller und vor allem wirksamer Kundennutzen stiften. Bei den großen Technologie-Unternehmen hatte sie einen Einblick in die Welt der Chapter, Tribes und Squads bekommen, die um das Mehrwertversprechen am Kunden herum organisiert werden. Sie hatte gesehen, wie schnell und unkompliziert die Arbeit von der Hand zu gehen scheint. Weniger Meetings – und wenn, dann effektiv. Die Chefin ordnet nicht mehr an und nimmt Ergebnisse ab, sondern überlässt die Verantwortung für die Umsetzung bei den Mitarbeitenden. Sie ist durch Bürolandschaften gelaufen, die ganz anders auf sie wirkten als das, was sie bisher kannte. Und überhaupt schienen alle irgendwie mehr Spaß bei der Arbeit zu haben.

Und so berichtet sie am Montag nach ihrer Rückkehr im Board mit Begeisterung von ihren Eindrücken aus den USA. Vorsichtige, skeptische Rückfragen aus dem Kollegenkreis, inwiefern all das auf eine Versicherung übertragbar sei, weist sie zurück: „Wir sind immer so mutlos und zögerlich. So kommen wir nicht weiter." Daraufhin verstummen die Rückfragen. Sabine Testen verkündet, dass Sie als CTO umgehend ein strategisches Veränderungsprojekt aufsetzt und hat auch schon einen passenden Namen dafür „Agile now!" Dafür hat sie Personen aus ihrem Bereich für eine Task Force benannt, die das Projekt nun sofort angehen und durchziehen sollen. Auf die Rückfrage, ob sich der Initiative weitere Bereiche des Unternehmens anschließen wollen, erntet sie Schweigen. „Nun gut, dann gehe ich es eben alleine an", ruft Sabine Testen fast trotzig in den Besprechungsraum. Sie ist auf einer Mission und es fühlt sich gut an.

Kommt Ihnen das bekannt vor?

Alles richtig gemacht … und doch nichts bewirkt?!

Wandel überall: Digitalisierung, Klimawandel, politische Destabilisierungen, Demografie und die generelle Dynamik einer sich rapide und grundlegend verändernden Welt stellen Menschen, Organisationen und ganze Gesellschaften vor nie dagewesene Herausforderungen.

Natürlich gab es schon immer Wellen und Phasen der Veränderung und Destabilisierung, doch die Geschwindigkeit und Intensität, mit der sich Veränderungsanlässe auftun, suchen bisher ihresgleichen. Besonders schmerzhaft und daher auch für den Menschen nicht leicht anzunehmen ist dabei die Tatsache, dass was gestern noch als sicher und beständig angenommen wurde, heute schon nicht nur weniger, sondern gar nicht mehr gilt.

Organisationen, seien es Unternehmen, Verwaltungen, Behörden oder gemeinnützige Akteure, spielen hierbei in zweierlei Hinsicht eine besondere Rolle: Zum einen sind sie Auslöser und Initiatoren von Wandel, zum anderen sind sie von Wandel betroffen und damit nicht selten eher reaktiv. Sie schaffen Wandel, müssen ihn aber gleichzeitig auch meistern. Das ist leichter gesagt als getan.

Das in der Veränderungspraxis immer noch sehr verbreitete instrumentelle Verständnis im Umgang mit Wandel basiert auf der Vorstellung, dass man den Kern und das Wesen der Organisation als unantastbar versteht. Veränderungsanlässe basieren auf Funktionsmängeln, die es zu beseitigen gilt – die Organisation ist eine Maschine, die zu reparieren ist. Veränderung hat hierbei den Charakter eines „technischen Problems", welches gelöst werden muss. Hat man dann die passende Antwort (bspw. Anpassung von Strukturen oder Regelprozessen) und die relevanten Stellhebel (Fort- und Weiterbildung zu den neuen Anpassungen) gefunden, gilt es eigentlich nur noch, den leidigen Widerstand in der Mitarbeiterschaft bei der Umsetzung zu überwinden. Ist dies erfolgt, ist das Problem gelöst, der Wandel abgeschlossen und kann als Erfolg verkündet werden. Alles richtig gemacht! Aber was ist, wenn das so erfolgreich gelöste Problem gar nicht das Problem ist, um das es wirklich geht? Was ist, wenn hinter dem vermeintlichen Problem noch ein viel größeres, unausgesprochenes liegt? Klaus Doppler (2006) spricht in diesen Fällen sehr trefflich von „geplanter Folgenlosigkeit", was man auch als „Alles richtig gemacht, nichts bewirkt" übersetzen kann. Heute anschlussfähiger und mindestens genauso passend ist „Fake Change", also eine „Veränderung, die keine ist, aber trotzdem so bezeichnet werden muss" (Roehl 2021). Warum? Weil in Veränderungsmaßnahmen nicht nur viel Ressourcen (Zeit, Personal, Finanzen) investiert wird, sondern auch persönliche Karrierewege mit diesen verbunden sind. Es steht viel auf dem Spiel und keiner darf sein Gesicht verlieren. Alle gewinnen, nur das Problem ist nicht gelöst.

ORGANISATIONALER WANDEL UND KEIN ENDE

Schaut man auf Organisationen, muss man feststellen, dass sich diese in ihren Grundeigenschaften seit der Einführung organisationaler Arbeitsteilung um die Jahrtausendwende nicht wirklich grundlegend geändert haben. So wie durch Frederick Winslow Taylor zu Beginn des 19. Jahrhunderts gefordert, operieren auch heute noch die Mehrzahl an Organisationen auf der Basis von Hierarchie, strukturell-funktionaler Arbeitsteilung und Prozessorientierung. Seitdem haben wir bspw. T-Gruppen kennengelernt, selbstverwaltete Arbeitsteams in Unternehmen, neue Organisationsmodelle, Total Quality Management, Management by Objectives bis hin zu Achtsamkeitstraining und aktuell Agilität. Die Frage ist also, warum haben all diese Neuerungen im Kern nichts bewirkt?

Für die Antwort lohnt es sich, auf das zu schauen, was uns Menschen im Innersten ausmacht. Wir alle haben unsere Weltbilder, unsere Überzeugungen. Dinge, über die wir nicht mehr nachdenken und sie als gegeben hinnehmen. Diese Überzeugungen wirken sich darauf aus, wie wir auf Ereignisse schauen. Vor 30 oder 40 Jahren lag der Fokus jeder Regierung auf Wirtschaftswachstum, was dazu geführt hat, dass wir die Entwicklungen im Klimawandel ausgeblendet haben. Unsere Weltanschauungen prägen also unseren Blick auf die Dinge. Sie sind die Grundprinzipien unseres Handelns.

Übertragen wir diesen Gedanken nun auf Organisationen, können wir sagen, dass viele der Managementmoden und -trends bestenfalls an Prozessen und Praktiken angesetzt haben, nicht aber an den Prinzipien und Paradigmen, die Organisationen im Kern ausmachen. Die Prinzipien von vielen Organisationen sind im Grunde auch nach all den Jahren immer noch die gleichen, da sie nie ernsthaft hinterfragt wurden.

TEXTBOX 1.1 Organisationaler Wandel und kein Ende

Obwohl ein mechanistisches Verständnis von organisationalem Wandel schon immer eine unzulässige Vereinfachung gewesen ist, stößt dieses spätestens bei tiefliegenden Transformationsanlässen an seine Grenzen. Grund dafür ist, dass diese nicht nur kompliziert sind, sondern einen Grad an Komplexität beinhalten, bei dem eine rein instrumentelle Sicht auf organisationale Veränderungen an seine Grenzen kommt. Doch wie zeigt sich das?

DIE GRENZEN DER PLANBARKEIT SPÜREN

Die Gestaltung von tiefgreifender Veränderung besteht darin, die unvermeidlichen Eigendynamiken zu berücksichtigen und sich auf eine nur bedingte Kalkulierbarkeit von Veränderungsprozessen einzustellen. Anders formuliert: Weder das konkrete Ergebnis, noch der Weg dorthin sind exakt plan- und vorhersehbar. Nehmen wir ein Beispiel: Bereits die Ankündigung eines Veränderungsprojekts wie beispielsweise einer Neuausrichtung der Organisationsstruktur lösen unkalkulierbare Reaktionen aus. Diese können von Neugier und vorsichtiger Vorfreude über Angst und Panik reichen. Werden diese Reaktionen in der weiteren Ausgestaltung der Veränderungsarbeit nicht berücksichtigt, beraubt man sich der Möglichkeit, diese zum Gegenstand der weiteren Bearbeitung zu machen. Für die Gestaltung bedeutet dies aber, dass Veränderungsimpulse und deren Reaktionen das Transformationsgeschehen vorantreiben, nicht der zuvor definierte Plan.

NABELSCHAU AUF DER INSEL BETREIBEN

Ein weiteres Hemmnis liegt in dem Glauben, dass auf herausfordernde Veränderungen im Umfeld der Organisation Antworten ausschließlich aus dem eigenen Binnenraum gefunden werden können (Roehl/Haas/Belau 2017). Dabei erklärt man sich Problem und Lösung selbst. Transformatorische Anlässe sowie deren Lösungsansätze beziehen die Außensicht kontinuierlich ein und balancieren so Außen- und Innensicht auf den Wandel (Markt/Kunde, Politik, Gesellschaft). Entsprechend ist eine ausschließlich nach innen gerichtete Suche nach Lösungen auf Anforderungen aus dem Umfeld vielleicht eine tröstliche Übung, sie greift aber zu kurz und sorgt damit nicht selten für Enttäuschung oder gar Frustration bei allen Beteiligten.

MACHTDYNAMIKEN ERKENNEN

Eine reine Binnenbearbeitung von Veränderungsanlässen vernachlässigt die in jeder Organisation existierenden Machtdynamiken und Politiken. So müssen sich richtige Antworten auf gestellte Fragen nicht selten gegen interne Territorialkämpfe und Befindlichkeiten behaupten. Dies führt dazu, dass Lösungsansätze bereits bevor sie eine Chance auf Umsetzung haben, abqualifiziert und verworfen werden, weil es keine unterstützenden Allianzen dafür gibt. Damit beraubt sich die Organisation jedoch der Möglichkeit, wirklich ernst gemeinte Antworten auf bestehende Herausforderungen zu entwickeln. Am Ende geht es bei tiefgreifendem Wandel nicht um das, was die Organisation will, sondern das, was sie jetzt braucht, um zukunftsfähig zu bleiben.

GANZ ENTSPANNT IM HIER UND JETZT SEIN

Anlässe für tiefgreifenden Wandel zeichnen sich nicht nur durch ein hohes Maß an Komplexität und Dynamik aus, sondern auch durch eine andere Veränderungsgeschwindigkeit. Es mag wohl intendiert sein, Veränderungsprozesse über einen Zeitraum von mehreren Jahren anzusetzen, doch besteht die große Gefahr, dass am Ende Lösungen zu Problemen vorgestellt werden, die zu diesem Zeitpunkt schon lange nicht mehr relevant sind, eben weil sich das Problem zwischenzeitlich ebenfalls verändert hat. Insofern ist eine zeitliche Passung von Veränderungsanlass und Veränderungsarbeit nicht nur ein Anspruch, sondern eine Notwendigkeit bei tiefgreifendem Wandel.

DIE GESCHICHTE DER ORGANISATION NICHT HÖREN

Jede Organisation hat ihre Geschichte. Diese besteht mitunter aus eigensinnigen Mustern, Traditionen und Routinen, steuert das Zusammenspiel im Inneren wie im Verhältnis nach außen und beinhaltet nicht selten auch ein hohes Maß an Mystik. Jeder Eingriff in diese historisch gewachsenen und eingespielten Strukturen, Prozesse, aber auch Wertvorstellungen – egal wie umfänglich oder trivial – trifft also unweigerlich auf etablierte Eigendynamiken, die weder vollumfänglich dokumentiert noch in Gänze bekannt sind. Veränderungsansätze, die das nicht berücksichtigen oder negieren, und von autonomer Gestaltungsfreiheit ausgehen, führen in der Regel zu genau den Reaktionen, die gerne unter der Überschrift „Widerstand" abgelegt werden: Unverständnis bei den Betroffenen, aktive Gegenwehr, Machtkämpfe und vieles mehr. Schaut man jedoch genauer hin, erkennt man, dass es sich hier weniger um Widerstand handelt, sondern, dass der Komplexitätsgrad einer Veränderung bei einem instrumentellen Organisationsverständnis unterschätzt wurde.

VORDER- UND HINTERBÜHNE ZÄHLEN

Über viele Jahre mussten Menschen in Organisationen und deren Begleiter in Veränderungsprozessen mitunter schmerzlich feststellen, dass es neben der Schauseite in Organisationen – man spricht auch von „Vorderbühne" – immer auch einen Backstage-Bereich gibt, also eine Hinterbühne. Auf dieser befinden sich die immanenten, impliziten und nicht selten tabuisierten Spielregeln der Organisation, die meist nicht besprechbar oder thematisierbar sind. Kurt Lewin (1951) beschrieb diese Erkenntnis treffend mit dem Satz, dass wir Organisationen erst dann wirklich verstehen, wenn wir beginnen, sie zu verändern. Für die Gestaltung von Veränderungsarbeit bedeutet dies zwangsläufig, Vorder- und Hinterbühne im Blick zu haben, beide zu verstehen und für den Wandel zu nutzen. Neben einer Bedienung des Wunsches nach Berichterstattung und Planerfüllung gilt es also genauso, Tabus, Mystik oder Unaussprechbares auf den Tisch zu bringen. Denn nicht selten liegen genau in diesem Feld die Hebel für wahrhaftigen und damit tiefgreifenden und nachhaltigen Wandel.

Mit diesem Wissen gilt es nun, auf die Gestaltung von tiefgreifender Veränderung zu schauen. Bevor Task Forces, strategische Arbeitsgruppen und ganze Heerscharen an Menschen in Organisationen mobilisiert werden, lohnt es sich gleich beim Beginn eines Nachdenkens über Transformation sich ehrlich und schonungslos darüber zu verständigen, nach welchen Steuerungs- und Gestaltungsparadigmen die Organisation bisher funktioniert hat (zum Beispiel Top-down-Steuerung von Veränderung, Erfolgszuschreibung über im Vorfeld definierte Key Performance Indicators, etc.) und welche dieser Paradigmen nun mit Blick auf die zu adressierenden Herausforderungen zu hinterfragen, anzupassen oder gar zu verwerfen sind.

All das ist leichter gesagt als getan, denn Paradigmen sind weder in Leitbildern oder sonstigen kodifizierten Regelwerken zu finden noch sind sie auf den ersten Blick erkennbar. Im Gegenteil: Sie sind Teil der gewachsenen Geschichte einer Organisation und damit auch nicht selten unaussprechbar. Oder anders formuliert: Sie sind Teil der Kultur einer Organisation. „So machen wir das hier", wäre noch der einfachste Hinweis darauf, dass es sich um eine nicht hinterfragte „heilige Kuh" der Organisation handelt. Doch meist liegen Paradigmen und organisationskulturelle Aspekte im Verborgenen der Organisation. Mystik, Flurfunk, aber auch Heldengeschichten oder Momente des Scheiterns sind ebenso Teil dieser Gemengelage. Umso wichtiger ist es daher, sich von Beginn an darüber im Klaren zu werden, wie weit man bereit ist, in die Untiefen der Organisation vorzudringen, sich dieser bewusst zu werden und vor allem, diese infrage zu stellen und zu verändern. Das ist in erster Linie Aufwand und nicht selten schmerzhaft.

Sabine Testen hatte ein Gefühl, dass die Paradigmen ihres Unternehmens über viele Jahre auf Optimierung, Perfektionierung und nicht selten auch Risikovermeidung ausgerichtet waren. Gleichzeitig war sie aber zu begeistert von dieser neuen Welt, um sich mit diesen lästigen Fragen aufzuhalten.

Perspektivwechsel: Den Blick auf die Organisation erweitern

Es ist eine Kollegin aus dem Management-Board von Sabine Testen, die erst vor Kurzem in dem Versicherungsunternehmen zu arbeiten begonnen hat und daran erinnert, dass der Blick auf tiefgreifende Veränderung größer ist als eine reine Anpassung von bestehenden Strukturen und Arbeitsabläufen. Dazu skizziert sie ein Bild (siehe Abbildung 1.1), das es auf den Punkt bringt: Für die Arbeit an tiefgreifender Veränderung braucht es vier Blickrichtungen, die in einem gemeinsamen Bild zusammenfließen müssen:

1. **Der Blick in uns:** Strukturen, Prozesse, Arbeitsweisen, aber auch tradierte und lieb gewonnene Mechanismen und Dynamiken in der Organisation, Geschichte (das Innere der Organisation)
   LEITFRAGEN: Was hat uns in der Vergangenheit erfolgreich gemacht und warum? Was muss bleiben, was muss sterben, damit wir auch weiterhin erfolgreich sind? Wie haben wir bisher auf Veränderungsanlässe reagiert und mit welchem Erfolg? Was passiert, wenn wir nichts tun?
2. **Der Blick auf uns:** Kunden, Märkte, Wettbewerber, Innovationen, Trends, Reputation; Zukunft (das Außen der Organisation)
   LEITFRAGEN: Welchen Nutzen erwarten unsere Kunden von unseren Leistungen/Produkten schon heute und in Zukunft? Welche Trends werden unser Geschäftsmodell und unser Leistungsversprechen nachhaltig verändern? Wie schauen Wettbewerber, aber auch Kooperationspartner auf uns?
3. **Der Blick von uns:** Aufmerksamkeit kollektiv verlagern ins Wir – auf uns als Organisation und das Umfeld der Organisation
   LEITFRAGEN: Welche internen Faktoren erschweren die heutige Situation und welche begünstigen sie? Was sind die zentralen Gestaltungskräfte in der Organisation? Welche Machtverhältnisse existieren heute und wie ist ihr Bezug zu Wandel (verhindernd, begünstigend)? Wie schauen wir auf das direkte (Branche) und erweiterte (Ökosystem) Umfeld der Organisation? Welche Abhängigkeiten von anderen Wirtschaftssektoren (bspw. Technologie-Unternehmen) bestehen? Welche potenziellen Allianzen und Kooperationen ergeben sich daraus für uns?
4. **Der Blick auf mich:** Die eigene(n) Rollen und Kompetenzen des Selbst: eigene Rollen und Fähigkeiten innerhalb der Organisation, Veränderungserfahrungen und Kompetenzen (Selbst)
   LEITFRAGEN: Wie erlebe ich mich in Veränderungen? Verstehe ich mich als Teil des Wandels? Bin ich offen für Unerwartetes? Stimmen meine Ziele mit denen des Wandels überein? Bin ich bereit, loszulassen, zu verlieren, damit der Wandel gelingen kann? Wie sehen mich andere und meine Rolle?

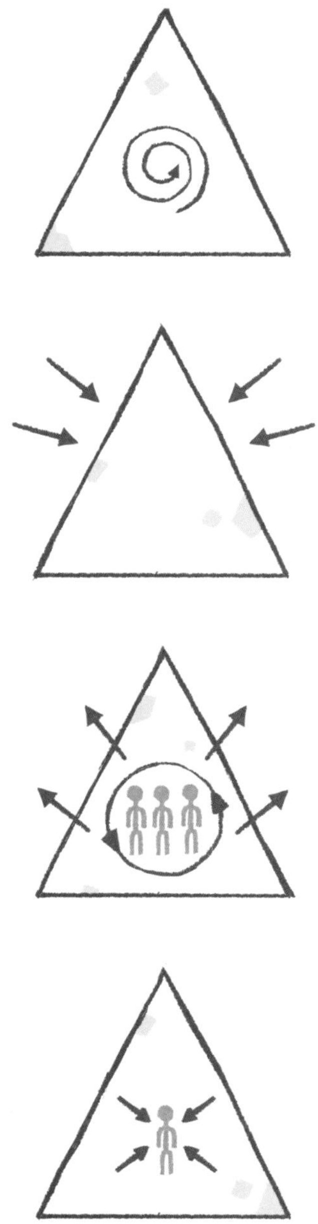

ABBILDUNG 1.1 Die vier Blickrichtungen in uns (1), auf uns (2), von uns (3) und auf mich (4)

Die Botschaft ist klar: Erst wenn wir zulassen, dass es unterschiedliche Perspektiven auf die Organisation und damit auch unterschiedliche Anlässe für Veränderung gibt, werden wir der Komplexität von tiefgreifendem Wandel wirklich gerecht. Auch bewahren wir uns vor einer zu einseitigen Sicht auf Veränderung und einem damit verbundenen Schnellschuss, wie dieser zu gestalten ist.

Sabine Testen ist verwirrt: Die Leitung soll doch mutig vorangehen und die Zukunft einladen. Nun aber gilt es, verschiedene Perspektiven einzunehmen. Sie fühlt sich unsicher, was nun zu tun ist. Dabei fällt ihr ein Artikel ein, den sie kürzlich überflogen hatte. „Die erste agile Bank der Welt" lautete der Titel und beschreibt den Transformationsprozess der ING Deutschland, einer Direktbank mit Sitz in Frankfurt am Main. Die ING ist ein vollständiges Tochterunternehmen der niederländischen ING Groep, die international tätig ist. Gemessen an der Kundenzahl ist sie mit über 9,5 Millionen Kunden die größte Direktbank in Deutschland (Stand: 2021). Die Kerngeschäftsfelder der ING Deutschland sind Spargelder, Baufinanzierungen, Wertpapiergeschäfte, Verbraucherkredite und Girokonten für Privatkunden. In 18 Monaten hat sich die ING Deutschland zu einer agilen Organisation verändert und damit tiefgreifend Struktur, Prozess aber auch Personal und Kultur verändert.

Sabine Testen will mehr wissen und nimmt sofort Kontakt mit der Bank auf. Wenige Tage später sitzt sie mit Nadine Zasadzin, der Leiterin Center of Expertise „Way of Working", und Melanie Stenger, eine Agile Coachin der Bank, in einem Café in Frankfurt.

PRAXISEINBLICK 1: ING – Veränderung ohne Plan B, Transformationserfahrungen in einer Großbank

TIEFGREIFENDE VERÄNDERUNG BEDEUTET FÜR DIE ING DEUTSCHLAND

STENGER: Die meisten Mitarbeitenden würden wahrscheinlich sagen, dass wir uns auch in der Vergangenheit schon ständig verändert haben. Seitdem wir die agile Transformation vor zwei Jahren angestoßen haben, wissen wir aber, dass damit viel mehr verbunden ist als der bisherige Wandel. Die agile Transformation ist tiefgreifender und langfristiger als alle anderen Veränderungen, die wir in der Bank bisher hatten. Diese Transformation hat nicht nur zu neuen Strukturen und Arbeitsmethoden geführt, sie bedeutet auch eine kulturelle Veränderung, die nie wirklich abgeschlossen ist.

Nehmen Sie uns mit an den Anfang Ihrer Transformation: Wie ging alles los und wie waren die ersten Reaktionen?

ZASADZIN: Die Entscheidung wurde durch unseren globalen CEO getroffen, der sagte: Wenn wir uns jetzt nicht flexibler aufstellen, sodass wir auch schneller agieren können, werden wir als Bank nicht überleben. Allerdings ging es uns in dieser Zeit, insbesondere in Deutschland, mit der ING sehr gut. Menschen zu erläutern, dass sie sich in erfolgreichen Zeiten verändern müssen, ist nicht einfach.

STENGER: Die meisten haben geglaubt, dass sich bei der ING Deutschland nicht viel verändern wird. Die Vorstellung vom Ausmaß der Veränderung war bei vielen nicht greifbar – inklusive mir selbst. Erst durch das konstante Dranbleiben unseres globalen und lokalen CEOs wurde den meisten bewusst, dass wir es ernst meinen.

Wie wurde die Dringlichkeit für den Wandel vermittelt?
ZASADZIN: Wir hatten zu Beginn vor allem viele Videos, welche die Notwendigkeit sich zu verändern, demonstriert haben. Es sind heute nicht mehr nur Banken, mit denen wir konkurrieren. Auch Fintechs und IT-Riesen sind unsere Wettbewerber – und diese sind bereits agil und sehr kundenorientiert unterwegs. Hier dürfen wir nicht den Anschluss verlieren.

Wie wurden die Menschen in Veränderungsbewegung gebracht?
ZASADZIN: Bei der ING Holland wurde ein agiles Team geschaffen, das zwei Jahre experimentieren, neue Arbeitsweisen ausprobieren und weiterentwickeln konnte. Da sich das agile Arbeiten bewährt hatte, beschloss man, die agile Transformation weltweit bei der ING umzusetzen. Jedes Land hat ein Transformationsteam gebildet, das dann nach Holland gereist ist, um sich in Agilität fit zu machen. Auch konnten diese Teams in Holland schon sehen, was es bedeutet, agil zu arbeiten.

STENGER: Als wir in Deutschland zurück waren und klar war, dass auch wir agil arbeiten werden, wollten wir alle Beteiligten frühzeitig einbinden und mitnehmen. Daher haben wir unter anderem ganztägige Veranstaltungen ins Leben gerufen, bei denen jeder Mitarbeitende das Thema Agilität in seinen vielen Facetten erleben konnte. Auch haben wir in der gesamten Bank immer wieder an populären Plätzen Informationen platziert, beispielsweise in der Kantine oder im Fahrstuhl. Generell war unser Ansatz, immer einen Impuls zum Thema Agilität zu geben und danach die Mitarbeitenden die agilen Methoden direkt ausprobieren zu lassen. Selbst wenn es noch für viele gedauert hat, bis sie auch im Arbeitsalltag agil gearbeitet haben, wollten wir die Mitarbeitenden neugierig machen und ihnen vermitteln, warum es sich lohnt, agil zu arbeiten.

Wie ist es gelungen, auf der einen Seite die noch nicht überzeugten Personen nicht zu verlieren und auf der anderen Seite die Champions des Wandels nicht zu demotivieren?
ZASADZIN: Ich behaupte nicht, dass wir bis heute alle mitgenommen haben. Unsere Regel lautet vielmehr: Wenn du willst, bist du dabei. Wenn du es nicht kannst, dann lernst du es. Wenn Du es aber nicht willst, dann ist die ING nicht der richtige Arbeitgeber für dich. Wir waren also von Beginn an sehr ehrlich und transparent.

Welche Rolle haben Führungskräfte gespielt?
ZASADZIN: Die vielleicht härteste Maßnahme, die wir in der ersten Phase der Transformation umgesetzt haben, war: Alle Führungskräfte, die nach der Transformation wieder einen Job als Führungskraft haben wollen, müssen sich neu bewerben. Mit der Bewerbung war auch nicht garantiert, dass sie den Job bekommen. Das galt für alle Führungsebenen, d. h. auch Kollegen, die seit 15 Jahren oder mehr im Senior Management gewesen sind. Kam das bei allen gut an? Nein. Aber wir sind immer noch überzeugt, dass es richtig war. Denn in der agilen Arbeitswelt kommt es darauf an, dass Führungskräfte Verantwortung auch an das Team abgeben und Mitarbeitende befähigen. Entscheidend war für uns daher, das richtige Mindset mitzubringen.

Gab es für Sie ganz persönlich einen Moment, wo Sie gesagt haben „Okay, die meinen das hier wirklich ernst!"?
STENGER: Es gab zwei Momente, die mich überzeugt haben: Erstens gab es kein Gefühl von Vermarktung, sondern jeder hat daran gearbeitet, das Zielbild, das wir uns gesetzt haben, zu erreichen. Und das galt auch für unseren Vorstand. Als ich gesehen habe, dass auch sie sich auf agile Arbeitsweisen einlassen und mit einem Agile Coach zusammenarbeiten, war für mich klar, dass sie es ernst meinen. Zweitens hat die ING Ressourcen in die Hand genommen, um etwa Agile Coaches einzustellen und diese Rolle im Unternehmen zu stärken.

So wurde auch jedes Team von einem Agile Coach in der Transformation begleitet, der ihnen wertvolle Tools und Tipps vermittelte.

Welche Entscheidungen in der Transformationsarbeit waren rückblickend die wirksamsten?
ZASADZIN: Die wirksamsten Entscheidungen waren definitiv die mutigsten: Dass sich Führungskräfte neu bewerben mussten, war bis dato ein Novum. Auch stellten wir konsequent Agile Coaches ein oder bildeten interessierte Mitarbeitende zu Agile Coaches weiter. Sicher haben wir auf unserem Weg auch nicht alles richtig gemacht. Aber wir gehen mit Fehlern offen um und verstehen sie als Ansporn, es in Zukunft besser zu machen. So waren wir manchmal bei der Personalauswahl nicht konsequent genug, um primär nach dem Mindset zu gehen.

Welchen Anspruch an Kommunikation und Vermittlung der Transformation hatten Sie sich gesetzt?
STENGER: Uns allen – und natürlich auch unserem Vorstand – war es sehr wichtig, alle Mitarbeitenden von Beginn an transparent über die bevorstehende Transformation zu informieren. Ich glaube, wir können durchaus behaupten, dass die Beweggründe der Transformation von jedem Mitarbeitenden verstanden wurden. Sicher gibt es aber auch heute noch Kollegen, für die die agile Transformation nicht nachvollziehbar ist. Mehr als 4.000 Mitarbeitende auf die gleiche Weise mitzunehmen ist einfach nicht möglich; muss es aber auch nicht.

Wie spüren Sie schon heute, dass sich die Transformation gelohnt hat?
ZASADZIN: Zum einen durch den Arbeitnehmermarkt. Unsere Bewerberlage hat sich sehr positiv verändert, insbesondere bei Bewerbungen im Bereich IT. Auch die Zusammenarbeit von IT und Business ist besser im Sinne von schneller geworden. Die Zeit der Handovers und langer Prüfprozesse ist vorbei. Und in einigen Bereichen sind wir auch schneller in der Entscheidungsfindung und Umsetzung geworden. Und natürlich die Kultur: Wir sind wesentlich transparenter geworden und das Miteinander-Arbeiten hat einen höheren Stellenwert. Heute lösen wir Probleme zusammen in der Gruppe.

Hat die Transformation Verlierer produziert?
STENGER: Natürlich. Es gibt Positionen, die vor der Transformation sehr stark exponiert gewesen sind, was heute nicht mehr der Fall ist.

ZASADZIN: Ich finde den Begriff „Verlierer" hier nicht passend, denn in jedem Fall gewinnt jeder, weil er in der Transformation etwas über sich gelernt hat. Was kann man in Veränderung verlieren? Vielleicht persönliche Zufriedenheit oder Macht? Sich aber zu fragen, warum einem das so wichtig ist, ist in erster Linie ein Lernerfolg.

War die Transformation alternativlos?
ZASADZIN: Ja, wir hatten keinen Plan B.

Worauf es ankommt

Für Sabine Testen werden die Dinge klarer. Die Erfahrungen, die im Rahmen der Transformation eines international tätigen Unternehmens wie der ING gemacht wurden, scheinen ihr auch in Teilen für die Versicherungsbranche und ihr Versicherungsunternehmen zuzutreffen. Auf dem Weg zurück in ihr Büro schaut sie auf ihre Notizen und worauf es bei tiefgreifenden Veränderungen anzukommen scheint:

1. *Die Rolle der Leitungsebene gestaltet sich im Wandel anders als im Tagesgeschäft: Sie bildet eine starke Allianz für den Wandel, die nicht die Lösung vorgibt, aber den Rahmen dafür schafft, in dem das Neue entstehen kann, und dennoch auch mutig den Kurs hält. Führung beschützt den Wandel!*
2. *Eine emotionalisierende und nachvollziehbare Transformationsstory, basierend auf einem Zielbild, welches den Anlass für Veränderung am Zweck und an der Zukunft der Organisation ausrichtet.*
3. *Ausweitung der Veränderungsarbeit auf eine ganzheitliche Betrachtung von Organisation und Umfeld. Das geht über Struktur und Prozess hinaus.*
4. *Eine hohe Aufmerksamkeit auf die Transformation im Tagesgeschäft: Bereitstellung von Ressourcen und Kapazitäten.*
5. *Einfach mal machen: Ausprobieren der Transformation im Kleinen und daraus lernen.*
6. *Die Bereitschaft, sich auf allen Ebenen auch selbst zu verändern, d. h. wenn hierzu keine Bereitschaft vorhanden ist, sich auch vom Alten (Mitarbeitenden, Arbeitsweise etc.) zu trennen.*
7. *Eigenverantwortung im Mittelbau der Organisation, vermittelt durch einen klaren Auftrag sowie Ermöglichung und Unterstützung bei der Umsetzung. Merke: Vertrauen führt!*
8. *Kommunikation, Kommunikation, Kommunikation: Transparenz und Dialog ermöglichen klare Botschaften und die Implikationen des Wandels zu vermitteln.*

Einige dieser Punkte waren Sabine Testen aus vergangenen Restrukturierungsprojekten bekannt. So sind starke Allianzen im Führungssystem für jegliche Veränderungen in Organisationen notwendig, damit diese eine Chance auf Umsetzung haben. Die Gleichzeitigkeit, Ganzheitlichkeit und vor allem auch tiefe Durchdringung der Veränderung für die Gesamtorganisation bedürfen aber einer größeren und vor allem intensiveren Aufmerksamkeit für das Gesamtsystem – inklusive seiner unausgesprochenen Regeln.

„Uff", seufzt Sabine Testen als sie sich im Büro in ihren Bürostuhl fallen lässt. Das ist noch ein enormes Stück Arbeit. Gleichzeitig sind ihr aber auch einige Dinge klarer geworden. Sie schaut nun neu auf die Situation und hat ein besseres Gefühl dafür, was es zu tun gibt, um wirklich tiefgreifend und nachhaltig Veränderungen zu gestalten. „Na, dann wollen wir mal", sagt sie sich und hängt ein Post-it mit der Aufschrift „Kein Plan B" an ihren Bildschirm.

TRANSFORMATION IST RADIKAL UND EXISTENZIELL

02

Was unterscheidet Transformation von Change?

Googelt man den Begriff „Transformation", erhält man in weniger als einer Sekunde 2.590.000.000 Ergebnisse (Stand: 13.06.2021). Das mag zum einen damit zu tun haben, dass der Begriff in unterschiedlichen Kontexten verwendet wird: Seien es Betriebswirtschaftslehre, Politikwissenschaften oder Molekularbiologie und Linguistik, transformiert wird in vielen Disziplinen. Bezogen auf Organisationen erleben wir nicht selten, dass die Begriffe „Transformation" und „Change Management" in einem Atemzug genannt und damit als Synonyme verstanden werden. Der Satz „Change repariert die Vergangenheit – Transformation schafft die Zukunft" deutet bereits an, wo der Unterschied liegt. Aber lassen Sie uns hier noch einmal tiefer einsteigen:

Das evolutionär orientierte Change Management fokussiert auf die laufende Anpassung von Strategien, Strukturen und Abläufen an veränderte Rahmenbedingungen. Als Ergebnis werden Geschäftsmodelle weiterentwickelt, Organisationstrukturen und Prozesse angepasst, Produkte verbessert – aber im Kern bleibt das, was die Organisation als Versprechen gegenüber Kunden und Märkten abgegeben hat, gleich und wird nicht grundlegend infrage gestellt. Die Organisation, das Team oder Sie selbst sind eine „bessere Version Ihrer selbst geworden", aber keine andere Version. Es hat ein Update stattgefunden, mehr aber nicht.

Nehmen wir ein Unternehmen, welches anstrebt, Kundenanforderungen besser zu bedienen. In Folge wird der Verkaufsprozess analysiert und neu strukturiert. Abläufe werden neu aufgesetzt und dazu eine neue Software im Vertrieb flächendeckend eingeführt. Durch die Anwendung bekannter Change-Management-Prinzipien und Instrumente – wie das Erstellen eines Business Case, das Erzielen schneller, sichtbarer Ergebnisse, das Einbeziehen relevanter Stakeholder oder die Begleitung von Menschen im Wandel usw. – wird ein neuer Vertriebsansatz entwickelt und erfolgreich umgesetzt, alles mit dem Ziel, bekannte Kundenanforderungen besser zu bedienen (vgl. Ashkenas, 2015).

Dieser auch heute immer noch relevante Veränderungsansatz, der auf einer Reparatur und Verbesserung des Status quo basiert – wie im oberen Teil von Abbildung 2.1 dargestellt – hat weiterhin seine Berechtigung, um Organisationen kontinuierlich weiterzuentwickeln. Doch er kommt an seine Grenzen, wenn zu bewältigende Herausforderungen grundlegender und

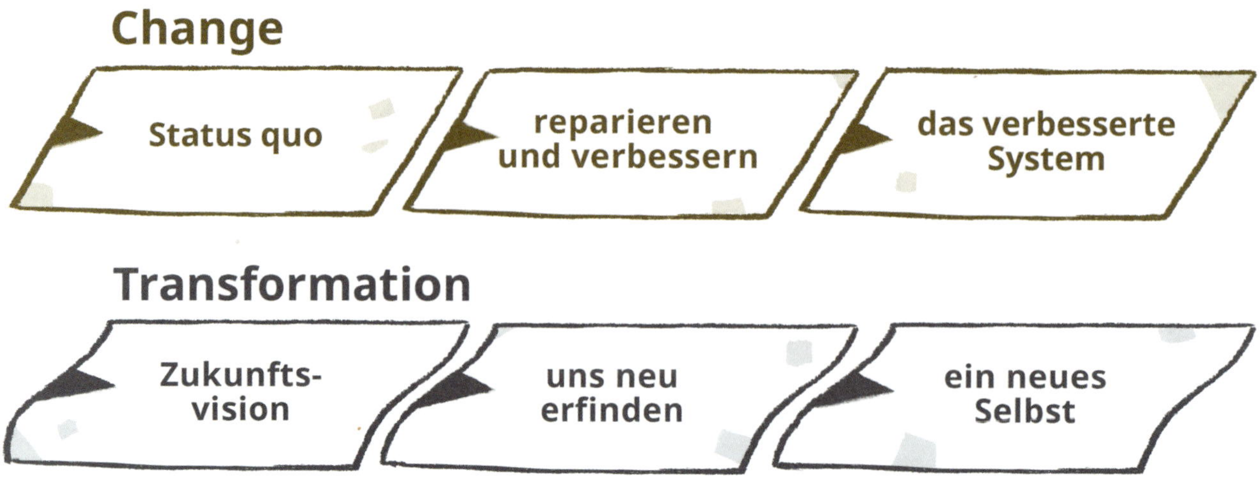

ABBILDUNG 2.1 Unterschied zwischen Change und Transformation (Quelle: in Anlehnung an Chaudron, 2019)

damit Veränderungsanlässe tiefgreifender sind. Und nicht nur das: Er wird zu einer echten Gefahr, wenn er die einzige Antwort der Organisation auf Veränderungen in ihrem Umfeld ist.

In solchen Situationen ist ein verbessertes System im Ziel nicht mehr ausreichend. Statt einer besseren Version eines Selbst bedarf es hier eines neuen Selbst, eines neuen Systems. Und Transformation ist der Weg dorthin. Hierbei stellen wir bisher tradierte, „akzeptierte" Leistungsversprechen, Paradigmen, Spielregeln, Verhaltensweisen und Routinen infrage und finden neue Antworten auf die sich stellenden Herausforderungen. In Transformationen suchen Organisationen nach Antworten auf existenzielle Fragen:

- Was macht uns im Kern aus?
- Warum braucht es uns?
- Was ist unser Wertbeitrag?
- Wie bleiben wir zukunftsfähig?
- Wie stellen wir unsere Existenz langfristig und nachhaltig sicher?

Transformation bedeutet also kein Update, sondern vielmehr, das grundlegende System auf Basis einer Zukunftsvision zu verändern und Dinge völlig anders zu machen (siehe Abbildung 2.1). Transformation öffnet den Blick in eine neue Welt und schafft ein neues Selbst. Damit verbunden ist oft auch ein Quantensprung in der Wertschöpfung und im Nutzen für Kunden und weitere Betroffene. Ziel einer Transformation ist eine „Neuerfindung" der Organisation auf der Grundlage einer oder mehrerer gewünschter Zukünfte. Transformation ist damit radikal, unvorhersehbar und experimentell, aber auch mit einem höheren Risiko des Scheiterns verbunden. Transformieren können wir sowohl das, was wir tun, als auch wie wir es tun.

Im Idealfall entwickeln oder verfügen Organisation über ein „transformationales Gen". Sie verstehen Veränderungen als eine dauerhafte Chance der Erneuerung und nicht als punktuelle Störung einer vermeintlichen Stabilität. Das bedeutet auch, dass die Anlässe für Wandel nicht ausschließlich im Umfeld der Organisation, sondern auch aus dem Inneren der Organisation entstehen – der Veränderungsanlass sitzt quasi unsichtbar immer mit am Tisch und ist damit Teil des kulturellen Selbstverständnisses.

Der Unterschied zwischen Optimierung und tiefgreifendendem Wandel wird gut deutlich am Beispiel der Transformation von Ørsted von einer staatlichen Erdöl- und Erdgasfirma zum größten Offshore-Windparkunternehmen der Welt.

PRAXISEINBLICK 2: Ørsted – Von schwarz zu grün.

DIE TRANSFORMATION ZUM GRÖSSTEN OFFSHORE-WINDPARKUNTERNEHMEN DER WELT

Im Jahr 2012 rutschte Dänemarks größtes Energieunternehmen, das als Danish Oil and Natural Gas gegründet wurde, in eine finanzielle Zwangslage, als die globale Überproduktion die Gaspreise über mehrere Jahre hinweg um 90% fallen ließ.

Der neue Chef Henrik Poulsen, der Transformationserfahrung von der Firma Lego mitbrachte, begann mit dem Aufbau eines völlig neuen Unternehmens. „Es musste eine radikale Umgestaltung sein; wir mussten ein neues Kerngeschäft aufbauen und neue Bereiche für nachhaltiges Wachstum finden. Wir haben uns mit dem Klimawandel befasst und waren eines der wenigen Unternehmen, die von ganzem Herzen diese tiefgreifende Entscheidung trafen, als eine der ersten Firmen von schwarzer zu grüner Energie zu wechseln. Wir beschlossen, acht unserer zwölf Geschäftsbereiche zu veräußern und den Erlös zum Abbau unserer Schulden zu verwenden."

Das Unternehmen hatte in die Offshore-Windenergie investiert, aber die Technologie war immer noch zu teuer und produzierte Energie, die mehr als doppelt so teuer war wie der Preis für Onshore-Windenergie. Unter Poulsen „erfand" das Unternehmen die Offshore Windproduktion neu, um die Kosten für jeden Aspekt des Baus und Betriebs von Offshore-Windparks zu senken und gleichzeitig eine profitable Größenordnung in diesem aufstrebenden Markt zu erreichen.

Poulsen benannte das Unternehmen in Ørsted um, nach dem legendären dänischen Wissenschaftler Hans Christian Ørsted, der die Prinzipien des Elektromagnetismus entdeckte. Dies trug dazu bei, in der Organisation einen Pioniergeist zu entwickeln, der zu einer Kostensenkung der Offshore-Windenergie um 60% führte und erlaubte, gleichzeitig drei große neue Windparks auf dem Meer zu bauen. Ørsted ist heute das weltweit größte Offshore-Windunternehmen mit einem Anteil von 30% an einem boomenden globalen Markt.

Quelle: adaptiert von Anthony et al. (2019)

Ob eine Veränderung „radikal" ist, kann durchaus unterschiedlich wahrgenommen werden. Für die Kunden von Ørsted hat sich wenig verändert. Sie beziehen weiterhin Strom, aber der Versorger hat sich tiefgreifend gewandelt. In einem anderen Bereich können radikale Veränderungen in der Rolle von Vertriebsarbeit gar als Infragestellung des individuellen Arbeitsumfelds wahrgenommen werden, während die Geschäftsleitung dies als logische Weiterentwicklung der Organisation versteht (siehe Praxiseinblick Nr. 9). Insofern ist die Wahrnehmung, ob eine Transformation vorliegt, durchaus subjektiv.

In der folgenden Abbildung 2.2 sind die wichtigsten Unterschiede zwischen evolutionär orientiertem Change Management und Transformation zusammengefasst.

Change	Transformation
Die gewünschte Position ist eine optimierte Version der Vergangenheit.	Suche nach Zukünften, die anders und neu sind. Organisationale Spielregeln werden verändert.
Macht die Dinge richtig(er), besser, billiger, schneller und/oder effizienter.	Ein Quantensprung im Wert und Nutzen für Kunden, Gesellschaft und/oder die eigene Organisation.
Der Anlass für Veränderung kommt primär aus dem Umfeld der Organisation.	Der Anlass für Veränderung kommt von innen und von außerhalb der Organisation.
Ableitung aus einer Strategiedefinition (Was), sofort messbar, diskret und sofort taktisch.	Ableitung aus einer Zukunftsvision (Warum) mit Optionen, nur bedingt sofort und im Jetzt messbar.
Initiativen auf unterschiedlichen Ebenen, die nicht unbedingt die gesamte Organisation berühren müssen.	Betrifft im weitesten Sinn die gesamte Organisation.
Sequenzielles Vorgehen basierend auf einem definierten Veränderungsgegenstand (z.B. Organisationsstruktur, Arbeitsprozesse, etc.), Schritt für Schritt optimieren.	Suche nach und Experimentieren mit radikal neuen Möglichkeiten. Konsequente Umsetzung eines radikal neuen Selbst.
Erfolgsfaktor Planung: Umsetzung endlicher und episodischer Initiativen. Es gibt definitive Anfänge, Enden und eine klare Zeitplanung.	Erfolgsfaktor Improvisation: Rasche Lernschleifen zur Anpassung von Wegen und Zielen, Erwartungen müssen auf allen Ebenen der Organisation in Übereinstimmung gebracht werden.
Das Ergebnis der Veränderung ist, dass die Organisation, das Team oder Sie selbst zu einer besseren und nicht zu einer anderen Version geworden sind.	Das Ergebnis der Transformation ist, dass die Organisation, das Team oder Sie selbst völlig anders sind als in der Vergangenheit.
Veränderung wird als Störung einer bestehenden Ordnung verstanden.	Veränderung wird als dauerhafte Chance für Erneuerung verstanden.
Organisationales Lernen: Punktuell und bezogen auf den Veränderungsgegenstand.	Organisationales Lernen: Langfristige tiefgreifende Wandlungs- und Anpassungsfähigkeit.

ABBILDUNG 2.2 Die wichtigsten Unterschiede zwischen evolutionär orientiertem Change Management und Transformation

Transformieren oder vergehen: Warum wir uns tiefgreifend verändern müssen

Anlässe für Transformationen sind vielfältig: eine Finanz-, Gesundheits- oder Ressourcenkrise, branchenfremde Konkurrenz, Barrieren, weiter zu wachsen, die Gelegenheit, einen globalen Megatrend zu nutzen oder das Ergebnis einer systematischen Planung für die Zukunft. Dies betrifft Organisationen jeglicher Couleur, seien es Unternehmen oder Non-Profit-Organisationen. Letztere stehen häufig unter dem Druck, ihre Ziele und ihre Arbeitsweisen grundlegend zu überdenken, um überhaupt weiterhin eine Daseinsberechtigung zu haben. Wie zum Beispiel die Deutsche Welthungerhilfe e. V., die Hilfsprojekte in 70 Ländern Afrikas, Lateinamerikas und Asiens durchführt. „Für den zukünftigen Markterfolg brauchten wir mehr Spezialisierung und eine Dezentralisierung, also eine komplette Verlagerung der Verantwortlichkeiten von der Zentrale in Deutschland in die einzelnen Länder“ beschreibt Matthias Mogge, Generalsekretär der Welthungerhilfe Deutschland e. V., die tiefgreifenden Veränderungen (siehe Praxiseinblick Nr. 12).

Transformationsdruck entsteht aber auch auf Systemebene, wie zum Beispiel in den Bereichen Gesundheit, Mobilität, Energie, um die Anforderungen der Zukunft mit radikal neuen Lösungen zu meistern. Organisationen müssen lernen, sich gemeinsam mit vielen weiteren Akteuren neu zu erfinden. Dies bedeutet, Transformation über Organisationsgrenzen hinweg mit vielen Beteiligten, oft mit unterschiedlichen Interessen, zu realisieren (Pakleppa/Schwinge 2016). Das Interview mit dem Wissenschaftler und Harvard-Professor Michael Woolcock im Anschluss an dieses Kapitel macht deutlich, welche Herausforderungen bei der Transformation sozialer Systeme zu bewältigen sind.

Ob Organisationen sich auf Transformation einlassen (müssen), hängt von der Veränderungsdynamik im Umfeld und den eigenen Veränderungsstrategien ab. Hierbei beobachten wir zwei sehr unterschiedliche Herangehensweisen: Proaktive Organisationen transformieren sich präventiv aus einer Position der Stärke, um ihre Wettbewerbskraft weiter zu stärken. Reaktive Organisationen werden von der Krisenbewältigung getrieben.

Ob und wie wir handeln, wird von der Veränderungsdynamik entscheidend beeinflusst. Die Veränderungsdynamik ist vom Spannungsfeld zwischen Erosion und Disruption geprägt. Erosion bedeutet einen schleichenden Verlust von Marktanteilen, Profitabilität, Wettbewerbsposition oder in Non-Profit-Organisationen auch der Sinnhaftigkeit des Tuns. Organisationen fällt es oft schwer, solche schleichenden, langsamen Veränderungen im technologischen und Marktumfeld wahrzunehmen und daraus ein kraftvolles Narrativ für wirksame Veränderungen zu entwickeln. Disruption verändert die bisherige Art der Wertschöpfung radikal, rasch und umfassend. Durch technologische Innovationen, neue Wettbewerber oder auch Pandemien verändert sich die Wettbewerbssituation kurzfristig, plötzlich und unvorhersehbar. Disruption verändert die Spielregeln ganzer Branchen und bringt tradierte Geschäftsmodelle ins Wanken (vgl. Kilkkia et al., 2018). Um zu überleben, müssen Akteure die Organisation neu denken, und dies in immer kürzeren Zeiträumen. Die Lebensdauer von Geschäftsmodellen verändert sich dabei entsprechend – so finden sich unter den erfolgreichen Unternehmen der letzten Jahre viele, die als Plattformen agieren und disruptiv Märkte verändern. Airbnb (gegründet 2008) ist zum Beispiel aus dem Übernachtungsmarkt ebenso wenig wegzudenken wie Spotify (gegründet 2006) aus dem Musikmarkt. Und neben den Geschäftsmodellen revolutionieren sie auch im Inneren die Art und Weise, wie Produkte entstehen: Bei Spotify arbeiten über 3000 Menschen agil nach der Spotify Engineering Culture.

Aus der Kombination von Veränderungsstrategie und Veränderungsdynamik entstehen die vier in Abbildung 2.3 dargestellten Fälle tiefgreifendenden Wandels, die Veränderungsdynamik und Veränderungsstrategie kombinieren. Wo verorten Sie Ihre Organisation in den vier Feldern der Veränderungsstrategien und -dynamik?

Wie das bekannte Beispiel vom Frosch im kalten Wasser zeigt, das langsam erhitzt wird, ist gerade das Feld von der latenten zur akuten Krise in Abbildung 2.3 problematisch: Obwohl

ABBILDUNG 2.3 Veränderungsstrategie und Veränderungsdynamik

die Temperatur steigt, bleibt der Frosch sitzen, bis es für einen Absprung zu spät ist und er verbrüht. Beispiel hierfür ist die Dauerkrise der deutschen Kaufhausketten. Auch die Drogeriekette Schlecker machte jahrelang Verluste, während Konkurrent dm mit einem anderen Konzept wuchs. Da ist es bei plötzlicher Veränderung schon einfacher, für tiefgreifenden Wandel zu motivieren. Aber auch disruptive Veränderungen haben ihre Tücken, insbesondre wenn sie aus der Position der Stärke wahrgenommen werden. So hat der Innovationsforscher Clayton Christensen (1997) gezeigt, dass praktisch alle disruptiven Technologiesprünge von den Branchenführern verpasst wurden. Zudem beginnen tiefgreifende Veränderungen oft klein und brauchen Zeit, bis sie Fahrt aufnehmen, wie wir am Beispiel der Elektromobilität oder des 3D-Drucks sehen können. Ein technologischer Durchbruch, bei dem Kunden mit dem Smartphone ihre Brille selbst ausmessen und anpassen, könnte zur Veränderung des gesamten Brillen-Sektors führen. Wenn dann disruptive Geschäftsmodelle um den Faktor 10 effektiver werden als das bestehende Geschäft, ist es für die „alten" Platzhirsche zu spät, ihr Überleben zu sichern.

PRAXISEINBLICK 3: Eine Organisation wird erwachsen

DIE ZEHNJÄHRIGE TRANSFORMATION EINES PLANUNGSBÜROS

Transformationen gehen unter die Haut, sind voller Unwägbarkeiten und brauchen einen langen Atem. Dass es sich dennoch lohnt, sich auf die gemeinsame Reise zu machen, beschreibt der Berater Thomas Rieger anhand der Begleitung eines Planungsbüros. Dabei reflektiert er nicht nur die eigenen Wahrnehmungen und Erkenntnisse, sondern auch die seines Mandanten.

DIE UNTERNEHMERPERSPEKTIVE: REISE VOM TOMASEE ZUR LORELEY

„Unverdorben" – so haben wir uns wohl damals, kurz vorher zusammengekommen aus zwei fachlich ähnlich ausgerichteten Büros, auf die Reise gemacht. Zwei Büros – zwei DNA, vier Partner – vier Haltungen, geeint durch Enthusiasmus für das gemeinsame Gestaltungsanliegen und die ersten größeren Erfolge.

Die erste Phase – von der wir damals als Gesellschafter natürlich hofften, es möge die letzte sein – bestand aus einer Serie von Workshops, in denen wir versuchten, „Dysfunktionen" zwischen uns Gesellschaftern zu bearbeiten: Welche sind unsere gemeinsamen Zukunftsperspektiven? Welche gemeinsamen Vorstellungen von Qualität haben wir? Wie organisieren wir unsere Zusammenarbeit? Wie entwickeln wir Akzeptanz und Respekt füreinander?

DIE BERATERPERSPEKTIVE: VON DER BOYBAND ZUM PROFESSIONELL GEMANAGTEN BRANCHENSCHWERGEWICHT

Ein professioneller Dienstleister (Planungsbüro) entsteht Mitte der 2000er-Jahre aus zwei kleineren Unternehmen. Erste größere Projekte werden akquiriert, Pläne werden geschmiedet. Doch bald holen Wachstumsprobleme das Unternehmen ein. Strukturen fehlen weitgehend, Verantwortungsbereiche sind kaum definiert, die vier Gesellschafter agieren unkoordiniert, es kommt zu Frustration und Konflikten.

Der Beratungsprozess beginnt Anfang 2008 mit einer Sequenz von Auftragsklärungsgesprächen. Als Kernprobleme wurden typische Themen eines der Start-up-Phase entwachsenden Unternehmens angesprochen:

- Fehlende Aufbaustruktur,

Am Ende dieser Phase fühlten wir uns gestärkt, eine Struktur mit klarer Aufgabenverteilung ist gefunden, Konsens bezüglich der Entwicklung unseres Portfolios gefunden, ein wenig mehr wissen wir darüber, „wie wir ticken".

Den Rest schaffen wir alleine, so dachten wir. 2010 dann der Paukenschlag: Die Vertragsverhandlungen für das zweite Großprojekt scheitern, wir kommen in eine handfeste Krise. Zum ersten Mal müssen wir uns von Mitarbeiter:innen trennen, was belastend für uns alle ist.

In der Folgezeit ein Zurückgleiten in alte Zeiten: die Stimmung unter den Gesellschaftern verschlechtert sich, Vorwürfe werden laut, wir sprechen nicht mehr miteinander, uns droht die Lähmung.

Wir gehen es nochmal an: Übungen zur Selbst- und Fremdwahrnehmung und Kommunikationsweisen fördern Ungesagtes in der Gruppe zutage und bringen Dinge in Fluss. Wir sprechen wieder miteinander und es geht weiter.

Im März 2012 ist es dann soweit. In einer Gesellschafterklausur werden die Weichen gestellt für einen Veränderungsprozess, der über die Beseitigung der „Dysfunktionen" hinausgehen soll. Wir definieren Strategiefelder, schaffen Strukturen und geben uns das erste Mal Umsatzziele. Damit stellen wir die Weichen für den Übergang in die nächste Phase unserer Transformation: die Einbeziehung der Partner (Führungskräfte der zweiten Ebene) in den Veränderungsprozess.

Diese Phase ist das Scharnier zwischen dem Alten und dem Neuen. Die Themen hatten es in sich: Führungsgrundsätze, explizierte Gestaltungsgrundsätze, Markenbildung, strategische Positionierung, Fehler- und Lernkultur, Personalmanagement.

Das Ende der Transformation fühlt sich eher wie ein Anfang an. Uns war klar geworden, dass ohne eine intensive Verankerung der Veränderungen bei unseren operativen

- Nichteinhaltung der Absprachen zur Aufgabenverteilung unter den Gesellschaftern,
- Vermischungen im Zusammenwirken der Gesellschafter,
- Wachstum ohne Leitbild und Strategie in einem Markt mit steigenden Spezialisierungsanforderungen und fehlendes Feedback unter den Gesellschaftern,

In einer Serie von Workshops werden diese Themen in der Runde der Gesellschafter bearbeitet. Danach: Versenden der Dokumentation, Rechnungsstellung, Sendepause.

Fast forward, Sommer 2010: Die Firma ist exponentiell gewachsen, ein neues gemeinsames Büro und zum ersten Mal ein Organigramm.

Ende 2011 ein Hilferuf: Schwierigkeiten mit einem Großprojekt haben die Firma an den Rand der Insolvenz geführt und zum ersten Mal Entlassungen notwendig gemacht. Erste Versuche, hier gegenzusteuern, waren erfolglos: Zwei der Gesellschafter sprechen nicht mehr miteinander und die Gesellschaft droht zu zerbrechen. Vorbesprechungen ergeben eine starke Musterhaftigkeit der bereits 2008 bearbeiteten Dysfunktionen des Systems. Vorschlag: den Konflikt der zwei Gesellschafter bearbeiten, die Gestaltung der Bürofusion schließen, den Kreis der Prozessbeteiligten um die wichtigsten Vertreter:innen der zweiten Ebene erweitern „von der Gesellschafterklausur zur Führungsklausur", die Festlegung von Veränderungszielen und die Installation einer Mini-Steuerungsgruppe, bestehend aus je einem Vertreter der Gesellschafterrunde und der zweiten Führungsebene.

Der Ansatz funktioniert – teilweise. Die zweite Ebene wird in die Leitungsarbeit integriert, eine Vision formuliert, Grundsätze werden für den Kreativbereich vereinbart, Regeln für eine Flexibilisierung der Aufbauorganisation festgelegt, Führungsgrundsätze erarbeitet. Es geht voran, aber nicht ohne Schmerzen, denn der durch die Veränderungen ausgelöste Kontrollverlust wird auf Gesellschafterseite nicht von allen geschätzt.

Projektleiter:innen die Transformationswirkung keinen Bestand haben würde. Wir legten ein Führungskräfteentwicklungsprogramm für Projektleiter:innen auf und führen dies seitdem jährlich durch. Personalführung, Kundenkommunikation oder Geschäftsprozessmanagement sind nur einige der Themen, die wir hier aufgreifen.

Wenn ich auf die letzten zehn Jahre zurückblicke, sind mir einige Dinge klar geworden:

- Transformation ist Arbeit. Sie passiert nicht von selbst, sondern bedarf der Anstrengung aller.
- Transformation braucht ein Ziel: Uns wurde schnell klar, dass wir uns grundsätzlich anders aufstellen und organisieren mussten, um auch zukünftig am Markt bestehen zu können.
- Organisationen und ihre Kultur sind träge Gebilde. Um sie zu verändern, braucht es einen langen Atem und die permanente Aufmerksamkeit, um nicht in alte Muster zurückzufallen.
- Umso wichtiger ist es, der Verankerung konkreter Ergebnisse und Wirkungen von Transformation volle Aufmerksamkeit zu geben – und zwar von Anfang an.

Durchatmen? Von wegen: Wichtige Leistungsträger:innen verlassen das Unternehmen. Ermüdungs- und Erschöpfungserscheinungen treten auf.

Ab 2015 wird ein neuer Zyklus von Führungsklausuren als supervisorische Begleitung des Führungskreises aufgesetzt. Komplexe, bisher weitgehend vermiedene Themen kommen auf die Tagesordnung, werden analysiert und zum Ausgangspunkt erster Ansätze von Geschäftsprozessmanagement gemacht, inklusive systematischer Professionalisierung von Projektleiter:innen, aber auch des Managements.

2018 – das Geschäft brummt, die Mitarbeiter:innenzahl hat sich mehr als verfünffacht und das Leistungsportfolio konnte deutlich erweitert werden.

Was bleibt? Anlässe für tiefgreifenden Wandel können sich sehr unterschiedlich zeigen: Mal ist es eine Krise, mal das Gefühl, dass man mit den bewährten Mitteln nicht mehr weiterkommt. Es gibt unterschiedliche Formen auf diese Anlässe zu reagieren.

Manchmal mögen Anpassungen des Bestehenden reichen, manchmal braucht es aber auch mehr. Dieses „mehr" ist nicht immer einfach und schon gar nicht passiert es nebenbei. Tiefgreifende Veränderung braucht Ehrlichkeit, Mut und nicht zuletzt die Einsicht, dass sie Teil der Entwicklung von Organisation sind.

Gerade aus der Position der Stärke ist eine Transformation schwierig. Das beleuchtet Marc Fielmann, seit Ende 2019 alleiniger Vorstandsvorsitzender der von seinem Vater 1972 gegründeten und seitdem fast 50 Jahre sehr erfolgreich geführten Brillen-Kette in einem Interview mit der Wochenzeitung „Die Zeit" (2021, S. 23):

„Wir sind in Deutschland so erfolgreich, weil wir unser Geschäftsmodell immer weiter perfektioniert haben. Da fehlte es uns in der Vergangenheit mitunter an Leuten, die sagen: Lasst uns jetzt mal alles anders machen. Aber im Zeitalter der Digitalisierung müssen Sie radikal sein. Unser Geschäftsführer bei der Fielmann Ventures hat mir ganz am Anfang der Transformation gesagt: Herr Fielmann, Sie haben 30 Jahre alte, völlig unflexible IT-Systeme. Und Menschen, die sich nur damit auskennen. Die wollen auf keinen Fall eine Veränderung. Gleichzeitig kriegen Sie keine neuen Leute, weil die keine Lust haben, mit den 30 Jahre alten

Systemen zu arbeiten. Wir nennen das heute den Legacy-Teufelskreis. Es ist die fieseste, mühsame Fleißarbeit, bis Menschen begreifen, dass man nicht nur (…) die Dinge immer weiter optimiert bis zum letzten Prozent, sondern auch mal was riskieren muss, Fehler zulassen, abteilungsübergreifend zusammenarbeiten (…). Wir haben uns sehr radikal von alten IT-Systemen getrennt (…), Mitarbeiter weitergebildet, neue Mitarbeiter geholt, Prozesse komplett neu gedacht."

Auch bei der ING war die Sicherung der Zukunftsfähigkeit Antrieb für die Transformation wie das Interview im Kapitel 1 zeigt: „Die Entscheidung wurde durch unseren globalen CEO getroffen, der sagte: Wenn wir uns jetzt nicht flexibler aufstellen, so dass wir auch schneller agieren können, werden wir als Bank nicht überleben. Allerdings ging es uns in dieser Zeit

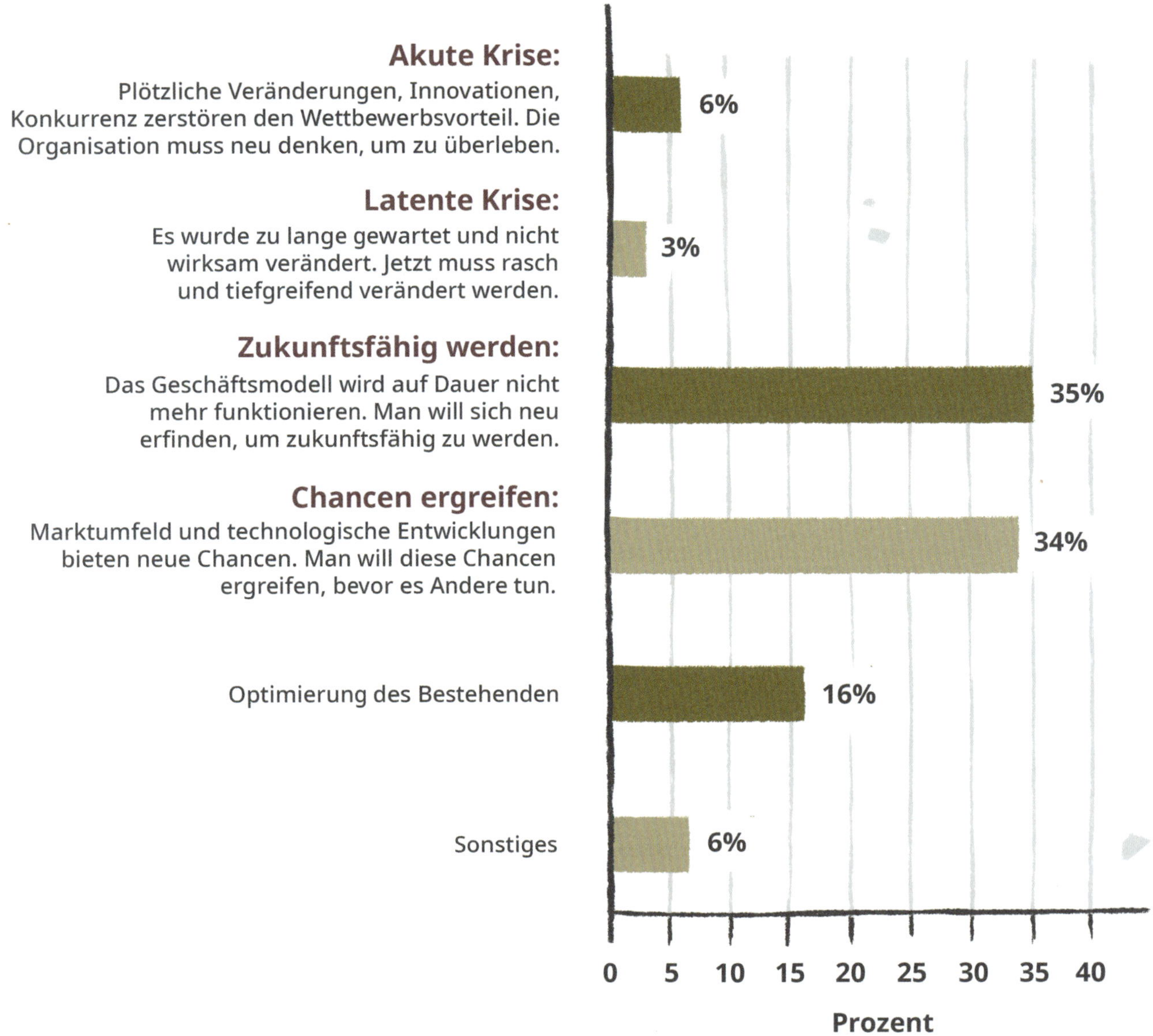

ABBILDUNG 2.4 Dominante Anlässe für Transformation (Quelle: Transformationskompass 2021)

insbesondere in Deutschland mit der ING sehr gut. Menschen zu erläutern, dass sie sich in erfolgreichen Zeiten verändern müssen, ist nicht einfach."

Dass Transformation aus der Position der Stärke proaktiv angegangen wird, bestätigen auch die Antworten im Transformationskompass 2021 (North/Haas/Pakleppa 2021). Die Mehrheit der Befragten nannte als Anlass für die Transformation, zukunftsfähig werden zu wollen bzw. Chancen zu ergreifen, bevor es andere tun. Lediglich 7 % antworteten, dass eine akute Krise Anlass für die Transformation war.

Es geht also darum, auch ohne lebensbedrohliche Krise Transformation bewusst einzuladen. Oder anders formuliert: In Transformationsarbeit steckt ein hohes Potenzial für die Selbsterneuerung und damit die Freisetzung ungeahnter Potenziale. Proaktive Transformation bedingt eine Führung, die der eigenen Wahrnehmung zur Situation der Organisation vertraut und sie hinterfragt, die die Chance eines sich öffnenden Zeitfensters sieht, dieses nutzt und sich kraftvoll vom Bestehenden lösen kann. Nicht selten ist dabei ein Wechsel in der Leitungsebene Auslöser für einen neuen Blick auf die Organisation, wie das oben dargestellte Beispiel der Transformation von Ørsted oder der folgende Praxiseinblick von Philips zeigen. Im Kapitel 4 werden wir auf transformationale Führung als Gelingensbedingung für tiefgreifenden Wandel näher eingehen.

PRAXISEINBLICK 4: Philips – Fokus auf das Wesentliche

VON DER KRISE ZUM RADIKALUMBAU

Unter der neuen Führung von Chief Executive Frans van Houten begannen sich die Dinge bei Philips im Jahr 2011 zu ändern. Das Unternehmen befand sich am Ende der Ära eines breit aufgestellten Massenherstellers von Elektronik. Die asiatische Konkurrenz war schneller und billiger. Es gab immer wieder Gewinnwarnungen, die Aktie stand schlecht da, Investoren waren enttäuscht und die Mitarbeiter wenig begeistert.

Chief Medical Officer Jan Kimpen blickt zurück: „Ich denke, was Frans sehr gut gemacht hat, war, die Außenwelt zu lesen, den Wandel zu erkennen, der im Gesundheitswesen vor sich ging. Und er beschloss, das Unternehmen in ein reines Technologieunternehmen zu verwandeln." Van Houten ergänzt: „Wir haben uns gefragt, welche unsere Kernkompetenzen sind. Wir sind stark bei Innovationen und wir verstehen, was Kunden wollen. Was wir nicht so gut können, ist, margenschwache Massengüter wie Fernseher oder Leuchtmittel herzustellen." Man erkannte die Chance der Konvergenz der Consumer-Technologien von Philips, die ein gesundes Leben erleichtern, der medizinischen Technologien, die den Ärzten helfen, bessere Diagnosen und Behandlungen durchzuführen, und der cloudbasierten Technologien, die den Austausch und die Analyse von Daten ermöglichen, als die wichtigsten Voraussetzungen für effektivere, kostengünstigere integrierte Gesundheitslösungen.

Und dann handelte Philips radikal und setzte alles auf eine Karte: In 2014 kündigte Philips an, sein Geschäft in zwei Unternehmen aufzuteilen, in Lighting Solutions und HealthTech mit den Geschäftsbereichen Healthcare und Consumer Lifestyle. Lighting Solutions wurde 2016 an die Börse gebracht und 2018 in „Signify" umbenannt. Man trennte sich damit umsatzmäßig von circa der Hälfte des Geschäfts und investierte das Geld in den Gesundheitsbereich. Man kaufte Unternehmen zu und investierte erheblich in Data Science, Informatik und Cloud-Technologien um die Bereitstellung integrierter Lösungen über das gesamte Gesundheitskontinuum und über verschiedene Versorgungssituationen hinweg zu ermöglichen. „Philips hat in den letzten fünf Jahren einen sehr massiven Wandel vollzogen und wir haben uns zu einem fokussierten Gesundheitsunternehmen gewandelt," sagt Chief Executive Officer Frans van Houten.

Im Jahr 2019 machte die Gesundheitssparte von Philips 42 % des weltweiten Konzernumsatzes aus. Auch wenn Philips noch im Mittelfeld der Player im Konzert der Healthcare-Firmen mitspielt, sind Wachstumsraten und Profitabilität mit der Transformation gegenüber Philips traditionellem Geschäft gestiegen. Durch den radikalen Umbau wurde die latente Krise überwunden und eine neue Zukunftsperspektive integrierter Gesundheitslösungen in die Tat umgesetzt.

Quelle: Philips (2021)

Eins sollte klar geworden sein: Transformationen haben viele Gesichter, und die dahinterliegenden Auslöser ebenso. Sie reichen von der Reaktion im Krisenmodus bis hin zur vorausschauenden kompletten Neuaufstellung der Organisation. Folglich ist ebenso entscheidend, diese Auslöser nicht nur zu erkennen, sondern auch die angemessene Antwort auf diese zu finden. Während in einem Fall eine Anpassung des Bestehenden ausreichen mag, gilt es im anderen Fall, das Bestehende grundsätzlich zu verwerfen. Wie dieses Spannungsverhältnis produktiv zu gestalten ist, beschäftigt uns im folgenden Kapitel.

PRAXISEINBLICK 5: Mit Gummibändern Steine bewegen, Transformation sozialer Systeme

Michael Woolcock kennt sich mit tiefgreifenden Veränderungen im internationalen Raum aus. Sei es als *Lead Social Scientist* in der *Development Research Group* der Weltbank oder als Dozent für *Public Policy* an der *Kennedy School of Government* der *Harvard University:* Als Praktiker oder Forscher gilt seine berufliche Leidenschaft dem Aufbau leistungsstarker staatlicher Institutionen. Dabei weiß er, dass die Veränderung sozialer Systeme eine komplexe Aufgabe ist, bei der man sich und andere vor allzu einfachen Lösungen schützen sollte.

Was bedeutet für Sie Transformation sozialer Systeme?
WOOLCOCK: Das Bild, was mir hierzu einfällt, ist ein Mann in Indien, den ich dabei beobachtet habe, wie er mit einem Gummiband einen riesigen Stein über eine Brücke gezogen hat. Der Stein bewegt sich nicht langsam und gleichförmig, sondern ruckartig. Genauso erfolgen Transformationen: Ruckartig, nicht evolutionär oder gar inkrementell. Das ist auch der Unterschied zu – wenn man so will – klassischem Change. Dieser erfolgt eher wie ein Grundrauschen in einer Organisation. Transformationen setzen komplett andere Aufwände und Veränderungen frei.

Wer und was sind Auslöser solcher ruckartigen und aufwändigen Transformationsanlässe in Organisationen?
WOOLCOCK: Ich kann hier primär aus der Sicht des mittleren Managements einer internationalen Finanzinstitution sprechen. In der Regel ist Auslöser für tiefgreifenden Wandel eine Top-down-Ansage, meist verbunden mit der Botschaft, dass es eine Entwicklung im Umfeld der Organisation gibt, auf die man eine Antwort finden muss. Diese Antwortfähigkeit ist aber eher eine Reaktion als eine vorausschauende Aktion. Der Modus ist dann in der

Regel, eine Gruppe von Menschen zu finden, die sich mit der identifizierten Entwicklung für eine bestimmte Zeit auseinandersetzen und eine Lösung finden sollen, die dann wiederum für die ganze Organisation funktioniert. Die Ergebnisse sind kleinere oder größere Erdbeben: Manchmal spürt man sie nicht, manchmal bringen sie das gesamte System in Bewegung.

Gilt dieser Modus für alle Organisationstypen?
WOOLCOCK: Ich denke nicht. Für bürokratische Systeme ist es beispielsweise Teil ihres Selbstverständnisses, auf Veränderungsanlässe ausschließlich reaktiv zu reagieren. Sie sind de facto nicht designt, um schnell und flexibel auf Umfeldveränderungen zu antworten. Ihr primärer Arbeitsmodus ist die Standardisierung, was auch gar nicht verkehrt ist. Viele Dinge funktionieren genau deshalb. Das Paradoxe ist, dass beispielsweise in Krisensituationen genau dieses standardisierte Wissen über Vorgänge nicht abgerufen wird.

Weil der Anlass zum Handeln für ein reaktives System gar nicht als ein solcher wahrgenommen wird?
WOOLCOCK: Die Frage ist, wer diesen Veränderungsanlass vermittelt und wie sehr ich dieser Person oder diesem System als eine wahrhaftige Quelle vertraue. Besteht bspw. ein hohes Maß an Vertrauen in einen Politiker, kann dessen Botschaft Veränderungsenergie freisetzen. Ich glaube eher faktenbasierten Berichten der Wissenschaft, dann sind diese für mich Quellen für Erneuerung. Letztendlich entscheiden Empfänger sehr individuell, ob sie einer Quelle, die einen Veränderungsanlass verkündet, vertrauen. Ist Vertrauen vorhanden, sind Menschen auch bereit, Dinge zu tun, die sie nicht tun wollen, bspw. sich zu verändern.

Nennen Sie uns ein gelungenes Beispiel für eine erfolgreiche Transformation eines ganzen Systems?
WOOLCOCK: Es gibt eine Vielzahl unterschiedlicher Indikatoren, die darauf hinweisen, inwieweit Gesellschaften bzw. ganze Nationen vorbereitet bzw. in der Lage sind, auf Veränderungsanlässe zu reagieren, zum Beispiel den Global Health Security Index. Die Idee dahinter ist, besser zu verstehen, wo in Gesellschaften Bereiche existieren, die angemessen auf globale Veränderungsanlässe reagieren, um dann gemeinsam zu schauen, was diese Bereiche anders im Sinne von besser machen. Am Ende schaut man dabei meist auf Gruppierungen und Teams, die sich anders auf Veränderungsanlässe einlassen und letztendlich Mikro-Kulturen der High Performance schaffen. Von diesen Teams kann man lernen, um es wiederum auf andere Kontexte zu übertragen.

Welcher Rahmenbedingungen bedarf es, um tiefgreifende Veränderungen zu schaffen?
WOOLCOCK: Menschen agieren in Systemen immer kontextkonform: Sie verhalten sich so wie sie glauben, dass es ihr Umfeld von ihnen erwartet. Diese Kontexte sind entscheidend dafür, wie viel und welche Art von Wandel überhaupt möglich ist. Bei Veränderungsarbeit sollte daher gleich zu Beginn geprüft werden, wie groß der Gestaltungsspielraum ist, den das System wirklich zulässt. Nur weil man selber die Notwendigkeit von Wandel sieht, bedeutet das nicht, dass es das Umfeld ebenso sieht. In der Regel gibt es auch Gründe, warum meist unterschiedliche Wahrnehmungen auf Veränderungsbedarfe existieren. Je größer die Veränderung, desto größer die Chance, dass Menschen durch diese Veränderung auch verlieren werden. Sie werden nachvollziehbarerweise gegen die Veränderung angehen, sie vielleicht sogar aktiv bekämpfen. Insofern ist es sehr weise, nicht nur zu Beginn, sondern kontinuierlich zu beobachten und zu klären, wieviel Veränderungsraum tatsächlich vorhanden ist. Wo sind die Veränderungstreiber, wo sind die Verhinderer? Die Kunst besteht dabei darin, Menschen in eine Welt einzuladen, die es noch nicht gibt.

Das klingt nach viel Überzeugungsarbeit.
WOOLCOCK: Ja, das ist es auch. Dabei geht es weniger um Techniken oder Mechaniken, sondern in erster Linie um Haltung. Wenn ich Neues schaffen will, muss ich mich in diesen Raum der Zumutung bewegen. Ich muss mich selber aus der eigenen Komfortzone herausbewegen und Menschen davon überzeugen, dies auch zu tun.

Was hat all das mit Führung zu tun?
WOOLCOCK: Insbesondere in Zeiten, in denen Entscheidungen in Organisationen immer mehr über Business Analytics oder maschinell ausgewertete Massendaten generiert werden, ist es die Aufgabe von Führungskräften, Werte in die Organisation zu tragen. Sie müssen Dinge sehen, die Andere nicht sehen können. Sie beobachten das Unbeobachtbare und füttern ihre Erkenntnisse zurück in die Organisation. Dabei geht es zum einen darum, Entwicklungen und Trends im Umfeld der Organisation frühzeitig zu erkennen und sie als Impuls für Erneuerung in die Organisation zu tragen. Zum anderen müssen Führungskräfte diese Entwicklungen prüfen, inwiefern sie schädlich sind, und damit die Organisation vor einem Schaden bewahren. Technologie kann das – bisher – noch nicht.

DAS EINE TUN, DAS ANDERE AUCH – IM SPANNUNGSVERHÄLTNIS VON OPTIMIEREN UND ERNEUERN

03

Wie können Organisationen radikale Erneuerung und bisheriges oder aktuelles Geschäft in Einklang bringen? Für die einen kommt eine Transformationsinitiative zu spät, für die anderen ist die Zeit dafür noch nicht reif. Für die einen werden zu viele Ressourcen – Zeit, Geld und Aufmerksamkeit – für das Neue verschwendet, für die anderen heißt es, „nicht kleckern, sondern klotzen". Die einen fürchten, ihre Identität als Organisation zu verlieren, den anderen kann es nicht schnell genug gehen, das alte Selbst zu verlassen. Keine Frage, Transformationsanlässe entstehen in Grauzonen und aus Spannungen zwischen einem „nicht mehr" und „noch nicht".

Kerngeschäft ausschöpfen und neue Räume erschließen

Wir erleben immer wieder, dass es insbesondere tradierten und in der Vergangenheit erfolgreichen Unternehmen schwerfällt, mit radikalen Innovationen von Produkten, Dienstleistungen oder Geschäftsmodellen meist branchenfremder und damit nicht selten wenig beachteter Wettbewerber zurechtzukommen. Neben einer Unterschätzung der Zeitdimension für die Entwicklung von radikal Neuem kommt dabei auch die schmerzhafte Erfahrung zutage, dass das Handwerkszeug der Vergangenheit plötzlich wie ein stumpfes Schwert wirkt. Damit Unternehmen jedoch nachhaltig leistungsfähig bleiben, müssen sie lernen, das Kerngeschäft auszuschöpfen und gleichzeitig neue Räume zu erschließen. Dabei ist das wichtige Wort „gleichzeitig": Für etablierte Unternehmen besteht die Herausforderung darin, ihr Kerngeschäft kontinuierlich zu optimieren und auszubauen. Dabei geht es um Effizienz ebenso wie um eine kontinuierliche Anpassung von Regelprozessen und -systemen. Zur gleichen Zeit gilt es aber auch, neue Geschäftsfelder und -möglichkeiten zu identifizieren, die mitunter diametral im Widerspruch zum Kerngeschäft stehen können. Diese als „Ambidextrie" bezeichnete Fähigkeit (siehe Abbildung 3.1) wurde bereits vor vielen Jahren von Jim March (1991) formuliert und durch Michael Tushman und Charles O'Reily (2013) anschlussfähig für die Organisationsgestaltung gemacht.

Die Grundidee der als „Beidhändigkeit" übersetzten Ambidextrie ist, dass Führungskräfte und Mitarbeitende in Organisationen zwei unterschiedliche Organisationsgefüge und damit auch Denkfiguren aufbauen müssen. Vorstellen kann man sich das auch als zwei Betriebssysteme: eines für die optimale Nutzung des Bestehenden (Exploitation) und eines für die Exploration neuen Geschäfts. Dies bringt Menschen in Organisationen nicht selten in Not: Während die Exploitation, also die Optimierung im Hier und Jetzt, sehr gut funktioniert, weil diese Logik über viele Jahre erlernt und erprobt wurde, ist ein gleichzeitiges Denken in neuen, konträren Organisationsgefügen eine Herausforderung, der man sich bewusst stellen muss, um nicht nur heute, sondern auch morgen erfolgreich zu sein.

Warum spielt diese Fähigkeit gerade jetzt eine wichtige Rolle für Unternehmen? Tushman ist hierzu eindeutig: „In einer Welt, in der Dinge zunehmend modularisiert werden können und der Aufwand für Wettbewerb und Kommunikation gegen null geht, verschiebt sich der Ort der Innovation: weg aus dem Inneren der Firma selbst, wo er jahrzehntelang lag, hin zu Firma und Netzwerk. Das ist eine enorme beidhändige Herausforderung: in der Welt zu leben, in der unterschiedliche und widersprüchliche Logiken existieren." (Schumacher 2020, S. 4).

Wie gehen Sie mit diesen Widersprüchen in Ihrer Organisation um? Wie schöpfen Sie gleichzeitig das Kerngeschäft aus und erschließen neue Räume?

ABBILDUNG 3.1 Beidhändigkeit kombiniert den „Exploit"- und „Explore"-Modus

Spannungen in der Transformation bewältigen

Die Koexistenz dieser beiden Betriebssysteme – eines auf Optimierung ausgerichtet, das andere auf Erneuerung – führt in der Transformation zu Spannungen, die im Laufe tiefgreifender Veränderung zu bewältigen sind. Vielfach gehen dabei Unternehmen den Weg, die sogenannten „Moonshots“, wie Google Projekte mit hoher Investition und ungewissem Ausgang nennt, auszugliedern und zu eigenständigen Unternehmen unter neuem Dach zu machen. Aber auch schon vor der Transformation entstehen Spannungen, wenn führende Mitarbeiter auf ein neues Betriebssystem setzen und sich dafür engagieren, das von der auf „weiter so“ ausgerichteten Führung abgelehnt wird. So beharrte die Geschäftsführung eines Staatsweinguts auf der Fortführung des konventionellen Weinbaus, während profilierte Mitarbeiter eine Umstellung auf Bioweine forderten, ausgebremst wurden und darauf zur Konkurrenz gingen, die diese Signale proaktiv aufgegriffen hatte.

Typische Spannungen während der Transformation, von Antony et al. (2017) als Krisen bezeichnet, betreffen das Engagement für das Neue, die Zuteilung von Ressourcen und den Verlust der Identität. Wie Abbildung 3.2 zeigt, dominiert zu Beginn einer Transformation das aktuelle Geschäft mit Umsatz und Mitarbeitern, das transformierte Geschäft nimmt erst langsam Fahrt auf und verbraucht zu Beginn mehr Ressourcen, als es generiert, und ist damit eine Wette auf eine ungewisse Zukunft. Selbst bei gelungener Transformation braucht das neue Geschäft(smodell) oder „Betriebssystem“ Zeit, bis es dem alten überlegen ist. Selbst wenn der Umsatzanteil noch gering ist, können Profitabilität und Wachstum schon Frühindikatoren sein, welche Potenziale im Neuen stecken. Schauen wir uns diese drei Spannungsfelder näher an:

SPANNUNGSFELD ENGAGEMENT: In der Frühphase einer Transformation sind viele Führungskräfte und Mitarbeiter zögerlich und besorgt, sich auf einen neuen Weg einzulassen und ihn zu Ende zu führen, selbst wenn es Anzeichen dafür gibt, dass das Kerngeschäft stetig rückläufig ist. Die einen wollen so bleiben, wie sie sind, die anderen sind bereits losgelaufen. Beides ist problematisch.

SPANNUNGSFELD RESSOURCEN: Während der Transformation konkurrieren verschiedene Teile der Organisation um Ressourcen (Finanzen, Menschen, Zeit, Aufmerksamkeit). Neue Wachstumsbereiche benötigen im Vergleich zu ihrer Größe einen unverhältnismäßig hohen Anteil der Investitionen. Hierbei ist zu unterscheiden, ob die Transformation entkoppelt vom oder integriert im Kerngeschäft umgesetzt wird. Bei Erstem findet die Erneuerung außerhalb der Stammorganisation statt, was zu einem späteren Zeitpunkt zu Integrationsproblemen in das Kerngeschäft führen kann. Bei Zweitem erfolgt die Erneuerung innerhalb der Stammorganisation, was eine zusätzlich zum Kerngeschäft zu erbringende Steuerungs- und Führungsleistung der Transformation und damit mitunter hohe Kapazitätsaufwände mit sich bringt. Sind diese strukturellen Optionen nicht bewusst und vor allem für alle Beteiligten in aller Konsequenz geklärt und angenommen, kann es schnell zu Irritationen kommen: Manche verlieren die Geduld, weil nicht schnell genug sichtbare Ergebnisse produziert werden. Andere ordnen die Transformationsarbeit bewusst dem Tagesgeschäft unter. Ressourcen sind ein begrenztes Gut. Daher muss von Beginn klar und nachvollziehbar geklärt werden, wie diese sinnvoll für Transformationsarbeit eingesetzt werden.

SPANNUNGSFELD IDENTITÄT: Der Wandel kann so tiefgreifend sein, dass die Organisation in Zweifel über ihren Sinn gerät: „Wofür braucht man uns noch? Wer sind wir?" Was passiert, wenn Grundannahmen der Organisation nicht nur herausgefordert, sondern grundsätzlich infrage gestellt werden. Welche Folgen hat das für (bisher erfolgreiche) Schlüsselpersonen der Organisation, die plötzlich das Gefühl haben, dass sie nicht mehr dazugehören? Der Psychologe, Verhaltensökonom und Nobelpreisträger für Wirtschaftswissenschaften Daniel Kahneman findet für den subjektiv erlebten Verlust im Wandel klare Worte: „Diejenigen, die Verluste erwarten – ganz egal, ob es dabei um Macht, Status, Positionen oder Bequemlichkeit geht –, bekämpfen die Veränderung heftiger als die Gewinner. Mit dieser Theorie der Verlustaversion lässt sich ein Großteil des Widerstands erklären, der gegen Veränderung wirkt. Sie erklärt auch, dass Wandel, wenn er stattfindet, nur selten nach Plan verläuft." (Roehl/Haas 2013).

Transformation kann nur gelingen, wenn diese Spannungsfelder bereits zu Beginn thematisiert und auch im weiteren Verlauf der Transformation immer wieder geklärt und mitunter (neu) verhandelt werden. Dabei geht es darum zu klären, was die Organisation in der Lage ist zu bewältigen, um tiefgreifenden Wandel zu ermöglichen.

Prägend für den Verlauf von Transformationen ist auch, wie weit sich eine Organisation von ihrem derzeitigen Daseinszweck entfernt. Wenn die ING Bank sich als agile Organisation neu erfindet, verändert dies das „Wie" der Leistungserbringung, aber das „Was", die Wert-

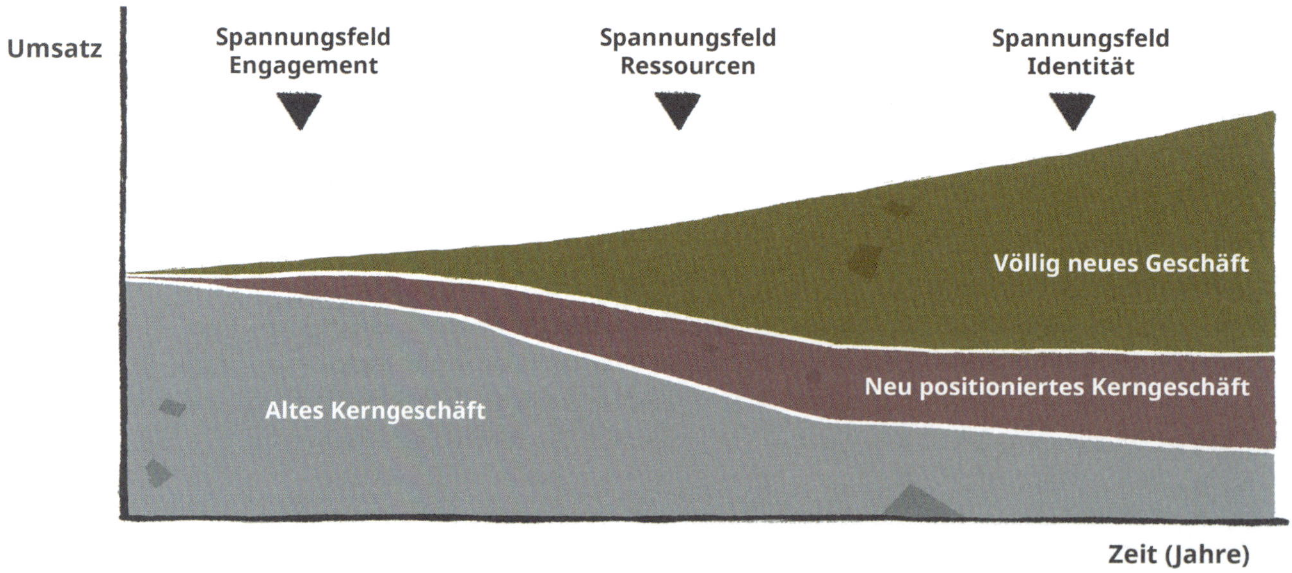

ABBILDUNG 3.2 Drei Spannungsfelder im Verlauf der Transformation (Quelle: angepasst nach Gilbert, zitiert durch Antony et al. 2020, S. 19)

schöpfung für den Kunden und Identität der Organisation als Direktbank bleiben, wenn auch verändert, bestehen. In diesem Fall erfolgt Transformation im und aus dem bestehenden Geschäft. Anders wäre es, wenn sich die Bank zu einem Mobilitätsanbieter transformieren würde. Dann wären sowohl das „was" als auch das „wie" radikal verändert.

Für diese beiden Formen der Transformation haben die amerikanischen Berater Anthony/Gilbert/Johnson (2017) den Begriff „Duale Transformation" geprägt. Transformation A konzentriert sich auf die Neupositionierung des aktuellen Geschäfts, während Transformation B radikal neue Lösungen für die Zukunft entwickelt. In der Transformation gibt es also auch eine – weiter gedachte – Beidhändigkeit: einerseits die Fähigkeit, nicht nur das bestehende Geschäft zu optimieren, sondern neu zu erfinden. Andererseits, ein radikal neues Geschäft zu entwickeln. Beide Formen von Transformation betrachten wir im Folgenden näher (siehe auch Abbildung 3.3).

Bestehendes Geschäft transformieren

Das Ziel von Transformation A ist, den stärksten Wettbewerbsvorteil zu finden, der das bestehende Geschäft in einem veränderten Umfeld sichern kann. Die Leitfragen hierbei sind:

- „Was tun wir, was Kunden auch zukünftig von uns verlangen?"
- „Wie können wir diese Leistungen erbringen, um unsere Marktposition zu behaupten und uns für die Zukunft abzusichern?"

Hierbei verändern sich das Wertversprechen, die Produkte und Dienstleistungen gegenüber dem Kunden nur wenig, aber wie wir es tun, wird radikal anders. So wechselte das bekannte Softwareunternehmen Adobe vom Verkauf von Software-Packages zu schon frühzeitig zu einem Abonnement-Modell, das jetzt unter dem Namen „Software as a Service" das gängige Geschäftsmodell der Branche geworden ist. Für die internen Prozesse war diese Umstellung eine Revolution.

Auch in der Interaktion mit Kunden kann sich die tiefgreifende Veränderung auf das „Wie" konzentrieren. So baut die Liechtensteiner Hilti AG seine Vertriebsorganisation mit 21.000 Mitarbeitern weltweit radikal um. Die Produkte wie Powertools für Baustellen ändern sich damit nicht, aber wie die Vertriebler verkaufen, wandelt sich tiefgreifend, wie im Praxiseinblick Nr. 9 beschrieben wird.

Auch ein radikaler Umbau von Führung und Organisationsstrukturen transformiert das „Wie" der Wertschöpfung. So hat sich Haufe-Lexware in Freiburg unter dem Motto „Wir sind Chef" (Arnold 2016) tiefgreifend von einem traditionell geleiteten Software-Unternehmen, Verlag und Seminaranbieter zu einer agilen, ganz wesentlich von ihren Mitarbeitern geführten Organisation transformiert.

Auch die tarent solutions GmbH mit über 350 MA in Bonn, Köln, Berlin und Rumänien wandelte sich, wie in Praxiseinblick Nr. 8 beschrieben, tiefgreifend von einem traditionell geleiteten hierarchischen Software-Unternehmen zu einer agilen Organisation, in der Führung konsequent in einer selbstorganisierten Form umgesetzt wird. Ähnlich, nur in einer anderen Branche, ist die bereits oben erwähnte ING Bank vorgegangen.

In den genannten Beispielen war das Ziel, das Bestehende in einer anderen Form zu sichern. Dazu braucht es Unternehmer und Führungskräfte, die als Erforscher und Ermutiger neue Formen der Zusammenarbeit und Unternehmensführung anschieben, zulassen, Experimente konsequent umsetzen, daraus rasch lernen und dann auch loslassen können.

Neues Geschäft erfinden

Transformation B ist disruptiv, schafft radikale neue Lösungen für alte oder neue Probleme und Bedürfnisse und „baut" so Zukunft. Der Blick richtet sich auf neue oder tiefgreifend veränderte Produkte/Dienstleistungen, auf neue Kunden und Märkte sowie auf neue oder stark veränderte Geschäftsmodelle. Beispiel hierfür ist die in Praxiseinblick 7 beschriebene AMOVA-Transformation, das Geschäftsmodell „Software as a Service" oder Hiltis Tool Park Management, das auf Vermietung von Werkzeugen als Alternative zum traditionellen Verkauf und der Wartung von Geräten basiert. Der Weg in das angrenzende Geschäft ermöglicht, auf bestehende Kompetenzen zurückzugreifen, erfordert jedoch, das, was wir können, für neue Zwecke oder radikal anders einzusetzen. Diese Transformation, insbesondere des „Wie", erfordert ein neues Verständnis der Kundenbedürfnisse, Nachfragetrends, Marktstruktur, Wettbewerbsdynamik, Technologietrends und anderer Marktvariablen. Auch die Neuerfindung des traditionellen Fleischherstellers der Rügenwalder Mühle als Anbieter von vegetarischen Fleischalternativen steht als Beispiel für die Transformation B.

PRAXISEINBLICK 6: Rügenwalder Mühle – Veggie ist uns nicht Wurst

MUTIGER WANDEL IN DER LEBENSMITTELINDUSTRIE

Das fast 200 Jahre alte Familienunternehmen Rügenwalder Mühle in Bad Zwischenhahn hat schon viele Veränderungen gesehen, aber keine war so tiefgreifend wie die Transformation innerhalb von sieben Jahren zum Lebensmittelhersteller mit zwei starken Standbeinen: Heute erzielt die Rügenwalder Mühle fast ebenso viel Umsatz mit vegetarischen und veganen Produkten wie mit Fleischprodukten.

Claudia Hauschild, die Leiterin der Unternehmenskommunikation bei der Rügenwalder Mühle, beschreibt den Auslöser für die Transformation: „Uns war es schon immer besonders wichtig, auf die Wünsche der Verbraucher einzugehen, und wir haben gesehen, dass immer mehr Menschen weniger Fleisch und Wurst essen. Da lag es nahe, dass wir unsere Kompetenz in der Wurstherstellung auch dafür nutzen, leckere Alternativen herzustellen und uns zu einem Lebensmittelhersteller mit zwei gleichwertigen Standbeinen zu entwickeln."

Zur eigentlichen Transformation sagte einer der damaligen Geschäftsführer Godo Röben: „Es war eigentlich höchste Zeit – nur einfach war es nicht." „Wir mussten die Produktion überdenken, Prozesse umstellen, uns neue Zulieferer suchen, mit vorhandenen über Qualitäten sprechen, neue Produkte entwickeln, Supermärkte ins Boot holen, über innovative Werbung nachdenken und auch darüber, mit welchen Vorurteilen wir konfrontiert werden würden." Veggie-Produkte waren anfangs noch „Risikogebiet". Entsprechend groß waren die Skepsis und die Angst innerhalb der Belegschaft, von denen viele aus dem Fleischerhandwerk kommen.

Das Unternehmen begann eher intuitiv mit der Veränderung: zuhören, ausprobieren, Fehler zulassen und einfach machen. Als sich dann der Erfolg einstellte, war das für alle Beteiligten ein großer Motivationsschub. Die wichtigste Kernbotschaft für die Mitarbeiter bei der Transformation erläutert Michael Hähnel, Geschäftsführer seit 01.01.2020 und der erste des Traditionsunternehmens, der nicht aus der Gründerfamilie kommt: „Ein klares Ziel vorgeben, es permanent erklären und daran festhalten. Die Organisation sollte nach vorn ausgerichtet sein. Eine Botschaft war besonders wichtig: Das, was wir bisher geleistet haben und was wir können, ist unser Fundament für alles, was nun kommt. Und so war es dann ja auch. Es sind keine Stellen weggefallen, niemand wurde überflüssig."

Zu der Zukunft und Veränderung erläutert Claudia Hauschild: „In erster Linie richtet sich unser Sortiment nach den Bedürfnissen der Verbraucher und den Marktgegebenheiten, es finden hier immer wieder Anpassungen statt. Gleichzeitig versuchen wir, alle Produkte auch in Sachen Klimaschutz und Tierwohl weiter zu verbessern. Daher haben wir uns beispielsweise auch vorgenommen, möglichst viele der vegetarischen Alternativen auf vegan umzustellen."

Vorteil bei der Transformation war, dass die Verarbeitung von Fleisch und von pflanzlichen Proteinen ähnlich abläuft. Das Know-how der Mitarbeiter war weiterhin gefragt. Dies erleichterte auch, das mit der Transformation verbundene Wachstum von 450 Mitarbeiter:innen vor der Veggie-Einführung auf mittlerweile knapp 850 Mitarbeiter:innen besser umzusetzen.

Die Rügenwalder Mühle hat sich mit der Transformation auf den Weg zu einem vollwertigen Lebensmittelhersteller und damit permanenter Veränderung gemacht. „Ich werde oft gefragt, wann wir denn da endlich durch sind, wann die Umwandlung zu Ende ist. Meine Antwort ist dann: Da gibt es kein durch. Die Veränderungen werden weitergehen. Die Wellen werden flacher, aber der Markt wandelt sich permanent und wir müssen uns anpassen", sagt Michael Hähnel.

Quelle: Rügenwalder (2021)

Wie an diesem Beispiel deutlich wird, sind etablierte Unternehmen in ihren Transformationsbemühungen um ein Vielfaches mehr gefordert als noch sehr junge Unternehmen. So spricht aus den Sätzen der Geschäftsführung zum einen ein hohes Maß an Wertschätzung für Vergangenes und das, was die Unternehmung bisher erfolgreich gemacht hat. Der Respekt und die Achtung der Geschichte sind somit ein expliziter Teil der Transformationsarbeit. Gleichzeitig ist es an diesem Beispiel schön erkennbar gelungen, anknüpfend an eine erfolgreiche Vergangenheit, Gestaltungspotenziale für tiefgreifenden Wandel zu generieren. Beides hat und braucht daher in der Transformationsarbeit seinen Platz.

Unabhängig davon – und dies gilt für tradierte Organisationen und „Musterbrecher“ (vgl. Kaduk et al. 2020) gleichermaßen – ist eine Kultur der Neugierde, des Experimentierens und der Freiheit zu scheitern notwendig, wenn eine Organisation aus den bestehenden Mustern ausbrechen will, die zu ihrem bisherigen Erfolg geführt haben.

Den Transformationssprung wagen

Für viele Organisationen ist die Antwort auf die Frage, welche Transformation anzustreben ist, nicht Typ A oder Typ B, sondern beides: das bestehende Geschäft transformieren und neues Geschäft erfinden.

In Abbildung 3.3 bringen wir nun beide Typen in einen konsistenten Zusammenhang, was es Ihnen ermöglichen soll, sich bezüglich der eigenen Herangehensweise an Ihre Veränderungsarbeit im Sinne eines passenden Transformationsportfolios zu verorten. Ausgehend vom Kerngeschäft gibt es die Möglichkeite durch Transformationsinitiativen des Typs A das „Wie“ der Leistungserbringung grundlegend zu verändern oder mit Typ B das Wertversprechen neu zu erfinden.

Diesen „Sprung“ im Transformationsportfolio machen Initiativen, die das Geschäft völlig neu denken, wie zum Beispiel iTunes: Im Jahr 2003 hat Apple seinen Internet-Musikshop iTunes Music Store eröffnet. Zuvor hatte Steve Jobs bei den Verhandlungen mit der Musikindustrie erreicht, dass er komplette Alben für 10 Dollar und einzelne Musiktitel gar für 99 Cent verkaufen durfte. Die Folgen sind hinreichend bekannt:

- Innerhalb weniger Jahre wurde die CD als primärer Tonträger durch den Single-Download abgelöst.
- Die um die Jahrtausendwende noch verbreitete Musikpiraterie in Form von illegalen Tauschbörsen wurde auf einen Schlag durch ein kommerzielles und legales Geschäftsmodell abgelöst.
- Die Musikindustrie wurde in eine tiefe Krise gestürzt, weil sie erst sehr viel später mit Alternativen zu iTunes aufwartete.
- iTunes wurde Teil des Produktökosystems von Apple und damit zum Standard für Kundinnen und Kunden.

Über eine technologische Neuerung (mp3) sowie eine radikale Neuausrichtung des Geschäftsmodells von Apple setzte das Unternehmen über Jahrzehnte tradierte Spielregeln der Musikindustrie außer Kraft. Der bislang letzte Schritt der Digitalisierung von Musik ist der Verzicht auf den Besitz von Musik. Aufgrund der größeren Datenübertragungsraten im Internet setzen heute die meisten Musikkonsumierenden auf „On Demand“-Lösungen, bei denen Musiktitel über Plattformen wie Spotify oder Soundcloud in Echtzeit abgespielt werden können.

Diese Art von Transformationen sowohl des „Wie" als auch des „Was" erfordert in der Regel, dass die Organisation neue, ungewohnte, dem bisherigen Organisationsverständnis widerstrebende Kompetenzen aufbaut oder bisher nicht genutzte Ressourcen entwickelt. Zum Beispiel den Aufbau von Fähigkeiten, um Märkte zu entwickeln, die noch nicht ausgereift sind.

Nachdem Sabine Testen erkannt hatte, welche Anstrengung und Hausforderungen auf dem Weg der Veränderung liegen würden, aber auch was notwendig sein würde, um die Veränderung der Versicherung anzugehen, vereinbarten sie und ihre Vorstandskollegin mit vielen Menschen innerhalb und außerhalb der Versicherung Gespräche zu führen, mit dem Ziel, ein erstes Gespür für den konkreten Weg zu bekommen.

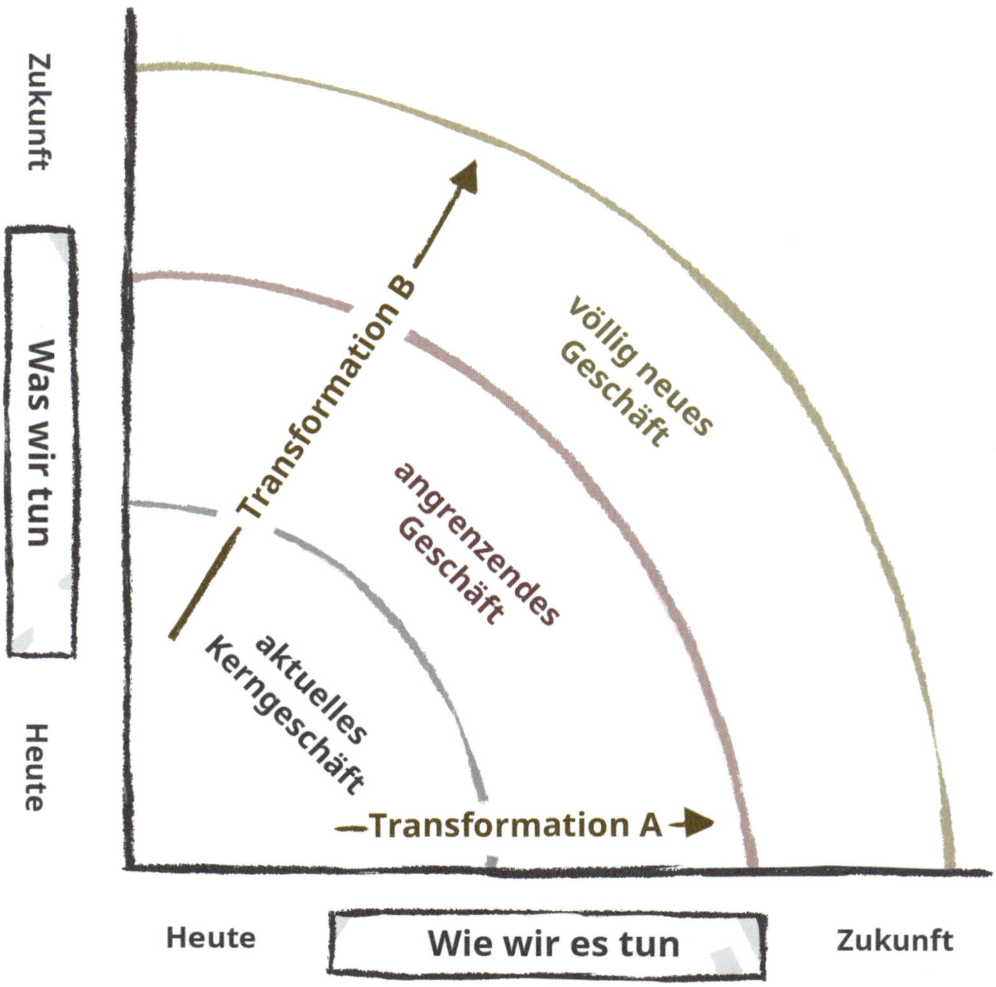

ABBILDUNG 3.3 Duales Transformationsportfolio (Quelle: nach Anthony et al. 2017, Nagji/Tuff 2012)

Zwei Wochen später sind die beiden Frauen aus dem Vorstand zu einem Spaziergang verabredet, bei dem sich ein intensiver Dialog ergibt. Die wichtigste Erkenntnis des Gespräch ist, dass es durchaus auch darum geht die Chancen, die die Digitalisierung bietet zu ergreifen und zukunftsfähig zu werden, aber auch, dass die Versicherung sich bereits seit vielen Jahren aufgrund der veränderten Technologien und Marktbedingungen in einer latenten Krise befindet. Und dabei wird beiden Frauen klar, dass nichts zu tun die Versicherung in eine tiefe Krise stürzen würde. „Die Dinge richtiger machen oder, noch schlimmer, gar nichts zu unternehmen, war für uns nie eine ernsthafte Option", so die Vorstandskollegin. „Stattdessen konnte es nur darum gehen, uns neu zu erfinden. Geschäftsmodell, Produkte und nicht zuletzt die Art, wie wir unsere Leistungen erbringen", ergänzt Testen.

Die nächsten Nächte schläft Sabine Testen unruhig. Was ihr Sorgen bereitet, ist, wie es gelingen kann, die Versicherung mit all ihrer Geschichte und Vielschichtigkeit wirklich zu verändern. Und das Ganze bei laufendem Betrieb. Je mehr sie nachdenkt, desto deutlicher wird ihr: Es gibt keinen anderen Weg. Wir müssen sowohl unser Kerngeschäft erfolgreich umsetzen und es gleichzeitig radikal infrage stellen und neue Wege für uns erschließen.

Transformation hat viele Gesichter

Was gibt es nun für Wege, Transformationen zu gestalten? Ausgangspunkte und Vorgehensweisen können sehr unterschiedlich sein, wie wir mit den folgenden fünf Wegen zeigen.

PHÖNIX AUS DER ASCHE: Der klassische Weg ist der, der dem Zyklus des Lebens immanent ist: Hier geht der Weg über das Sterben des Alten zum Entstehen des Neuen. Im Rahmen einer Organisation bedeutet dies, dass eine Organisation aufhört zu existieren und eine neue Organisation an ihre Stelle tritt, die Dinge anders macht oder die Leistungen anders erbringt. Dieser Weg ist teuer. Mitarbeiter verlassen die Organisation, Know-how und Investitionen gehen verloren, eine neue Organisation muss aufgebaut werden Ein Beispiel für diese Art der Transformation, die am ehesten als „Friedhof" zu bezeichnen ist, sind die vielen in den letzten Jahren entstandenen Plattformunternehmen. So hat beispielswiese Booking.com traditionellen Reisebüros in großer Menge abgelöst. Die Alternative ist als Organisation, diese Situation der Krise dazu zu nutzen dennoch weiter zu existieren und sich neu aufzustellen. Interessanterweise bietet das amerikanische Insolvenzrecht mit dem Chapter 11 Verfahren genau für solche Situationen einen Weg der geordneten Restrukturierung und auch das deutsche Insolvenzrecht bietet mittlerweile ein ähnliches, allerdings nicht allzu häufig angewandtes, Verfahren.

HÄUTUNG: Eine geordnete Ausprägung des ersten Weges ist, Teile der Organisation sterben oder gehen zu lassen (Verkauf, Verabschiedung von Geschäftsbereichen) und Neues in die Organisation durch Entwicklung und Zukauf zu integrieren. Ein gutes Beispiel hierfür ist der Mischkonzern Siemens, der sich in seiner mehr als 200-jährigen Geschichte mehrmals gehäutet hat und heute für die Schwerpunkte Digitale Transformation, Infrastruktur, Mobilität und Gesundheit steht, während viele andere Bereiche von der Kernkraft bis hin zu Mobiltelefonen im Laufe der Jahrzehnte vom Konzern verkauft wurden. Dieser Weg ist möglich, wenn eine Organisation über große Ressourcen verfügt und dabei bereit ist, radikal Neues zu denken und dies auch immer wieder umzusetzen. Für viele kleinere oder spezialisierte Organisationen oder bei der inneren Ausgestaltung von Organisationen ist die Häutung kein Weg.

LAB (START-UP): Ein Weg, vor allem um über gesteuertes Experimentieren Neues zu schaffen, sind organisationsinterne Labs oder Start-ups – also in neuen Organisationen, die nach anderen Spielregeln funktionieren dürfen, bewusst Dinge auszuprobieren, daraus schnell und iterativ zu lernen und potenzielle Skalierungspotenziale für die Gesamtorganisation zu identifizieren. Hier werden neue Produkte und Angebote entwickelt und ausprobiert, innovationsfördernde Methoden und Ansätze wie Design Thinking angewandt, aber auch neue Formen der Wertschöpfung getestet. Der Lab-Ansatz bietet die Chance im „Green Field", also auf der grünen Wiese, frei und losgelöst vom Regelsystem der Stammorganisation Neues in die Welt zu bringen – Scheitern ist willkommen! Herausfordernd wird es, wenn ein Start-up oder Ergebnisse eines Labs in die Stammorganisation integriert werden soll und sich an Struktur und Regelprozesse dieser anpassen müssen oder wenn das Start-up sinnbildblich für die Mitarbeiter:innen in der bestehenden Organisation als „Schrecken des Neuen" steht. Beispiele hierfür sind die vielen Labs deutscher Unternehmen wie die Audi Denkwerkstatt, der Sparkassen Innovation Hub oder der ProsiebenSat1-Accelerator aber auch die Beteiligung vieler Unternehmen an Start-Ups. So war im Jahr 2021 Daimler an 129 und SAP an 94 Partnerschaften beteiligt.

NETZ UND DOPPELTER BODEN: In diesem Fall wird das Neue in im Vorfeld ausgewählten Bereichen der Organisation entwickelt. Eine kleine Gruppe von Akteuren, eingebettet in die bestehende Organisation, bekommt den Auftrag, Neues zu denken und erhält die dafür vorgesehenen Freiräume in den dafür definierten Organisationsbereichen. Dabei stehen sich Gegenwart und Zukunft der Organisation quasi direkt gegenüber und es erfolgt ein kontinuierlicher Abgleich der kontrollierten Transformationswirkungen mit dem weiterhin dominierenden Regelgeschäft. Im Gegensatz zum Start-up oder Lab-Ansatz ist der Transformationsansatz immer Teil der Stammorganisation und die Integration in das bestehende ist einfacher, aber immer noch limitiert. Es kann jedoch gerade für Organisationen, die über ein hohes Maß an regelbedingten Beharrungskräften verfügen (bspw. Verwaltungsorganisationen) eine Vorstufe für eine transformatorische Revolution sein. Ein Beispiel für dieses Vorgehen ist der AMOVA Praxiseinblick Nr. 7.

REVOLUTION! Bei dieser Form erfolgt die Transformation aus dem Inneren der gesamten Stammorganisation. Dabei nimmt die Organisation die Herausforderung auf sich, sich parallel zum Kerngeschäft komplett neu zu erfinden. Dies impliziert nicht nur einen enormen Aufwand an Ressourcen, weil Bestehendes und Neues in gleicher Weise bedient werden müssen. Die Schritte können dabei herausfordernd und anstrengend sein. Insofern ist auch das größte Risiko bei diesem Vorgehen, dass die Revolution durch die Bewahrungskräfte in der Organisation gestoppt wird. Gleichermaßen lernt die Organisation auf diesen Weg am meisten – über sich und ihr Mehrwertversprechen – und steht am Ende der Transformation als neue organisationale Einheit dar. Beispiele hierfür sind viele der Praxiseinblicke hier im Buch wie ING, Hilti und tarent.

Wege und Abläufe einer Transformation sind immer abhängig von der Größe und der Art der Organisation. Während in kleineren Organisationen der Weg der Transformation häufig im Kollektiv gemeinsam gestaltet wird, entscheiden sich größere Organisationen tendenziell eher für ein kontrolliertes, sequenzielles Vorgehen – außer es handelt sich um den Tod einer Organisation. So kann bspw. die Einführung neuer digitaler Produkte und Dienstleistungen durchaus von einigen wenigen im Unternehmen vorangetrieben werden, während eine umfängliche digitale Transformation der Gesamtorganisation alle Unternehmensbereiche betrifft und daher auch durch diese gestaltet werden sollte. Welcher der oben beschriebenen Wege auch eingeschlagen wird – es kann durchaus eine Kombination mehrerer Wege sein, sollten alle Beteiligten ein Gespür für die Gelingensbedingungen tiefgreifender Veränderungen entwickeln.

PRAXISEINBLICK 7: AMOVA – Revolution der Hafenlogistik. Mit Innovation gestärkt aus der Krise kommen

Die 60 Jahre alte AMOVA GmbH mit 150 Mitarbeiter:innen bietet Intralogistik (Lagerung, Förderung, Verpackung) für die Stahl- und Aluminiumindustrie mit vollautomatischen Hochregallager- und Transportsystemen an. Sie ist ein Tochterunternehmen des mit 14.000 Mitarbeiter:innen weltweit tätigen Anlagenbauers SMS group.

Die AMOVA war im Laufe der Jahre bereits durch diverse Veränderungen gegangen: von der Integration gekaufter Unternehmen und der kontinuierlichen Weiterentwicklung der eigenen Produkte über die Erschließung neuer Produktfelder bis zur Schließung der eigenen Produktion, um auf Markt- und Technologieentwicklungen zu reagieren. Die Krise der Stahlindustrie im Jahr 2013 traf die AMOVA GmbH hart, was zu einem deutlich verminderten Auftragseingang führte. Den verantwortlichen Akteuren war dabei klar, dass die reine Optimierung der Produkte nicht ausreichen würde, um langfristig zu überleben. Im Rahmen eines Reflexions- und Veränderungsprozesses schaffte es das Unternehmen, sich ein neues Marktsegment zu erschließen. So übertrugen sie ihre bestehenden Kompetenzen für vollautomatische Hochregallager- und Transportsysteme erfolgreich auf andere Branchen – in diesem Fall die Hafenlogistik – und lösten dadurch gleichzeitig eine innovative Neuerung in diesem Logistikbereich aus. Das Ergebnis war das im Jahr 2021 in Dubai fertig gestellte erste weltweite Hafen-Hochregallager, in dem bis zu 11 Container übereinandergestapelt werden können und dennoch einzeln direkt zugänglich sind. Diese Revolution in der Hafenlogistik ermöglichte einen um 300 % gesteigerten Durchsatz an Containern pro Hektar, was zu einer erheblichen Flächen- und Kostenreduktion für Häfen führte. Hierzu wollten wir mehr erfahren und haben mit Christoph Roth, Chief Financial Officer und Vertriebschef der AMOVA GmbH, gesprochen.

Nehmen Sie uns doch mal zurück an den Anfang Ihrer Geschichte: Wie ging es los und wann war Ihnen klar, dass ein simples „Weiter so" nicht mehr ausreicht?
ROTH: 2013 nahm die Stahlkrise immer mehr Fahrt auf, sodass für uns dadurch die Frage entstand, wie wir darauf nachhaltig reagieren können. Unsere erste Antwort war ein Strategieentwicklungsprozess. Dabei hatten wir schnell viele unterschiedliche Ideen, wie wir auf

die Krise reagieren sollten, die wir dann aber aus verschiedenen Gründen wieder verworfen haben. Gründe dafür waren beispielsweise, dass es für diese Ideen keinen Markt gab, wir schon häufig unsere bestehenden Produkte verbessert hatten oder wir uns Wettbewerbern gegenübergesehen haben, die den Markt schon seit Langem erfolgreich besetzt haben. Dadurch wurde uns klar, dass wir, um auch zukünftig wettbewerbsfähig zu sein, tiefgreifende Veränderungen anstoßen müssen. Also haben wir begonnen, über unsere Branchengrenzen hinaus zu denken und zu prüfen, ob es für unsere Technologien Anwendungsfelder gibt, die wir bisher noch nicht in Betracht gezogen haben. Und so sind wir auf die Hafenlogistik gestoßen, da es auch in dieser Branche darum geht, schwere Lasten zu heben – unsere Kernkompetenz.

Wie sind sie dann weiter vorgegangen?
ROTH: Zunächst haben wir einen Arbeitskreis gebildet, der sich intensiv mit den Anforderungen in der Hafenlogistik beschäftigt hat, diese Branche analysiert hat und uns alle hat besser verstehen lassen, wie diese funktioniert. Wenn man so will, haben wir eine Potenzialanalyse durchgeführt. Nach und nach hat sich dann für uns das vollautomatisierte Hochregallager als ein Produkt mit Zukunftspotenzial herausgestellt.

Das gab es vorher noch nicht? Was ist das Besondere daran?
ROTH: Bei unseren Recherchen und Analysen haben wir herausgefunden, dass über einen Zeitraum von 30 bis 40 Jahren unterschiedliche Unternehmen versucht haben, eine solche Technologie auf die Beine zu stellen. Bisher ohne Erfolg, weil zum einen das Produkt an sich durch den Einsatz von sehr viel Stahl zu teuer war, um für die Marktreife attraktiv zu sein. Zum anderen war die eingesetzte Technik und Automation zu langsam, so dass das Ausladen der Container im Hafen zu lange gedauert hätte. Wir hatten also unsere Nische gefunden. Im Vergleich zu den bisherigen Versuchen sind unsere Hochregallager kostengünstiger, technologisch auf dem neuesten Stand und effizienter und wirtschaftlicher im Betrieb. Dadurch gelingt es uns, Container von Schiffen schneller ins Lager und zurück oder auf LKWs zu schaffen.

Wie war der Weg von der Erkenntnis zum finalen Produkt?
ROTH: Zunächst haben wir uns neben dem Alltagsgeschäft immer wieder mit dem Thema beschäftigt und haben, wo immer möglich, Ressourcen freigeschaufelt. Schnell wurde klar, dass unser Ansatz funktionieren würde. Im Jahr 2016 hatten wir dann einen ersten Grundvorschlag für ein Produkt. Im zweiten Schritt haben wir mit Unternehmen aus der Branche Kontakt aufgenommen, unsere Idee vorgestellt und dann Kooperationen aufgebaut. Das haben wir getan, weil wir schnell wussten, dass wir bei diesem Vorhaben nur gemeinsam erfolgreich sein konnten. Uns half dabei, auf eine Firma zu treffen, die die Vision der „Disruption im Containerhafen" verfolgte. Nachdem dann klar war, dass unser Produkt funktionieren würde, es einen Markt dafür gab und wir einen Partner gefunden hatten, der sich mit uns gemeinsame auf den Weg machen wollte, haben wir konsequent an dem Projekt weitergearbeitet, um dann erfolgreich im Jahr 2021 das erste Hochregallager in Dubai fertigzustellen.

Welches waren rückblickend die Erfolgsfaktoren, neben dem Alltagsgeschäft als kleines Unternehmen diese Veränderung zu bewältigen?
ROTH: Rückblickend kann ich sagen, dass es vier zentrale Dinge gewesen sind, die sich als richtig herausgestellt haben: Der CEO hat von Beginn an Verantwortung für die Veränderungsarbeit übernommen. Wir haben ein kleines Projektteam geformt, welches vollständig freigestellt wurde, um nicht zusätzlich zum Kerngeschäft das Projekt bearbeiten zu müssen. Die Zusammenarbeit im Projektteam wurde so gestaltet, dass in einzelnen iterativen Schritten gearbeitet wurde und diese Ergebnisse in einem erweiterten Kreis offen diskutiert

und dann ins Regelgeschäft integriert wurden. Dabei war wichtig, dass es eine Atmosphäre gab, sich zu trauen, auch in gänzlich andere Richtungen zu denken, als wir es bisher getan haben, was nicht selbstverständlich ist. Und schließlich half es uns, mit der SMS group eine renommierte Mutterfirma zu haben, die uns bei den Verhandlungen und der Finanzierung unterstützte.

Wie haben Sie bei alledem die Belegschaft eingebunden?
ROTH: Das war gar nicht so einfach. In unserer Branche sind solche grundlegenden Veränderungsprozesse eher eine Ausnahme. Daher existierte zu Beginn ein enormes Misstrauen in der Belegschaft. 95 % der Mitarbeiter, die vor allem im Kerngeschäft beschäftigt waren, fühlten sich plötzlich zurückgesetzt. Es herrschte die Angst, dass wir uns nur noch mit dem Thema Hafen beschäftigen würden und die anderen Mitarbeiter Dinge tun, die nicht mehr relevant sind. Im Prinzip gab es eine Angst davor, dass wir auf dem Weg in die Zwei-Klassen-Gesellschaft sind.

Wir haben daher von Anfang an auf Transparenz gesetzt und dazu in Betriebsversammlungen oder den Weihnachtsfeiern, an denen wir das zurückliegende Jahr haben Revue passieren lassen, informiert. Dabei wurde darauf geachtet, dass es neben der Aufmerksamkeit für das Neue auch ausreichend Aufmerksamkeit für das traditionelle Geschäft mit seinen Erfolgen gibt. In Bezug auf die Hafenlogistik haben wir allen die Innovation ausführlich gezeigt und dabei deutlich gemacht, dass wir hierdurch ein neues Produkt in einem neuen Markt identifiziert haben, das uns zukunftssicher macht. Auf Initiative von kritischeren Akteuren haben wir zusätzlich vermehrt darauf geachtet, Erfolge gemeinsam zu feiern. Die Transparenz machte den Mitarbeitern deutlich, dass jeder etwas zum Gesamtgelingen beiträgt und sich als Teil des Ganzen fühlt.

Wo stehen Sie heute?
ROTH: Heute sind die Standbeine Hafenlogistik, Stahl und Logistik-Lösungen für den Air Cargo Bereich gleichberechtigte Standbeine im Haus. Wir bauen Mitarbeiter auf und sind erfolgreich damit, uns mit einem neuen Produkt in einem komplett neuen Markt zu etablieren und diesen auch noch zu innovieren. Dadurch haben wir ein neues Selbstverständnis unserer Firma entwickelt und erfolgreich eine Antwort auf die Krise der Stahlbranche gefunden.

WIE TRANSFORMATION GELINGEN KANN

04

„Viele Organisationen sterben nicht deshalb, weil Sie das Falsche tun, sondern weil sie das Richtige zu lange tun."

Prof Yves Doz, Insead Business School

Dieser Satz des Managementforschers Yves Doz fasst die Herausforderung tiefgreifenden Wandels gut zusammen. Das in der Regel erfolgreiche Vorgehen in der Vergangenheit ist tief in der Organisationskultur und damit auch im Verhalten der Menschen in der Organisation verankert. Aufforderungen zu Veränderungen – ganz egal wie sich diese gestalten – sind für individuelle (Menschen) aber auch kollektive (Gruppen, Organisationen) Akteure erst einmal Aufwand und damit nicht selten eine Zumutung. Deswegen sprechen wir bei Transformationen auch bewusst von Veränderungsarbeit. Und dies ist ein schwieriges Geschäft, denn es erfolgt parallel auf mehreren Ebenen in der Organisation: Mal geht es um die sachliche Ebene, dann wiederum um Beziehungen, Prozesse, Personen, Strukturen und nicht selten um Unbewusstes. All das wird dadurch potenziert, dass Veränderungsprozesse in der Praxis weniger planbar ablaufen als gemeinhin angenommen und erwünscht.

Einige Transformationen gelingen scheinbar von allein und es scheint, als verfügten manche Unternehmen förmlich über ein „transformatives Gen". Was machen diese Organisationen anders? Was zeichnet sie im Vergleich zu anderen aus? Was haben sie gelernt und umgesetzt? Welche Bedingungen und Vorgehensweisen erhöhen die Wahrscheinlichkeit einer gelungenen Bewältigung tiefgreifender Veränderungen? Dabei geht es uns weniger um einen Bauplan für Transformation als um ein Bewusstmachen, worauf es bei tiefgreifender Veränderungsarbeit ankommt und was in den Blick genommen werden muss, um die Erfolgschancen für erfolgreiche Transformation zu erhöhen. Lassen Sie uns hier genauer hinschauen.

Organisationskultur: Verstehen, wie die Organisation wirklich funktioniert und woran sie wirklich glaubt

„Das ist bei uns so!" „So arbeiten wir nicht!" „Das sehe ich für uns nicht!" ... Kultur ist ein träges, unsichtbares Band, welches sich durch eine Organisation scheint. Kultur ist meist nur schwer thematisierbar, aber entscheidend für das, was und vor allem, wie es getan wird. Man spürt sie auf Betriebsversammlungen und in Kaffeeküchen. Man erlebt sie in Besprechungen und Klausuren. Man erkennt sie im Aufbau der Organisation, an den Arbeitsweisen und den Prozessen. Sie sitzt quasi immer unsichtbar mit am Tisch – ob man will oder nicht.

Neben offensichtlichen Veränderungen von Strukturmodellen oder Arbeitsabläufen stehen im Rahmen von transformationalen Veränderungen langjährige und oft nicht mehr hinterfragte individuelle und kollektive Annahmen und Modelle auf dem Prüfstand. Genau deshalb ist der mentale, aber auch emotionale Aufwand bei tiefgreifenden Veränderungsprozessen für alle Beteiligten spürbar größer. Transformation beinhaltet daher immer auch Veränderungen in der Organisationskultur. Wenn Dinge anders gemacht werden sollen, wenn die Leistungserbringung anders erfolgt, dann verändert sich die Kultur der Organisation. Umgekehrt kann Organisationskultur auch einer der Gründe dafür sein, dass Transformationen scheitern. Jede Transformation, die einen bewussten Blick auf Organisationskultur ausblendet, wird scheitern. – Peter Drucker brachte das sehr treffend auf den Punkt: „Culture eats strategy for breakfast."

Was verstehen wir unter Organisationskultur? Zunächst ist Kultur das Muster der Sinngebung, in dessen Rahmen Menschen ihre Erfahrungen deuten und ihr Handeln lenken (Geertz 1973) und somit die Summe aller gemeinsamen und selbstverständlichen Annahmen, die eine Gruppe im Laufe ihrer Geschichte erlernt hat. Die Organisationskultur ist analog ein System gemeinsam geteilter Muster des Denkens, Fühlens und Handelns sowie der sie vermittelnden Normen, Werte und Symbole innerhalb einer Organisation. Organisationskultur beinhaltet nach Schein (1999) die gemeinsamen expliziten und auch für den Außenstehenden sichtbaren, aber nicht immer einfach verstehbaren Artefakte – also sichtbare Symbole und Zeichen – und impliziten Annahmen in Bezug auf das Miteinander, die das Verhalten in einer Organisation prägen. Organisationskultur bietet somit ein Orientierungssystem, welches durch Mitglieder einer Organisation übernommen und weitergegeben wird (zum Beispiel in Onboarding-Veranstaltungen, durch Mentor:innen oder durch Führungskräfte).

Am besten kann man sich dieses Phänomen bildhaft in Form eines Eisbergs vorstellen – eine Metapher, die von Hall (1976) und anderen eingeführt wurde und hier auf dem Verständnis von Schein (1999) basiert und den systemischen Zusammenhang gut verdeutlicht.

Wie unschwer zu erkennen ist, liegen die Glaubenssätze quasi am Meeresgrund und befinden sich in der Sphäre des Impliziten und Unbewussten. Das bedeutet jedoch nicht, dass sie für tiefgreifende Veränderungsarbeit irrelevant sind. Ganz im Gegenteil: Glaubenssätze wirken wie unsichtbare Kraftfelder und müssen für tiefgreifenden Wandel bewusst gemacht werden, denn sie können Wandel fördern oder hemmen. Wie kann man sich das vorstellen? Ein Beispiel: In einer Organisation, die die Einzelleistung und das damit verbundene „Schaulaufen"

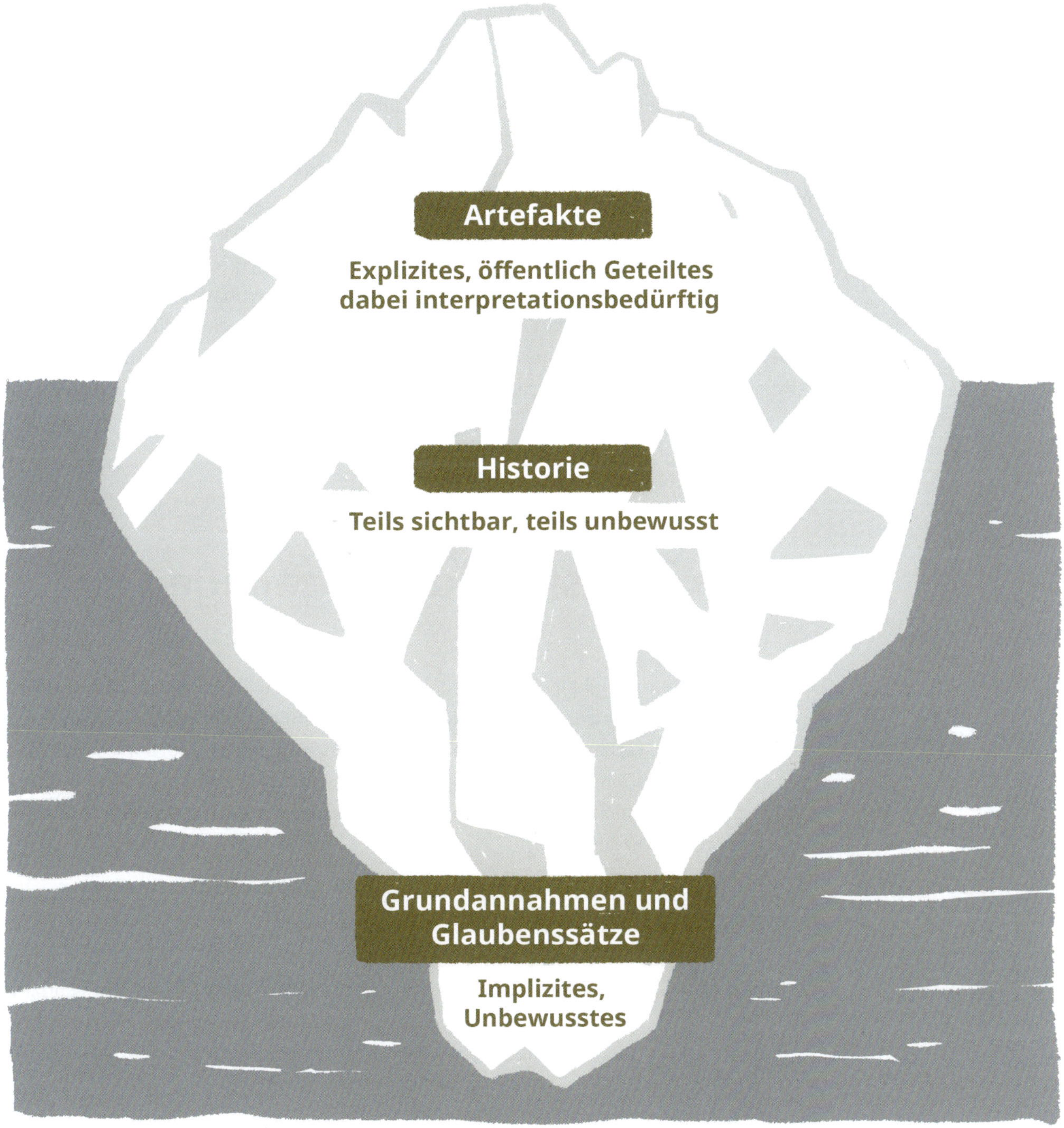

ABBILDUNG 4.1 Der Eisberg der Organisationskultur nach Hall/Schein

durch die Organisation als karrierefördernd belohnt, werden es nicht nur Teams und damit kollektive Leistungen, sondern auch Feedback- und Lernprozesse schwer haben. Sie finden zwar statt, bedienen aber den Glaubenssatz der individuellen Exzellenz, in dem Fehler keinen Platz haben.

An diesem Beispiel wird deutlich, wie Kultur gut gemeinte und eingeführte Veränderungen zwar „duldet“, es aber zu keiner „wirklichen Veränderung“ kommt, weil diese quasi durch die Kultur „ausgeschwitzt“ wird. Eine aktive Beachtung und ein entsprechendes Bewusstmachen von organisationskulturellen Aspekten ist somit von zentraler Bedeutung für die Gestaltung von tiefgreifendem Wandel, da Kultur durch alle Phasen von Veränderungsarbeit durchscheint. Daher ist es hilfreich, für alle an der Veränderungsarbeit Beteiligten zu verstehen, welchen Einfluss die spezifische Kultur auf die Transformation hat. So können blinde Flecken beleuchtet und Hebel für einen konstruktiven Umgang mit dem Thema Kultur gefunden werden. Machen Sie daher Implizites und Unbewusstes der Organisationskultur in einem dialogischen Prozess besprechbar! Je früher und je deutlicher Kultur dabei im gesamten Transformationsprozess mitgedacht und bearbeitet wird, desto höher die Chance auf eine wirklich tiefgreifende Veränderung (Schwinge/Pakleppa/Sutterlütti 2016). Insofern ist der Blick auf die Kultur einer Organisation nicht nur im Rahmen der Verankerung von Veränderung notwendig, sondern zieht sich wie ein roter Faden durch den gesamten Transformationsprozess.

Wenn Transformation gelingen soll

Aus unserer Erfahrung gibt es Gelingensbedingungen, die auf allen Ebenen der Organisation(skultur) zu finden sind und eine besondere Aufmerksamkeit in der Transformationsarbeit einfordern. Sind sie vorhanden oder adressiert, erhöht sich einerseits die Wahrscheinlichkeit, dass die Transformationsarbeit bewusster und damit reibungsloser erfolgen kann. Andererseits sind sie entscheidend dafür, dass die mit der Transformation angestrebten Wirkungen tatsächlich erzielt werden.

Um sich den Gelingensbedingungen für Transformationen zu nähern, unterteilen wir den Eisberg, wie in Abbildung 4.2, in drei Ebenen:

- Explizites, öffentlich Geteiltes dabei dennoch interpretationsbedürftig: Auf den sichtbaren Teilen des Eisbergs – den expliziten Aspekten der Kultur – finden sich neben den Artefakten wie Gebäude, Kleidung auch die postulierte Strategie mit den darunterliegenden Zielen, die Strukturen und Prozesse der Organisation.
- Teils sichtbar und interpretationsbedürftig – teils unbewusst und unter der Wasseroberfläche: Auf dieser Ebene finden sich Aspekte wie Machtdynamiken, wie Entscheidungen

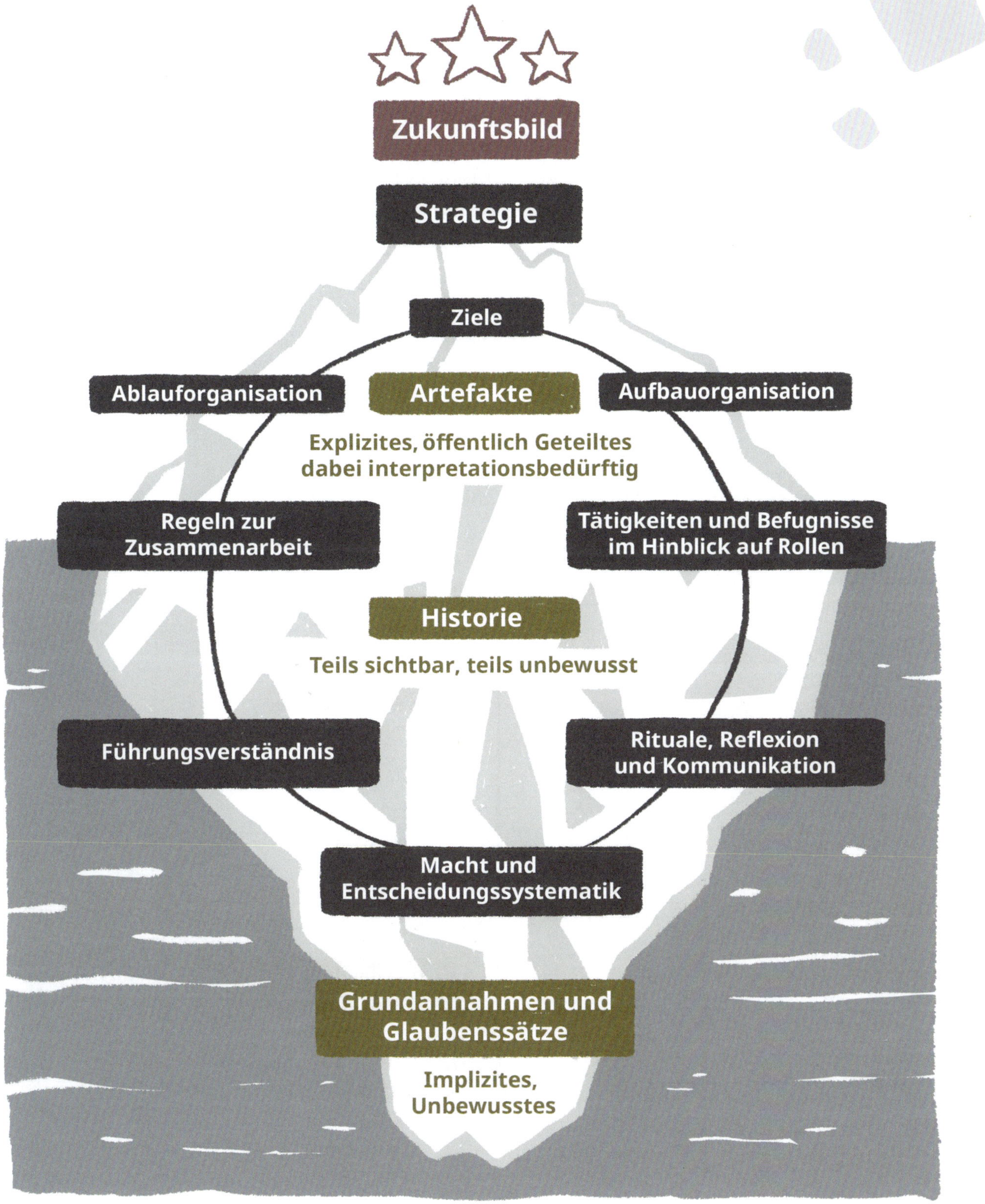

ABBILDUNG 4.2 Organisationsstruktur verstehen und gestalten

getroffen werden, welche Regelsysteme es gibt, welche Rolle Führung einnimmt, wie Kommunikation funktioniert, welche Rituale es gibt und wie die Geschichte der Organisation diese prägt.

- Implizites und Unbewusstes tief unten im Wasser: Hier finden wir die unbewussten Glaubenssätze, die das Handeln steuern.

Wie bei einem realen Eisberg sind diese drei Ebenen untrennbar miteinander verbunden. Eingriffe und Veränderungen auf einer Ebene sind nicht unabhängig von den anderen.

Im Folgenden möchten wir Sie auf 12 Gelingensbedingungen aufmerksam machen, die wir in Abbildung 4.3 den drei Ebenen entsprechend ihrer Kernwirkung zugeordnet haben. Sie betreffen entweder Teilaspekte der Organisationskultur oder beschreiben Kompetenzen und Verhalten, die auf den jeweiligen Ebenen ihre primäre Wirkung entfalten.

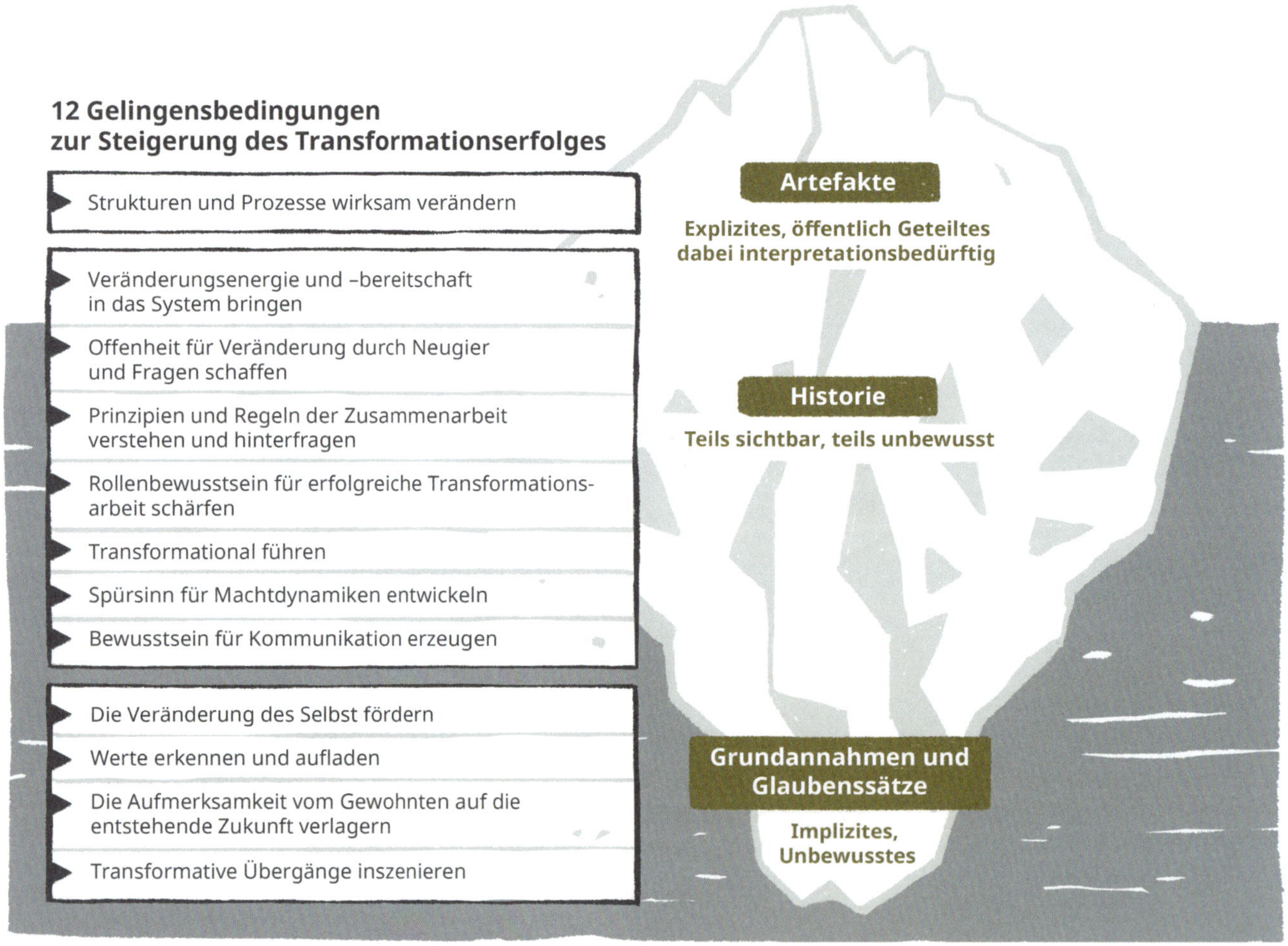

ABBILDUNG 4.3 Die 12 Gelingensbedingungen für erfolgreiche Transformationsarbeit

1. Gelingensbedingung: Strukturen und Prozesse wirksam verändern

Die Aufbau- und Ablauforganisation stellt einen zentralen Aspekt der Gesamtarchitektur und -kultur einer Organisation dar. Strukturen sind das Grundgerüst, welches Wertschöpfung verortet. Prozesse definieren, wie diese erfolgt. Neben dem Ziel der Sicherstellung von Effizienz und Effektivität in der Erbringung von Arbeitsleistungen vermitteln Strukturen und Prozesse aber auch einen Einblick in das Selbstverständnis der Organisation. Sie sind damit nicht nur kulturprägend, sondern erzählen eine ganz eigene Geschichte der Organisation. Stefan Kühl spricht bei Organisationsstrukturen sehr trefflich von „Tricks", über die Organisationen verfügen, die dafür sorgen, dass Entscheidungen nicht als ein einmaliges Ereignis verpuffen, sondern ihnen Dauer verleihen kann (Kühl/Moldaschl 2010).

Für die Verankerung von tiefgreifender Veränderung können sie Fluch und Segen zugleich sein: Zum einen sind sie Säulen der Organisation, die sich nicht so einfach anders anordnen lassen. Zum anderen informieren sie aber auch, wie das Regelsystem der Organisation, aus den Glaubenssätzen der Organisation heraus gesteuert, funktioniert, und ermöglichen somit einen ganz besonderen Blick auf die Organisation.

Behalten Sie diese fundamentalen Aspekte von Organisationen bereits zu Beginn der Transformationsarbeit im Blick. Prüfen Sie auch, an welchen Stellen Strukturen und Prozesse nicht mehr im Dienst des mit der Transformation angestrebten Zielzustands stehen. Mit der Neugestaltung von Struktur und Prozessen ist es aber nicht getan, denn seien es eine neue Organisationseinheit oder angepasste Prozesse: Erst einmal werden diese Neuerungen als „Fremdkörper" in der Organisation wahrgenommen. Insofern ist bei einer Verankerung neuer struktureller und prozessoraler Elemente in der Organisation sicherzustellen, dass diese nicht nur installiert werden, sondern auch in das Werte- und Regelsystem der Organisation passen. Nehmen wir ein Beispiel:

Ein Unternehmen entscheidet sich, aufgrund der starken Durchdringung von Digitalisierung aller Bereiche des operativen Geschäfts eine neue Abteilung einzurichten, deren Aufgabe es ist, Digitalisierung in der Organisation zu verankern. Während man der Ankündigung der Abteilung bereits wohlmeinend zugestimmt hat, entstehen bereits bei der (externen) Besetzung der Abteilungsleitung erste Irritationen, weil man diese Person für nicht anschlussfähig an die Kultur des Hauses hält. In den Folgemonaten verkämpft sich die Abteilung in unendlichen Abstimmungs- und Auftragsklärungssitzungen. Dabei spürt die Abteilungsleitung nicht nur wenig Unterstützung aus dem Top-Management, sondern erlebt sich zunehmend als isoliert. Nach einem Jahr wird ernüchtert Bilanz gezogen: Weder wurde das angestrebte Ziel einer vollumfänglichen Integration von Digitalisierung in die Kernprozesse erreicht noch wurden neue Absatzmärkte erfolgreich erschlossen. Die Abteilungsleitung verlässt frustriert das Unternehmen, die Abteilung wird aufgelöst und in verschiedene, bestehende Bereiche des Unternehmens integriert.

Wie man gut erkennen kann, sind die Absichten und die damit verbundenen Aktivitäten der Neustrukturierung klar und nachvollziehbar. Wenn aber der Wandel im Gegensatz zu den im Unternehmen vorherrschenden Werten und Glaubenssätzen steht, besteht nur wenig Aussicht auf eine nachhaltige Verankerung von Wandel. In der im Beispiel genannten Organisation bestand ein unausgesprochener Glaubenssatz darin, dass die operativen Bereiche (u. a. Vertrieb, Entwicklung) in der Organisation tonangebend sind. Sie fühlten sich durch das neue Organisationselement in ihrem Gestaltungsanspruch beschnitten und bildeten eine starke Allianz gegen die neue Abteilung. Schauen Sie daher bei Veränderungen im Aufbau und Ablauf der Organisation hinter die Fassade der Organigramme und Prozesslandkarten und prüfen Sie, wie sich Neuerungen mit in der Organisation praktizierten Prinzipien vertragen.

2. Gelingensbedingung: Veränderungsenergie und -bereitschaft in das System bringen

Organisationen sind träge Phänomene mit ihren eigenen Regeln, Routinen und Dynamiken. Veränderungen bedeuten daher in erster Linie Aufwand. Wir sprechen hierbei von Veränderungsenergie und meinen damit die individuelle und kollektive Bereitschaft, zusätzliche Kräfte zu mobilisieren, damit Neues entstehen kann. Leichter gesagt als getan: In Zeiten, die kontinuierliche Veränderungsbereitschaft einfordern, kann es schnell passieren, dass statt Veränderungsenergie Veränderungsmüdigkeit eintritt. Diese oft auch als Widerstand (v)erklärte Reaktion von Menschen ist weder zu vernachlässigen noch zu verurteilen, ist der Mensch doch in erster Linie ein „Gewohnheitstier" (Duhigg 2013).

Wie bringt man daher Organisationen und Menschen „in Bewegung" und erzeugt Veränderungsenergie? Diese entsteht im positiven Sinne durch Transparenz im Vorgehen, Glaubwürdigkeit im Handeln und nicht zuletzt Integrität in der Umsetzung. Oder, um es anders zu sagen: Kein Veränderungsvorhaben überzeugt Menschen mit einer detaillierten Planung und wohl formulierten Interessensabsichten. Ausgewählte Auslöser für Veränderungsenergie können daher sein:

- Ein Wechsel auf Leitungsebene, bei der neue Protagonisten mit neuen Vorstellungen und Zielsetzungen auf die Organisation blicken.
- Mitarbeiter:innen entwickeln aufgrund ihrer Arbeit mit Kunden und am Markt konkrete Ideen und Veränderungsimpulse und bringen diese aktiv ein.
- Die Übersetzung makroökonomischer, technologischer, politischer, ökologischer oder sozialer Signale aus dem Umfeld der Organisation. John Kotter (1996) spricht hier trefflich von „Dringlichkeit" (*urgency*), der es gleich zu Beginn von Veränderungsarbeit bedarf. Wird diese Dringlichkeit in der Organisation angenommen, entsteht Veränderungsenergie.

Wie sich Veränderungsenergie letztendlich bei jedem/jeder Einzelnen manifestiert, ist individuell zutiefst verschieden und basiert nicht selten auf gemachten Erfahrungen mit Veränderungsarbeit: Während für die einen die Ankündigung von Veränderung ein Segen ist, der mit Aufbruchstimmung assoziiert wird, löst dieselbe Botschaft bei anderen Sorgen, Ängste und die Reaktion des Widerstands aus. Kurzum: Veränderungsenergie ist nicht an sich gut, schlecht, förderlich oder destruktiv. Sie entsteht je nachdem, mit welchen Erfahrungen Menschen Veränderungen assoziieren.

Die Bereitschaft bei Mitarbeiter:innen einer Organisation, Veränderung aktiv mitzugestalten, stärken Sie u. a., mit passender Prozess- und Ergebniskommunikation. Dabei müssen Sie Antworten auf Fragen wie „Warum Veränderung?", „Warum jetzt?", „Wohin soll uns das führen?", „Was passiert als Nächstes?" und nicht zuletzt „Was bedeutet das für mich ganz persönlich?" liefern. Je emotional aktivierender, nachvollziehbarer und konkreter Sie dabei sind, desto höher ist die Wahrscheinlichkeit, dass Menschen bereit sind, einen Beitrag zur Umsetzung von Transformation zu leisten, wie auch die Metastudie von Stouten et al. (2018) zeigt.

Dabei gibt es drei durch empirische Studien identifizierte Beweggründe für Mitarbeiter:innen Veränderung zu unterstützen (Choi, 2011):

1. Affektives Commitment zur Veränderung: Glaube an den Nutzen der Veränderung
2. Normatives Commitment: Gefühl der Verpflichtung, die Veränderung zu unterstützen
3. Kontinuierliches Commitment: Erkennen der Kosten, die mit der Nichtunterstützung der Veränderung verbunden sind

Je früher Sie bei der Konzeption und Umsetzung von Transformation die Veränderungsenergie und -bereitschaft der Gesamtorganisation in den Blick nehmen und Ihre Kommunikations- und Vermittlungsarbeit daran ausrichten, desto größer sind die Chancen, dass Transformation nicht als Gefahr oder gar Angriff wahrgenommen wird, sondern als Möglichkeit, das eigene Arbeitsumfeld aktiv zu verändern.

3. Gelingensbedingung: Offenheit für Veränderung durch Neugier und Fragen schaffen

Wir haben oben die Frage gestellt, was veränderungsfreudige und innovative Organisationen auszeichnet. Eine Antwort darauf ist ein Selbstverständnis, Dinge erkennen, zu reflektieren und zu hinterfragen. Voraussetzung hierfür ist die Neugierde, sich mit offenen Fragen, Phänomenen oder Problemstellungen zu nähern, die eigenen Interpretationen infrage stellen zu können und die Bereitschaft, ohne Voreingenommenheit zuzuhören.

Neugierde, diese „Gier“ auf das Neue, kann zu Begeisterung, aber auch zu Sorgenfalten führen: Wie viel Neues will und kann ich selbst oder die Organisation „ertragen“, bevor dadurch vielleicht alles infrage gestellt wird? (Zillich 2017). Ein typisches Neugierhemmnis ist der sogenannte „Need for closure“ (Naughton 2016). Hierunter versteht man Verhalten, Lösungsansätze, die sich in der Vergangenheit auf vermeintlich ähnliche Problemsituationen als erfolgreich erwiesen haben, auf die neue Problemsituation zu übertragen. Dieses Wissen speichern wir als Menschen in kognitiven Schemata. In unklaren Situationen helfen diese Schemata, mentale Lücken auszufüllen oder zu relativieren. Gelernt werden diese individuellen und gruppenbezogenen Schemata in der persönlichen Sozialisation, aber auch in besonderen Kontexten wie beispielsweise einer Organisation. Wenn man so will, ist dies ein nur allzu menschlicher Mechanismus, mit komplexen und daher erst einmal anfordernden Situationen umgehen zu können (D'Andrada 1992/Strauss 1992).

Das aktive Gestalten von tiefgreifender Veränderungsarbeit erfordert, Unsicherheit nicht nur auszuhalten, sondern ganz im Gegenteil, Komplexität bewusst einzuladen und diese als Raum für Neues zu verstehen. Letztendlich kann man Komplexität nicht reduzieren, man kann sich aber auf sie einlassen und damit handhabbar machen.

DIE NEUGIERIGE ORGANISATION

Um Neugierde zu fördern, setzt das deutsche Chemie- und Pharmaunternehmen Merck auf die Entwicklung zu einer „neugierigen Organisation“. Zusammen mit den Forschern Kashdan und Kollegen (2017) wurden in der Merck-Neugierstudie vier wichtige Dimensionen von Neugier identifiziert, die es zu fördern gilt:

1) Wissbegierde,
2) Kreativität bei Problemlösungen,
3) Offenheit und Unvoreingenommenheit gegenüber neuen Ideen sowie
4) Stresstoleranz.

Einen Neugier-Selbsttest finden Sie unter: https://www.merckgroup.com/en/selftest/.

TEXTBOX 4.1 Der Neugier-Selbsttest

Eine Haltung der Neugier ist eine Grundvoraussetzung für Veränderung. Die Beziehung zwischen Chaos und Ordnung ist ein bedeutsamer Aspekt in komplexen Systemen. Systeme und Organisationen, die rigide sind und Neugierde nicht zulassen, tun sich mit Veränderungen schwer. Systeme und Organisationen hingegen, die sich als „at the edge of chaos“ verstehen und dadurch Neugierde bewusst einfordern, sind eher bereit, Neues zuzulassen (Kaplan 2002).

Neues entsteht durch Fragen, die vielleicht bisher keiner so gestellt hat. Durch genaues Beobachten aus einer Perspektive, die bisher so niemand eingenommen hat. Durch Assoziieren von Sachverhalten, die bisher niemand in dieser Art zusammengebracht hat. Und durch Experimentieren, seien es Gedankenexperimente oder das Ausprobieren von Neuem. Der Wandel beginnt in unserem individuellen und kollektiven Bewusstsein (Brunnhuber 2016).

Dyer et al. (2011) haben beobachtet, dass sich innovative Unternehmer:innen und Führungskräfte durch „störendes" Denken und Verhalten auszeichnen: Sie befragen, beobachten, vernetzen und experimentieren häufig aus einer neuen Perspektive. Um mutige, neue Ideen zu entwickeln, müssen wir uns in der „sanften Kunst des demütigen Fragens", im englischen „Humble Inquiry", üben wie Edgar Schein (2013) argumentiert: Unvoreingenommen fragen, mit einer offenen, demütigen Haltung des Nichtwissens in ein Gespräch gehen, sich überraschen lassen.

„Die Organisation kennt die Antworten" ist ein fundamentaler Leitsatz für systemische Veränderungsarbeit. Der Schlüssel zu diesen Antworten sind sorgfältig ausgewählte und formulierte Fragen, die Gestalter:innen anregen, fordern und inspirieren, über die gegenwärtige Situation, potenzielle Wege der Veränderung und erstrebenswerte Zukünfte nachzudenken.

Nach unserer Erfahrung sind Fragen besonders wirkmächtig, wenn sie offen, leicht verständlich und kurz und knapp formuliert sind: Wo sehen wir uns in fünf Jahren? Deskriptive, diagnostische Fragen – Was funktioniert? Was nicht? Warum? – gehen dabei spekulativen Fragen – Was wäre wenn? Was könnte sein? Warum nicht? – voraus. Getreu dem ebenfalls in systemischer Beratung zugrunde liegenden Leitsatz: Keine Intervention ohne Diagnose. Die Kraft der Frage besteht darin, Menschen zu ermuntern, Antworten anhand konkreter Beispiele und Geschichten zu geben – wie wir dies aus dem Erzählen von Geschichten seit Menschengedenken kennen – in denen Menschen aus den Themen und Erfahrungen heraus antworten und nicht nur über die Themen hinweg sprechen (Gregersen 2018; Hinweise zum „guten Fragen" finden Sie auch bei Herger 2019).

„Störendes" Denken und die Kunst, die richtigen Fragen zu stellen sind auch deshalb wichtig für Veränderungsarbeit, weil kreative Lösungen fast immer aus einer alternativen Definition des Problems heraus entstehen. Wie die Innovationsforschung zeigt, kommt der nützlichste Input für tiefe Veränderungen tendenziell von Menschen, welche die Welt einer Organisation zwar verstehen, aber nicht vollständig zu ihr gehören. Dabei ist es hilfreich, Anstöße von außen, aus dem Umfeld der Organisation, zu bekommen, um Perspektiven zu wechseln, neue Fragen zu stellen und neue Möglichkeiten zu erkennen. So berichtet z. B. der Gründer von Salesforce.com Marc Benioff von seinen „reversen" und „inversen" Mentoren. Reverse Mentoren, die in der Internet-Welt groß geworden sind, erschließen ihm eine neue Erfahrungs- und Denkwelt und stellen andere Fragen. Inverse Mentoren kommen aus anderen Bereichen, z. B. aus der Unterhaltungsindustrie, und öffnen Augen für Entwicklungen, die er nicht gesehen hat (Antony et al. 2017).

Damit nun das Fragenstellen und die Neugier nicht nur dem Zufall und der Kompetenz der einzelnen Person überlassen bleibt, gilt es, Dialogprozesse zu initiieren. Dialogprozesse, die kollektiv die eigenen Schemata und Sichtweisen zumindest vorrübergehend infrage stellen und außer Kraft setzen (Senge 2008). William Isaacs (2000) bezeichnet Dialog trefflich als „Kunst des gemeinsamen Denkens" (*the art of thinking together*), was neben individuellen Kompetenzen wie zuhören, respektieren, inne halten und die eigene Stimme zu finden auch bedeutet, Kontexte zu schaffen, die Dialog ermöglichen (Isaacs 2000/Bohm 1996). Für Transformationsarbeit bedeutet dies, Dialogräume zu schaffen, die auf gemeinsamen Spielregeln basieren (z. B. ausreden lassen, etc.) und diese immer wieder als Teil der Gesamtarchitektur aktiv zu nutzen (Pakleppa/Schwinge/Köster-Ehling 2018).

4. Gelingensbedingung: Prinzipien und Regeln der Zusammenarbeit verstehen und hinterfragen

Prinzipien und Regeln der Zusammenarbeit sind die Dos and Don'ts der Organisation, die über den spezifischen oben beschriebenen Ablauf der Organisation hinausgehen. Teile davon werden eher unbewusst weitergegeben, während andere in Regelsystemen kodifiziert sind. Entsprechend sind sie in der Abbildung 4.2 genau am Übergang zwischen dem sichtbaren und unsichtbaren Teil des Eisbergs positioniert. So sind beispielsweise Regeln zu Homeoffice und Urlaub eher kodifiziert, während die Art und Weise, wie das Miteinander des Arbeitsalltags gestaltet wird, nicht selten unbewusst ist. Dies betrifft beispielsweise Besprechungsregeln, die Erwartung an die Reaktionsgeschwindigkeit bei internen E-Mails, die Erwartung an die Eigenverantwortlichkeit in der Umsetzung von Aufgaben oder die Häufigkeit von Zwischenreflexionen im Arbeitsalltag. In vielen Organisation sind auch diese Prinzipien und Regeln kodifiziert, einsehbar und werden nicht selten auch öffentlich kommuniziert. Dies ist insofern hilfreich, da diese hierdurch in den bewussteren Teil der Organisationskultur verlagert werden. Je selbstorganisierter sich eine Organisation bspw. versteht oder je mehr sie nach agilen Prinzipien operiert, desto bedeutsamer ist es, diese Prinzipien und Regeln der Zusammenarbeit verbindlich zu definieren und zu kommunizieren (Arnold 2016).

Für tiefgreifende Veränderungen gilt es, diese bewussten und unbewussten Prinzipien und Regeln Ihrer Organisation zu verstehen und deren unterstützende oder hinderliche Wirkung auf die angestrebte Transformation einzubeziehen. Dabei tun sich Organisationen, in denen Arbeitsweisen tendenziell stärker kodifiziert werden leichter als solche, in denen dies eher verdeckt geregelt ist. Im Rahmen der Transformation stellen Sie diese Prinzipien bewusst infrage und gestalten sie dann idealerweise gemeinsam neu und sorgen für eine neue Verbindlichkeit im Handeln. Bewusst Prinzipien für die Veränderungsarbeit selbst zu vereinbaren, kann Sie auf Ihrem Weg der Transformation unterstützen.

5. Gelingensbedingung: Rollenbewusstsein für erfolgreiche Transformationsarbeit schärfen

Häufig wird der Begriff „Rolle" synonym mit Funktion oder gar Stellenbeschreibung verwendet. Doch dies greift zu kurz, denn Rollen gehen weit darüber hinaus. Rollen umfassen Haltungs- und Handlungslogiken, die Menschen in unterschiedlichen Kontexten einnehmen (können). Sie stellen somit in der Veränderungsarbeit eine nicht zu vernachlässigende Grundlage dar. Sie liegen genauso wie die Prinzipien und Regeln am Übergang zwischen dem sichtbaren und unsichtbaren Teil des Eisbergs.

Rollen werden in Form von Erwartungen an Personen durch die Organisation zugeschrieben – mal sind diese explizit (bspw. in Form eines Arbeitsvertrages), nicht selten umfassen Rollen aber auch implizite und unausgesprochene Erwartungen, deren sich die Rollenträger:innen meist erst nach Übernahme der Rolle bewusst werden oder auch nie (Roehl 2018).

Beispielsweise müssen Führungskräfte bei organisationalen Veränderungen hin zu flexiblen oder flachen Organisationsformen nicht nur verstehen, sondern lernen loszulassen und Gleichwertigkeit (nicht Gleichrangigkeit) mit ihrer Mitarbeiterschaft herzustellen. Mitarbeitende hingegen müssen dieses „Kooperationsangebot" mit Verantwortungsübernahme beantworten und sich bspw. von einer bisher eingeübten „Eskalationsmechanik nach oben" im Fall von Konflikten trennen (Kessel/Kessel 2019). In Folge entstehen neue Rollensettings und -dynamiken, in denen sich Führungskräfte und Mitarbeitende begegnen.

Genauso wie Organisationen Rollen zuweisen, tun dies auch ihre Organisationsmitglieder. Der Kreative, die Inspirierende, der Bremser, die Pragmatische, der Unbarmherzige ... Das Potpourri an Rollenzuweisungen ist schier unendlich, aber vor allem geschieht es ohne Ihr Wissen. Sich dessen bewusst zu sein hilft insbesondere in Situationen, in denen man etwas nicht immer rein rational deuten kann.

Was bedeutet das für Transformationsprozesse? Wenn Sie im Interesse der Organisation Veränderungsarbeit leisten, dann tun Sie dies mit dem Ziel, einen Beitrag zur Antwort- und Zukunftsfähigkeit der Organisation zu leisten. Ihre Rolle verlangt unter anderem von Ihnen, schonungslos zu diagnostizieren, ob Bereiche der Organisation mit Blick auf einen gewünschten Zielzustand weiterhin funktional sind oder nicht. Sie denken und handeln im Interesse der Gesamtorganisation, das ist Ihre Rolle. Auch müssen in tiefgreifender Veränderungsarbeit mitunter weitreichende Entscheidungen getroffen werden, wofür Entscheidungsträger:innen Verantwortung übernehmen. Während Sie als Abteilungsleiterin in erster Linie auf Ihren Verantwortungsbereich, die Abteilung, schauen, haben Sie in organisationaler Veränderungsarbeit einen größeren Blick auf die Organisation. Sie schauen quasi von außen auf die Organisation und fragen: Was macht uns als Kollektiv auch zukünftig erfolgreich? Diesen Rollenwandel gilt es bewusst zu gestalten. Dies bedeutet, die Anforderungen an die Rolle im Wandel zu verstehen, anzunehmen und zu handeln, also der Rolle zu dienen. Diese Transition ist nicht immer friktionsfrei, aber notwendig.

Stellen Sie sich die Rolle als ein Scharnier zwischen Ihnen, der Person, und der Organisation vor. Durch die Übernahme einer Rolle werden Sie als Person in der Organisation wirksam und wahrnehmbar. Das Verstehen dieses Zusammenhangs und die bewusste Ausgestaltung der Rolle im Rahmen der Transformation ist eine nicht zu unterschätzende Gelingensbedingung für Wandel.

6. Gelingensbedingung: Transformational führen

Führung bedeutet, das Handeln von Individuen und Gruppen auf die Verwirklichung von Zielen auszurichten und hierfür einen Rahmen zu schaffen, in dem Menschen produktiv werden können. Oder wie von Rosenstiel (2009) definiert: „Führung ist die bewusste und zielbezogene Einflussnahme auf Menschen." In diesem Sinn ist transformationale Führung eine Form der Beeinflussung, Menschen dazu zu bewegen, durch Veränderung von Verhaltensweisen und Überzeugungen mehr oder anderes zu erreichen, als normalerweise von ihnen erwartet wird (vgl. Northouse 2015). Dabei lösen wir uns bewusst von dem Bild, dass „nur" Führungskräfte in

ABBILDUNG 4.4 Die Aufgaben von Führung in Transformationsprozessen

einer Organisation führen. Vielmehr ist Führung eine organisationale kollektive, Kompetenz, die sich vom Gegensatz Mitarbeitende -Führungskräfte verabschiedet. Das bedeutet, dass Führung ganzheitlicher zu sehen ist: So führen nicht nur Führungskräfte, sondern auch Mitarbeitende ihre Führungskräfte. Sie bilden starke Allianzen und Kooperationsbeziehungen in der Mitarbeiterschaft. Nicht zuletzt sind wir auch immer unsere eigene Führungskraft (Selbstführung).

Nach Podsakoff et al. (1990) hat transformationale Führung Vorbildfunktion, baut Vertrauen auf und stärkt die Motivation. Führung sorgt dafür, dass Werte und Einstellungen der Mitarbeiter ernst genommen werden und deren Veränderungen auch im Kern der Veränderungsarbeit stehen. Dies bedeutet, die Veränderungsenergie im Blick zu behalten und Menschen durch die Phasen der Veränderung zu führen sowie das persönliche Wachstum der Beteiligten zu ermöglichen. Dabei werden auch emotionale Aspekte ernst genommen: Ängste, Sorgen oder Enttäuschung, genauso wie Mitgestaltung und Vorschläge oder der Wunsch nach Dialog sind Anforderungen, deren sich Führung in Zeiten tiefgreifender Veränderung nicht verschließen kann. Entsprechend geht es darum, im Rahmen der Transformationsprozesse attraktive Visionen zu vermitteln und der Organisation zu ermöglichen, den Weg durch die Transformation zu gehen. Ansprechbarkeit und Auskunftsfähigkeit sind daneben ebenso wichtig wie ein aktives Vorlegen von bereits verabschiedeten Ergebnissen aus der Transformation. Mitarbeitende prüfen sehr genau, ob vollmundig verkündete Veränderungsabsichten wirklich ernst gemeint sind, und Führungskräfte liefern eine ideale Vorlage dafür.

Führung ist somit in Transformationsprozessen anders gefordert als im operativen Alltag und muss sich darüber bewusst werden (siehe Abbildung 4.4). Es gilt, sich selbst zu führen, sich infrage zu stellen und sich selbst zu verändern. In der Gestaltung von Transformationen kann und wird dies auch zu Spannungen führen, da Führung aus unterschiedlichen Logiken heraus agieren muss. Beispielsweise kann das bedeuten, dass eine Führungskraft ihren eigenen Verantwortungsbereich im Interesse der Erreichung der Transformationsziele infrage stellt.

Diese Aufgaben sind unabhängig davon, ob Sie in Ihrer Organisation eine Rolle wie den Chief Transformation Officer etabliert haben, der das Mandat hat, Veränderung und Entwicklung voranzutreiben – auch wenn es hilfreich sein kann, diese oder ähnliche Treiberrollen zu etablieren.

7. Gelingensbedingung: Spürsinn für Machtdynamiken entwickeln

Die Entwicklung eines Spürsinns für Machtdynamiken in Organisationen ist eine zentrale Voraussetzung für die Gestaltung von tiefgreifendem Wandel (von Ameln/Heintel 2016). Dabei ist es unerheblich, ob sich Macht in der Rolle der vermeintlich Mächtigen (Inhaber:innen, Geschäftsführung etc.) materialisiert oder anders (Betriebsrat, Mitarbeiter:innen, Aufsichtsrat, formelle oder informelle Berater:innen oder „Einflüsterer").

In Transformationsprozessen ist es bedeutsam, dass Macht – definiert als Vermögen zum Handeln – von den Beteiligten auch genutzt wird und diejenigen, die Macht haben, aktiv Teil der Entwicklung sind. Es ist notwendig zu verstehen, wo in der Organisation die eigentlich Mächtigen sind, die eine Transformation ermöglichen oder verhindern können, unabhängig davon, ob dies eine einzelne Person oder eine Personengruppe ist. So können Transformationsprozesse scheitern, wenn beispielsweise die Inhaberebene einer Organisation zu spät in den Prozess involviert wird und dann auf halbem Weg die Transformation stoppt. Gleichmaßen können die Mitarbeitenden ihre Macht „ergreifen" und dadurch die Einführung einer neuen Arbeitsweise oder eines neuen Systems boykottieren.

Doch all das ist leichter gesagt als getan. Mit dem Aufkommen flacherer, dezentraler Wertschöpfungsformen wird das Erkennen von Machtdynamiken in Organisationen schwieriger. Während man häufig mit einem Blick auf ein Organigramm Macht automatisch „oben", also an der Spitze der Organisation, lokalisiert hat, ist dies in netzwerkartigen Organisationsformen nicht auf den ersten Blick zu erkennen. So ist in einem selbstorganisierten Organisationssystem Macht breit verteilt und manifestiert sich bspw. in wenig formalisierten Entscheidungszirkeln (Laloux 2015/Arnold 2016).

Macht äußert sich in Entscheidungen (vgl. March 2009), damit aus der Vielfalt an Handlungsmöglichkeiten diejenige gewählt wird, die es zu verfolgen gilt. Somit stellen Entscheidungen einen entscheidenden „Hygienefaktor" in Organisationen dar. In organisationaler Veränderungsarbeit sind Entscheidungen zentrale Wegmarken, an denen die Weichen gestellt werden, in welche Richtung der Veränderungsprozess im weiteren Verlauf gesteuert wird. Dabei ist es sinnvoll, zu unterscheiden: Werden Entscheidungen durch formelle Macht legitimiert oder werden sie im Verborgenen getroffen. Im Rahmen von Transformationen ist es wichtig, sich bewusst zu machen, in welcher Form (wann, wie, durch wen und warum) Entscheidungen getroffen werden sollen. Eine gute Möglichkeit ist, laut Vroom und Jetton (1973) sich klarzumachen, ob eine Entscheidung direktiv, konsultativ oder partizipativ getroffen werden soll und wer die Entscheidungsbeteiligten sind. Werden Entscheidungsprozesse nicht transparent gemacht, kann dies schnell zu Irritationen bei allen Beteiligten führen. So interpretieren Mitarbeiter:innen die Einladung zu einem Workshop im Rahmen eines Veränderungsprojekts als Chance, aktiv auf Entscheidungen einzuwirken, während die für das Projekt Verantwortlichen eigentlich nur eine unverbindliche Konsultation im Blick hatten.

In Abbildung 4.5 haben wir unterschiedliche Typen und Ausprägungen von Entscheidungen zusammengetragen. Dabei unterscheiden wir zwischen autoritären, konsultativen, partizipativen und Einzelentscheidungen. Prinzipiell muss es darum gehen, der entsprechenden Situation eine passende Entscheidungsform zuzuführen. So ist eine autoritäre Entscheidung im Krisenfall, bei dem schnell und gleichgerichtet gehandelt werden muss, sicherlich nicht nur angemessener, sondern auch wirksamer als in Situationen, die eine breitere Beteiligung benötigen zum Beispiel die Entwicklung eines Unternehmensleitbildes. Klären Sie daher in Veränderungssituationen sehr genau, wo es schnelle, direktive und damit Klarheit schaffende Entscheidungssituationen gibt oder es Aushandlung/Diskurs bzw. der Partizipation bedarf.

Einzelentscheidung

1a. Autoritär

Auf Grundlage ihrer aktuellen und verfügbaren Informationen entscheidet die verantwortliche Ebene allein.

1b. Autoritär mit Einholen von Informationen

Die verantwortliche Ebene holt sich notwendige Informationen ein und entscheidet daraufhin allein.

2. Konsultativ

Die verantwortliche Ebene bespricht sich mit einzelnen relevanten Akteuren und entscheidet dann aber allein.

3a. Partizipative Mehrheitsentscheidung

Entscheidungen werden im Rahmen von Aushandlungen getroffen – die Mehrheit gewinnt: (Basis)Demokratische Entscheidungsfindung.

3b. Partizipative Debatte

Entscheidungen werden im Rahmen von Aushandlungen getroffen – das beste Argument gewinnt.

3c. Partizipativer Konsens

Entscheidungen werden im Rahmen von Aushandlungen getroffen – der Dialog dauert so lange bis Konsens entsteht.

3d. Partizipativer Konsent

Entscheidungen werden im Rahmen von Aushandlungen getroffen – die Entscheidung ist getroffen wenn keiner widerspricht.

Gruppenentscheidung

ABBILDUNG 4.5 Typen und Ausprägung von Entscheidungen

Orte, an denen Entscheidungen getroffen werden, sind dabei entweder die offiziellen „Bühnen“ der Organisation (Besprechungen, Gremien, Steuerungskomitee, Aufsichtsrat, Geschäftsführungskreis) oder der informelle Raum (z. B. Kaffeeküchen, Hinterzimmer). Erfolgreiche Veränderungsarbeit liest die Machtdynamiken der Organisation, bedient sich der Bühnen, auf denen sie sich zeigen und nutzt die damit verbundenen Entscheidungsmöglichkeiten. Das bedeutet, Klarheit über die Entscheidungswege und -formate herzustellen und diese auch einhalten.

8. Gelingensbedingung: Bewusstsein für Kommunikation erzeugen

Für erfolgreiche Transformationen ist es wichtig, sich der Bedeutsamkeit und Wirksamkeit von Kommunikation und Metakommunikation bewusst zu sein, danach zu handeln und dabei alle notwendigen Akteure regelmäßig einzubeziehen. Sie setzt zunächst an den vorhandenen Formaten der Kommunikation im Haus an, bedarf aber darüber hinaus zwei zusätzlicher Elemente:

Das erste Element ist die Transformationskommunikation. Sie ist ein expliziter Bestandteil von tiefgreifender Veränderungsarbeit, der von Beginn an Aufmerksamkeit und ausreichender Ausstattung mit Ressourcen bedarf. Sie richtet sich an die von der Transformation betroffenen Personen und in den meisten Fällen an die gesamte Organisation. Spätestens seit der massentauglichen Nutzung sozialer Medien kommt die tradierte Top-down-Kommunikation spürbar an ihre Grenzen. Kommunikation läuft niedrigschwelliger, mutiger, frecher und nicht selten auch irritierender. Statt sorgfältig abgestimmter, punktueller Verkündung von Ergebnissen muss Kommunikation in Veränderungsarbeit schnell und kurzzyklisch sein. Wenn nicht, übernehmen Mythen und subjektive Interpretationen das Ruder und die Deutungshoheit dessen, was ist, wird flüchtig. Was heißt das konkret? Hier einige Empfehlungen für die Wandelkommunikation:

1. Entwickeln Sie die Zielsetzungen Ihrer Kommunikationsarbeit und leiten Sie daraus die passenden Formate ab.
2. Erarbeiten Sie ein starkes, emotional wirksames Narrativ der Transformation in dem sie vermitteln, warum diese jetzt notwendig ist (in einfacher Sprache).
3. Klären Sie Zeitpunkte, Maß und Intensität der Kommunikation. Erstellen Sie eine Kommunikations-Road-Map.
4. Integrieren Sie die Vermittlung von Zielsetzungen und Fortschritte der Transformation in die Regelstruktur der Organisation (zum Beispiel in bestehende und etablierte Informations- und Dialog-Formate wie Betriebsversammlungen, etc.).
5. Identifizieren Sie Change-Promotoren in der Organisation, die die Kernbotschaften zur Transformation verbreiten und Ihnen Rückmeldungen über das Stimmungsbild in der Organisation geben.

6. Definieren Sie mit welchen (ggf. zusätzlich zu den bestehenden) synchronen und asynchronen Formaten Sie am besten die Menschen erreichen.
7. Schaffen Sie „Momente des Erfolges“, bei der Sie wegweisende Ergebnisse bewusst inszenieren und feiern.
8. Reflektieren und prüfen Sie kontinuierlich, ob Form und Inhalte der Kommunikation zur Transformation passen, und justieren Sie bei Bedarf nach.

Der zweite Aspekt ist die regelmäßige Metakommunikation. Metakommunikation (Watzlawick/Beavin/Jackson 2000) ist die „Kommunikation über die Kommunikation“, bei der aus einer Distanzebene heraus über die Kommunikation reflektiert wird und diese dadurch weiterentwickelt wird. Sie ist zugleich eine Fähigkeit des einzelnen Menschen und ein organisationales Gestaltungelement. In agil operierenden Organisationen ist beispielsweise die regelmäßige Retrospektive nach einer vorab definierten Arbeitsphase ein bewusstes organisationales Gestaltungselement, um Metakommunikation systematisch in der Organisation zu verankern. So wird sichergestellt, dass bereits in der Umsetzung des Projekts statt erst am Ende über Kommunikation reflektiert, diese angepasst und weiterentwickelt wird. Wie eine Organisation über die Formen der Kommunikation reflektiert – also eine metakommunikative Perspektive einnimmt – und ob diese Perspektive nur in Ausnahmesituationen eine Bedeutung hat oder im Alltag der Organisation verankert ist, ist ein wichtiger Bestandteil der Organisationskultur. In der Transformationsarbeit bietet es sich an, dass Sie einerseits in gezielten zyklischen Retrospektiven die Arbeit in ihrem Transformationsteam reflektieren, und andererseits, dass Sie in Regeltreffen Elemente einbauen, die es Ihnen ermöglichen, neben der Sachebene auch Informationen über die Beziehungsebene und die Emotionen der Beteiligten in die Wahrnehmung einzubringen.

9. Gelingensbedingung: Die Veränderung des Selbst fördern

Veränderung fängt damit an, sich selbst zu verändern. Ein eher evolutionärer Change – der für den einzelnen Menschen vielleicht herausfordernd sein kann – bedarf dabei nicht unbedingt auch einer Veränderung des Selbst jeder Person. Für tiefgreifenden Wandel braucht eine Organisation hingegen Menschen, die nicht nur Fragen stellen, sondern auch ihr eigenes Denken, ihre eigenen Grundannahmen und ihr Handeln verändern.

Dabei folgen Veränderungen typischen Grundmustern, die als Individuum genauso wie als System bewältigt werden müssen:

- Der Wunsch oder Bedarf nach Veränderung durch Krise, Trauma, Entwicklungsübergang – klassischerweise als biografischer Lebensübergang, aber auch in anderen Kontexten – oder Entwicklungsbedarf, beispielsweise durch eine neue Rolle oder Funktion, wird vage bewusst oder unbewusst sichtbar.

- Der Wunsch oder Bedarf wird zu einer Dringlichkeit. Dabei werden die Begrenzungen des eigenen Selbst bzw. der eigenen Situation sichtbar, können nicht mehr ignoriert werden und führen schließlich zu der Einsicht, dass etwas anders gemacht werden muss bzw. sich verändern muss.
- Die eigentliche Veränderung besteht dann darin, sich von dem alten Selbst zu lösen und einen *Zwischenschritt* – einen Übergang – auszuhalten, in dem das alte Selbst nicht mehr da ist, das Neue noch nicht dazugekommen ist und sich das neue Selbst entsprechend zunächst noch nicht wieder stabil manifestiert hat. Otto Scharmer würde an dem Punkt die Frage stellen *„Was muss sterben und was muss geboren werden?"* (Scharmer 2005). Dieser tiefste Punkt im Verstehensprozess ist das Nadelöhr der Veränderung. Christine Knauf (2006) beschreibt diesen Zwischenschritt als Ebene des Nicht-Wissens, die es zu durchschreiten gilt, in der man sich von dem Alten gelöst hat und das Neue noch nicht da ist – ein Schritt, den Menschen oft als herausfordernd erleben. Dies gilt umso mehr, wenn Veränderung biografisch eher negativ belegt ist, die eigenen, tief in der Psyche verankerten Glaubenssätze und deren Wirkung dem Individuum unklar sind und es wenige eigene Werkzeuge oder Veränderungskompetenzen gibt, mit Veränderungen umzugehen.
- Der Vollzug der Veränderungen erfolgt dann in einer graduellen Umsetzung von neuen Verhaltens- oder Arbeitsweisen oder in einem radikalen Schritt der Trennung und des Neuanfangs.

Dies bedeutet für Transformationen in Organisationen, dass ohne Veränderung des eigenen Selbst viele tiefgreifende Veränderungen nicht umzusetzen sind.

Um sich selbst zu verändern, ist es hilfreich, sich der eigenen Energiequellen bewusst zu sein. Damit meinen wir bspw. regelmäßige Meditationen, Tiefenentspannungstechniken, morgendliche Rituale, die regelmäßige Reflexion in einem Tagebuch oder ein entspannender Sport. All dies unterstützt Sie darin, innezuhalten und einen Zugang zur eigenen tieferen Wahrnehmung zu bekommen. Wenn es nun um die Veränderung des eigenen Selbst geht, hilft dieser andere Zugang zur eigenen Wahrnehmung, durch das Nadelöhr der Veränderung zu gehen und sich mental positiv auf die Zukunft auszurichten.

Wenn es darum geht, dass viele Menschen ihre eigenen Grundannahmen und ihr Handeln verändern, hilft es, im Rahmen von Transformationsarbeit gezielt andere Situationen zu inszenieren, beispielsweise indem Sie andere Orte als Ihre Büroräumlichkeiten nutzen. Hier haben die Beteiligten die Ruhe, Zeit und die Möglichkeit, gemeinsam in eine andere, tiefere Wahrnehmung zu kommen, um sich damit gemeinsam verändern zu können.

Obwohl es in Transformationen in Organisationen nicht darum geht, dass das Individuum seine individuellen Lebensthemen klärt (siehe die 6. Gelingensbedingung zu Rollen) – so sind diese dennoch nicht immer voneinander zu trennen. Wie stark es in Organisationen mitunter „menschelt", zeigt sich bspw. dann, wenn Menschen Entwicklungswege einer Organisation nicht mehr mittragen, dies als persönliche Kränkung empfinden und darauf mit Zynismus oder gar Aggressivität reagieren. Dabei sind die Grenzen zwischen beruflicher Rolle und Überidentifikation mit der Organisation meist nicht mehr gegeben.

10. Gelingensbedingung: Werte erkennen und aufladen

Wie wir im obigen Beispiel gesehen haben, müssen wir in die unsichtbaren Tiefen des Eisbergs eintauchen, um zu verstehen, woran die Organisation glaubt. Tiefgreifende Veränderung muss die unbewussten Glaubenssätze und gelebten Werte in den Blick nehmen. Ein weiteres Beispiel:

Ein mittelständisches Unternehmen ist darum bemüht, schneller und dynamischer auf Marktveränderungen zu reagieren, die vor allem durch neue Konkurrenten aus dem asiatischen Raum geprägt sind. Hierfür führt es flexiblere Formen der Ausgestaltung von Arbeit ein, nennen wir sie agil. Es entstehen neue Rollen und Verantwortlichkeiten. Arbeitsprozesse werden angepasst und die Räumlichkeiten gleich dazu. Entgegen allen Erwartungen macht sich jedoch nach kurzer Zeit Ernüchterung breit: Trotz dynamisierter Arbeitsformen wird das Unternehmen von der Innovationsfreudigkeit der asiatischen Konkurrenten überrannt, Kunden verabschieden sich, die gewünschte Produktinnovation bleibt aus. Was ist passiert? Das Unternehmen basiert im Kern auf einem Prinzip, welches sich als „Wir kritisieren uns nicht" übersetzen lässt. Dies zeigt sich u. a. in wenig bis gar nicht kontrovers geführten Diskussionen über Produktentwicklungen und neue Geschäftsmodelle. Stattdessen herrscht das Konsensprinzip. Alle müssen gefragt werden, alle müssen ihre Zustimmung geben, alle haben Veto-Recht, alle müssen zufrieden sein. Nun ja, alle, außer der Kunde.

An diesem Beispiel wird deutlich, wie stark ein Werteverständnis in eine Organisation hineinwirken kann. Dabei wird das spürbare Konsensprinzip weder offen thematisiert noch infrage gestellt. Es wird, da implizit und unbewusst, einfach als gesetzt verstanden.

Was tun? Zuerst muss den beteiligten Personen bewusst werden, dass Bedingungen für eine neue Art des Arbeitens nicht nur direkt veränderbar sind (neue Verantwortlichkeiten, Arbeitsprozesse etc.), sondern auch die Wertevorstellungen der Mitarbeitenden umfassen. Legen Sie daher Beobachtungen aus der Transformationsarbeit immer wieder auf den Tisch und fragen Sie: „Was passiert hier eigentlich?" Machen Sie die gelebten Werte anhand konkreter Ausprägungen im Tagesgeschäft zum Thema (bspw. durch konkrete Zahlen, wie viel Zeit oder Geld durch ein Übermaß an Abstimmung eingesetzt wird).

Dabei ist wichtig, weder zu diskreditieren noch abzuwerten, denn alles hat in einer Organisation ihre Zeit und ihren Platz. Fragen Sie daher vielmehr, ob dieser Platz noch legitim ist, d. h. auf ein Wertversprechen einzahlt. Kommen Sie zu der Erkenntnis, dass dem nicht so ist, verabschieden Sie sich von einem lieb gewonnenen und langjährigen Begleiter in wertschätzender, aber in klarer und deutlicher Form. Füllen Sie nun die Stelle des freigewordenen Platzes mit entsprechenden Verhaltensweisen, die Wert schaffen. In dem obigen Fall könnten dies bspw. explizite Spielregeln für konstruktives und wertschätzendes Feedback sein. Dabei steht nicht das Tool im Vordergrund, sondern vielmehr das Handlungsmuster, welches Sie über längere Zeit neu in der Organisation einweben wollen. Das geht nicht über Nacht, sondern durch beharrliches Dranbleiben, kontinuierliches Reflektieren und gemeinsames Lernen.

SINNVOLLE ORGANISATION – PURPOSE

Organisationen, die sich ihres Purpose bewusst sind, fällt es häufig leichter, sich mit den unbewussteren Seiten ihrer Organisationskultur zu beschäftigen. Der „Purpose" der Organisation beschreibt den Sinn und Zweck der Organisation im Wirken nach Außen und definiert, für was die Organisation in der Welt stehen will und wozu sie ihren gesellschaftlichen Beitrag leisten will. Dabei richtet sich der Purpose an alle Stakeholder der Organisation: Von den Mitarbeiter:innen und Bewerber:innen über die Kund:innen bis hin zu den Kooperationspartnern. Für Organisationen, die ihren Purpose klar definiert haben, ist es einfacher, sich gemeinschaftlich auf ein Ziel hin auszurichten und dadurch Transformationsarbeit zu leisten.

TEXTBOX 4.2 Der Purpose der Organisation

11. Gelingensbedingung: Die Aufmerksamkeit vom Gewohnten auf die entstehende Zukunft verlagern

Transformationen weisen für Organisationen Wege in eine neue Zukunft. Eine neue Zukunft zu schaffen bedeutet, dass erfolgreiche Antworten in der Vergangenheit für zukünftige Fragen nicht mehr ausreichend sind. Oder schlimmer noch: Sie verhindern, dass neue Antworten gedacht und umgesetzt werden. Um dem entgegenzuwirken, ist es notwendig, die Aufmerksamkeit auf eine holistische Gesamtperspektive (*seeing from the whole*) zu verlagern und dabei die bewussten und unbewussten, unter der Wasseroberfläche liegenden Aspekte zu sehen – also aus den in Kapitel 1 eingeführten Blickrichtungen auf die Organisation zu schauen.

Durch Zuhören haben Individuen und Organisationen die Chance, sich über ihre eigenen Glaubenssätze, Wahrnehmungen und Verhaltensweisen bewusst zu werden – also sich selbst als System zu verstehen – und dadurch ihre eigene evolutionäre Entwicklung und Transformation aktiv selbst steuern zu können (Kaplan 2002). Otto Scharmer (2018) ergänzt und präzisiert dies, wenn er von den vier sich jeweils erweiternden Ebenen des Zuhörens und Veränderns spricht: Laut Scharmer geht es darum, dass die Akteure die Aufmerksamkeit vom Gewohnten hin zu den im Entstehen befindlichen Zukunftsmöglichkeiten verlagern.

(1) Ebene des Abspulens und Wiederholens der bestehenden Urteile („Downloading"), in der das Zuhören der Bestätigung bereits vorhandener Urteile dient.

„Ich erlebe Führung als Zumutung, folglich bewerte ich alle Signale und Initiativen von Führungskräften durchgehend kritisch."

„Ich bewerte eine neue Geschäftsidee aus meiner jetzigen Rolle heraus und lehne sie ab."

(2) Ebene des faktischen Verstehens („Debatte"), in der die Akteure bereit sind, aus Fakten und Debatten neue Wirklichkeiten und Erkenntnisse wahrzunehmen und zuzulassen. Dabei geht es darum, darauf zu achten, was anders ist und abweicht. Es geht also darum, Fragen zu stellen und sorgfältig zu beobachten bzw. darauf zu achten was anders ist, und daraus Schlussfolgerungen zu ziehen.

„Ich akzeptiere eine Botschaft meiner Führungskraft werde aber erst danach handeln, wenn sie mich inhaltlich überzeugt."

„Ich brauche Fakten, die mich von einer neuen Geschäftsidee überzeugen."

(3) Ebene des empathischen Verbindens („Dialog") Hier findet eine Bewegung des inneren Ortes, von dem aus wir zuhören, statt. Es geht darum, genau hinzuspüren und die Welt aus den Augen und aus der Perspektive des anderen – eines Kunden, einer anderen Abteilung, eines Wettbewerbers etc. – wahrzunehmen. Dadurch erschließt sich die Möglichkeit, die Welt, Situation oder Fragestellung aus einem gegenwärtigen Ganzen heraus wahrzunehmen. Scharmer spricht hier von *Sensing* (Hinspüren). In dieser dritten Ebene findet eine ganzheitliche Wahrnehmung des gesamten Systems statt. Diese Wahrnehmungsebene ist eine Voraussetzung für tiefgreifende Veränderungen.

„Ich kann aus der Perspektive meiner Führungskraft und aus der Perspektive der betroffenen Bereiche in meiner Organisation nachvollziehen, warum meine Führungskraft diese Botschaft vermittelt und kann mir vorstellen, dass dies auch nicht leicht für die Führungskraft und die betroffenen Bereiche ist."

„Ich und auch meine Kolleg:innen können aus der Perspektive der Kunden unseres Unternehmens nachvollziehen, wie sie unser Unternehmen empfinden und was die neue Geschäftsidee bei ihnen für einen Mehrwert erzeugen würde."

(4) Ebene des schöpferischen Gestaltens („Presencing"). Presencing ist ein Begriff, der aus den beiden Begriffen *Present* und *Sensing* von Scharmer gebildet wurde. Diese vierte Ebene des Zuhörens geht noch einen Schritt weiter als der Dialog. Hier findet laut Scharmer das Zuhören aus dem Feld der entstehenden Zukunft – also der schöpferischen Ebene – heraus statt. Das „Ego-System" des Individuums tritt in den Hintergrund und das gemeinsame „Eco-System" mit den sich ergebenden Zukunftsmöglichkeiten tritt in den Vordergrund.

„Ich werde mir darüber klar, was ich aktiv und unterstützend tun kann, um das Führungshandeln meiner Führungskraft zu bestärken, und wie ich den anderen Organisationbereichen helfen kann, zukünftig anders zu agieren."

„Ich und meine Kolleg:innen verstehen aus der Perspektive der anderen Unternehmensbereiche, aus der Perspektive des Marktes und der Kunden, welche zukünftigen Potenziale unsere gemeinsame Geschäftsidee hat. Wir haben eine Idee für die Zukunft und können sie gemeinsam ausgestalten und wir wissen, was unser Beitrag ist, dies umzusetzen."

Bei allen vier Blickrichtungen (Der Blick in uns, Der Blick auf uns, Der Blick von uns, Der Blick auf mich, vgl. Kapitel 1), die es nun gilt, von allen Beteiligten im Rahmen des Transformationsprozess einzunehmen, haben Sie die Wahl zu entscheiden, ob sie den Weg des Zuhörens so gehen und für die anderen Akteure auch so gestalten, dass er nur Ihre bestehenden Überzeugungen – im Sinne des Downloadings – bestätigt, oder ob Sie tiefer schauen und wirklich bereit sind, sich auf die Ebene des Dialogs und die Ebene des schöpferischen Gestaltens einzulassen. Der eigentliche schöpferische Prozess der Transformation ist der Punkt, an dem die vier Blickrichtungen zusammenkommen, und es nach der Auseinandersetzung mit den möglichen Zukünften zu einer Entscheidung für eine Zukunftsoption kommt.

12. Gelingensbedingung: Transformative Übergänge inszenieren

Jeder lebende Organismus befindet sich in einem permanenten Veränderungsprozess. Jede Lebensform folgt dabei archetypischen Entwicklungsschritten und Entwicklungsaufgaben im Lebensfluss, die bei allen Lebensformen ähnlichen Mustern unterliegen und gleichzeitig jeweils individuell unterschiedlich sind.

Organisationen sind in diesem Sinne soziale Organismen, die den gleichen Grundmustern unterliegen und dabei auch idealtypische Phasen durchlaufen. Glasl und Lievegoed (2021) unterscheiden die Entwicklungsphasen von Organisationen als

1. Pionierphase – in der die Organisation startet,
2. Differenzierungsphase – in der sich die Organisation zu einem rationalen Apparat entwickelt,
3. Integrationsphase – in der sich die Organisation zu einem Organismus entwickelt,
4. Assoziationsphase – in der die Organisation dann integrierter Teil ihrer Umwelt wird.

Ergänzen kann man diese Phasen noch um die Auflösungs- und Sterbephase, die sich auf Teile oder sogar auf die gesamte Organisation bezieht.

Veränderung bedeutetet in diesem Sinne, zunächst als Organisation diese Schritte der Entwicklung zu verstehen, sie zu gehen und bewusst zu gestalten. Im Rahmen von Transformationsprozessen geht es ergänzend darum, in den idealtypischen Entwicklungsphasen von Organisationen gezielt Altes zu verabschieden und Neues in der Organisation zu schaffen, auch um für den Organismus die unweigerliche Auflösungs- und Sterbephase hinauszuzögern.

Als Menschen haben wir zur Gestaltung und zur besseren Bewältigung von Veränderungen in allen Gesellschaften und Zeitaltern traditionell Initiations- und Übergangsriten entwickelt, die festen Mustern folgen. Diese tradierten Riten dienen dazu, dem Individuum bei Entwicklungsübergängen Halt, Form und Sicherheit in den zu bewältigenden Schritten zu bieten. Sie helfen sich von dem Alten zu verabschieden und das Neue willkommen zu heißen und zu akzeptieren. Übergänge sind somit wichtige Bestandteile von Veränderungsarbeit, die es bewusst und klug zu gestalten gilt: Das Loslassen und Verabschieden vom alten Selbst unter Würdigung der Vergangenheit, die Entscheidung für Neues und die bewusste Ausgestaltung des neuen Selbst.

Was heißt das nun ganz konkret? Wenn zum Beispiel zwei Organisationen fusionieren und man sich dabei von einer der beiden Organisationen verabschiedet, dann hilft es den Beteiligten, wenn in einem Übergangsritual gleichermaßen die alte Vergangenheit gewürdigt wird, die alten Symbole verabschiedet werden und zugleich das Neue rituell begrüßt wird.

Gelingensbedingungen für die eigene Transformation nutzen

Wir haben Ihnen nun die aus unserer Sicht zentralen 12 Gelingensbedingungen aufgezeigt, deren Beachtung die Erfolgswahrscheinlichkeit tiefgreifender Veränderungen erhöht. Damit setzen Sie den Eisberg ihrer Organisation(skultur) in Bewegung. Hierfür möchten wir Ihnen ein erstes Diagnosetool einen „Organisations-Check“ an die Hand geben. Nutzen Sie diesen zur Selbstanalyse für sich und andere an Ihrer Veränderungsarbeit beteiligten Personen(gruppen). Sie soll Ihnen helfen, eine erste „Pulsmessung“ Ihres organisationalen Kontexts anhand der Gelingensbedingungen vorzunehmen. Dies ermöglicht Ihnen Themen, die für Transformationsarbeit wichtig sind, in Ihr und das Bewusstsein aller Beteiligten zu holen, aber auch zu prüfen, welchen Themen Sie bisher ausreichend und welchen noch nicht ausreichend Aufmerksamkeit geschenkt haben.

Hier finden Sie noch einmal alle Gelingensbedingungen als Übersicht.

12 Gelingensbedingungen zur Steigerung des Transformationserfolges

- Strukturen und Prozesse wirksam verändern

- Veränderungsenergie und -bereitschaft in das System bringen
- Offenheit für Veränderung durch Neugier und Fragen schaffen
- Prinzipien und Regeln der Zusammenarbeit verstehen und hinterfragen
- Rollenbewusstsein für erfolgreiche Transformationsarbeit schärfen
- Transformational führen
- Spürsinn für Machtdynamiken entwickeln
- Bewusstsein für Kommunikation erzeugen

- Die Veränderung des Selbst fördern
- Werte erkennen und aufladen
- Die Aufmerksamkeit vom Gewohnten auf die entstehende Zukunft verlagern
- Transformative Übergänge inszenieren

ABBILDUNG 4.6 Die 12 Gelingensbedingungen im Überblick

Organisations-Check der Gelingensbedingungen

Um zu den organisationalen Gelingensbedingungen ins Gespräch zu kommen, empfehlen wir folgendes Vorgehen:

In der folgenden Checkliste finden Sie eine Liste mit positiv formulierten (geschlossenen) Fragen. Zu jeder dieser Frage können Sie eine Bewertung von 0 (trifft überhaupt nicht zu) bis 10 (trifft vollständig zu) vornehmen. Diese basiert ausschließlich auf Ihren persönlichen Eindrücken und Erfahrungen. Teilen Sie diese dann im nächsten Schritt mit weiteren an der Transformation beteiligten Akteuren, die ebenfalls eine Bewertung der Voraussetzungen vorgenommen haben. Das Ziel dabei ist nicht, Konsens zu erzeugen, sondern vielmehr ein Gespür dafür zu bekommen, wie Sie selber oder als Gruppe auf die Organisation schauen und was dies für die Gestaltung der weiteren Transformationsarbeit bedeutet.

		0 bis 10
1.	Offenheit für Veränderung kennzeichnet unsere Organisationskultur	
2.	Uns sind unsere Grundannahmen und Glaubenssätze bewusst und wir sind bereit sie zu hinterfragen	
3.	Neugier ist bei uns willkommen und wird gefördert	
4.	Kritische Fragen sind in unserer Organisation gern gesehen	
5.	Zuhören, neue Erkenntnisse zuzulassen und daraus zu lernen, sind gelebte Werte unserer Organisation	
6.	Wir lassen uns gern von außen den Spiegel vorhalten und setzen uns kritisch mit den Erkenntnissen daraus auseinander	
7.	Unsere Kultur fördert Risiken einzugehen	
8.	Kommunikation findet bei uns transparent und integrativ statt	
9.	Wir reflektieren regelmäßig über unsere Kommunikation (Metakommunikation)	
10.	Wir treffen Entscheidungen situationsangemessen und kommunizieren diese	
11.	Veränderungsübergänge gestalten wir bewusst	
12.	Rollen werden bewusst eingenommen, verändert und reflektiert	
13.	Wir haben ein Gespür für die Machtverhältnisse und -dynamiken in unserer Organisation	

Alternativ zu einer quantitativen Bewertung, können Sie die Fragen auch anhand von „Schiebereglern" individuell und in der Gruppe bearbeiten. Das Vorgehen ist ähnlich, nur legen Sie sich nicht auf eine Zahl fest, sondern vielmehr eine Visualisierung in Form einer Bepunktung der Antworten. Dies ermöglicht Ihnen, bspw. in einem Workshop, im Nachgang durch eine Galerie der Antworten zu gehen, diese auf sich wirken zu lassen und dann hierzu ins Gespräch zu kommen.

Frage: Rollen werden bewusst eingenommen, verändert und reflektiert

0 — Trifft überhaupt nicht zu

10 — Trifft vollständig zu

VERÄNDERUNGSKOMPETENZEN ALS ORGANISATION UND ALS INDIVIDUUM REFLEKTIEREN UND ENTWICKELN

Transformation erfordert Veränderungskompetenzen, Fähigkeiten und Fertigkeiten, Veränderungsbedarfe wahrzunehmen und Veränderungen zu gestalten. Kompetenz beschreibt die Relation zwischen den an eine Person oder Gruppe herangetragenen oder selbst gestalteten Anforderungen und ihren Fähigkeiten bzw. Potenzialen, diesen Anforderungen gerecht zu werden (North et al. 2018). Sie ist die erlernbare Fähigkeit, in zukunftsoffenen Problem- und Entscheidungssituationen selbstorganisiert, situationsadäquat und kreativ zu handeln (Erpenbeck et al., 2017).

Veränderungskompetenzen auf der Ebene von Organisationen entstehen durch das Durchlaufen und Reflektieren von Veränderungsprozessen. Organisationen in einem dynamischen, sich schnell verändernden Umfeld haben solche Lernprozesse öfters durchlaufen und daher Veränderungserfahrung in Ihrer Organisationskultur „gespeichert". Organisationen können Veränderungskompetenzen (vgl. North et al., 2005) ihrer Mitarbeiter:innen bewusst entwickeln, u. a. durch Mitarbeit in Veränderungsteams, durch gezieltes Projektlernen und durch gezielte Selbstreflexion, durch Feedback und Reflexion über die Transformation während des Transformationsprozesses.

- Neugierig sein und zuhören können – der Blick hinter das Offensichtliche, mit Fragen das System in Bewegung bringen und bei allem das eigene vorschnelle Urteilen zurückstellen,
- Das große Ganze sehen können – Systemperspektiven einnehmen und Muster erkennen,
- Ambiguitätstoleranz – Widersprüche wahrnehmen, ohne sie negativ und positiv zu bewerten und damit umgehen,
- Innovationsgetrieben handeln – in Lösungen und Chancen denken und daraus Neues schaffen,
- Vernetzt denken und agieren – Netzwerke verstehen und diese pflegen; vermittelnd und verbindend agieren,
- Eigene Stärken, Werte, Bedürfnisse kennen – und wissen, was einen antreibt und was einem Kraft raubt und sich dieser Dispositionen bewusst sein,
- Eigenverantwortlich und verantwortungsvoll handeln – Sich voll und ganz in den Dienst der Veränderungsziele stellen, auch wenn der Wind heftig weht.

Diese Übersicht erhebt weder den Anspruch vollständig zu sein, noch deckt sie die vielen Facetten an Kompetenzbausteinen, Fähigkeiten und Fertigkeiten ab, die im Wandel von Bedeutung sind. Vielmehr sind dies Kompetenzen, die sich aus unserer Erfahrung in Veränderungsarbeit bewährt haben. Dabei haben wir Mitarbeitende in Organisationen (bspw. interne Berater:innen) genauso im Blick wie externe Begleiter:innen im Wandel.

TEXTBOX 4.3 Veränderungskompetenzen

PRAXISEINBLICK 8: tarent solutions – Parzellen überwinden, Selbstorganisation in einem IT-Unternehmen

Die tarent solutions GmbH ist Anbieter von IT-basierten und digitalen Lösungen mit 350 Mitarbeiter:innen an vier Standorten in Deutschland und Rumänien. Die 20 Jahre alte Organisation ist als reines Softwareunternehmen gestartet und schnell gewachsen. Nachdem es zu Beginn eher „klassisch", d. h. sehr top-down und funktional organisiert war, versteht sich tarent als eine agile Organisation. Wir haben mit Dr. Stefan Barth (COO) über diesen Entwicklungsprozess gesprochen.

Wie war die Ausgangssituation vor dem Start der Transformation?
BARTH: Nach unserer Gründung 2001 sind wir sehr schnell gewachsen, was bspw. dazu geführt hat, dass wir erst 2012 unser erstes Organigramm entwickelt haben. Bis dahin waren wir um die Projekte der damaligen zwei Geschäftsführer organisiert. Nachdem wir erkannt haben, dass diese Struktur für das wachsende Geschäft nicht mehr passend war, haben wir eine Bereichsstruktur eingeführt. Die Bereiche verstanden sich als Profit-Center und die Bereichsleiter waren sowohl für Vertrieb als auch die Operation verantwortlich. Das hat zu Parzellen und Zäunen geführt …

Was meinen Sie damit?
BARTH: Die Bereichsleitungen waren gute Projektmanager, zum Teil auch gute Führungskräfte, verfügten aber über keine Expertise in Vertriebsarbeit. Sie konnten daher die Leistungen des Bereichs nicht verkaufen. Eine weitere Herausforderung war, dass die Bereiche unter Druck standen, für sich alleinstehend wirtschaftlich erfolgreich zu sein. Das hatte zur Folge, dass Bereichsleitungen nur wenig bereit waren, andere Bereiche bei Kapazitätsengpässen zu unterstützen, da diese im Zweifelsfall in den eigenen Projekten gefehlt hätten. Bei einem Unternehmen, das auf Projektgeschäften aufbaut, war das ein echtes Grundsatzproblem.

Was hat bei Ihnen ein Umsteuern ausgelöst?
BARTH: Der Auslöser war, zu erkennen und wahrzunehmen, was bei uns zu dem Zeitpunkt nicht gut funktionierte. Dabei half uns, dass einer meiner Kollegen und ich von außen als Geschäftsführer und Teilhaber mit frischem Blick auf die Organisation geschaut haben. Gleichzeitig kamen wir beide aus eher „unproduktiven hierarchischen" Strukturen von Großunternehmen und hatten eine Sehnsucht und eine Vision, im eigenen Unternehmen Arbeit anders und transparenter umzusetzen. Insofern waren wir beide sicherlich wichtige Auslöser für den dann angestoßenen Wandel – aber am Ende mussten alle vier Geschäftsführer am selben Strang ziehen.

Hatten Sie zu diesem Zeitpunkt eine klare Vorstellung davon, wohin sich das Unternehmen entwickeln sollte?
BARTH: Nein, wir hatten kein fertiges in Detail ausgeprägtes Zielbild in dem Sinne, dass uns genau klar war, wie die Organisation in einigen Jahren ausschauen würde. Vielmehr hat uns angeleitet, dass wir Arbeit transparent und anders organisieren wollen: Weg von konzernartigen Kommunikationsstrukturen, vom Übereinandersprechen, von der Eskalation in Linien – in denen man als Chef einen E-Mail-Thread erhält, in dem sich Mitarbeiter verschiedener Hierarchieebenen gegenseitig beschimpfen. Wir wollten Zeit haben, uns wirklich um die Entwicklung unseres Geschäfts zu kümmern. Diese Sehnsucht, wie wir gerne arbeiten würden, war für mich persönlich und wie ich glaube, für uns alle der Haupttreiber.

Wie sind Sie dabei vorgegangen?
BARTH: Begonnen haben wir damit, dass wir 2016 die Profit-Center abgeschafft haben und die fachliche und disziplinarische Führung der Bereichsleitungen getrennt haben. Gleich-

zeitig haben wir eine gemeinsame Personaldisposition eingeführt und noch einmal sehr genau gemeinsam definiert, was wir unter disziplinarischer Führung verstehen. Hier haben wir u. a. einen Fokus auf Personalentwicklung gelegt – wir bezeichnen das als „menschliche Führung". Gleichzeitig haben wir mehr Verantwortung an die Mitarbeiter gegeben, sodass wir bei uns eigentlich keinen Prozess mehr haben, der regelhaft eine disziplinarische Führungskraft erfordert.

Diese ersten Erfahrungen haben wir dann regelmäßig in unseren Management Retreats reflektiert und dabei erkannt, dass unser Ansatz dem agilen Management sehr nahe kommt: Entscheidungen in die Fläche bringen, Trennung von fachlicher und disziplinarischer Führung, ein hoher Grad an Selbstständigkeit bei den Teams. Das haben wir dann über die Jahre immer weiter entwickelt mit Prinzipien, denen wir folgen. Dabei haben wir die Entwicklung immer mehr als von Mitarbeiter:innen getriebenen Prozess gestaltet, indem wir uns kontinuierlich weiter auf den Weg der Selbstorganisation begeben haben.

Wie kann man sich den selbstorganisierten Alltag heute vorstellen?
BARTH: Im Laufe der Jahre haben wir beispielsweise für Themen, die eigentlich eine Stabsfunktion erfordern, ein Government-Werkzeug entwickelt, das sich bei uns Fokusgruppen nennt. Mitarbeiter:innen, die ein Problem haben, können eine Gruppe bilden, sich gemeinsam ein Ziel mit Frist setzen und einfach loslegen. Entscheidungen der Fokusgruppe müssen mit allen Betroffenen abgestimmt werden. Wenn alle Mitarbeiter:innen betroffen sind, organisieren wir eine sogenannte „Speakers-Corner"-Veranstaltung, in der die Gruppe erklärt, worüber sie eine Entscheidung erwirken möchte – und diese Entscheidung unterliegt dann in dieser Veranstaltung keinem demokratischen Prinzip, sondern dem Konsent-Prinzip. Das bedeutet: Wenn niemand ein plausibles Gegenargument hat, dann findet es so statt, wie die Gruppe es zur Entscheidung vorgelegt hat.

Für längerfristig relevante Themen, wie die Mitarbeiter:innenentwicklung, die Entwicklung neuer Geschäftsmodelle oder das Recruiting, haben wir Service-Boards – also langfristig bestehende Gruppen gebildet. Dadurch sind viele Themen nicht mehr an eine Fachabteilung gebunden, sondern an eine Anzahl Mitarbeiter:innen, die sich für das Thema interessieren. Diese Boards verantworten dabei auch das teilweise nicht unerhebliche Budget.

Was ist für Sie bei Selbstorganisation entscheidend?
BARTH: Entscheidend bei der Selbstorganisation ist, nicht einzugreifen, auch wenn man es selbst anders gemacht hätte, und Vertrauen in die Eigenverantwortung der Mitarbeiter:innen zu legen. In sehr vielen Fällen sind durch dieses Vorgehen sehr erfolgreiche und wichtige Entwicklungen angestoßen und umgesetzt worden. Nennen kann man hier die Einführung einer neuen Kommunikationsplattform für die Mitarbeiter:innen, die Verabschiedung der Vision, die Entwicklung einer Verfassung, aber auch ganz technische Dinge wie das über Bord Werfen und Neufassen des „Entwicklungstechnologie-Stack" – also die Systemlandschaft, die wir als Unternehmen zur Organisation unserer Arbeit nutzen.

Wie haben Führungskräfte und die Mitarbeiter:innen diese Veränderung erlebt?
BARTH: Es war für alle eine Umstellung und persönliche Veränderung. Für die meisten Führungskräfte bedeutet es eine Erleichterung, sich nicht mehr um Alltagsorganisation kümmern zu müssen, sondern viel mehr Zeit zu haben, um beispielsweise Querschnittsaufgaben für die Gesamtorganisation zu übernehmen. Allerdings gab es auch Führungskräfte, die nicht bereit waren, diese Entwicklung zusammen mit uns zu gehen und sich zu verändern, und diese haben dann die Firma auch verlassen.

Bei den Mitarbeiter:innen ging es eher darum, die Ängste zu überwinden, dass der Arbeitsalltag nicht funktioniert und die Struktur fehlt. Dies hat sich aber im Laufe der Zeit geklärt.

Das Ausfüllen der neuen Rollen in den Fokusgruppen ist den Mitarbeiter:innen zunächst auch nicht leicht gefallen. So brauchten Fokusgruppen am Anfang, um erfolgreich zu sein, eine Unterstützung durch Mitglieder des erweiterten Managementkreises. Mittlerweile ist das aber nicht mehr so. Die Beteiligung an den verschiedenen Formaten ist auch sehr unterschiedlich. Über die Jahre hat sich ein Kreis von etwa 20 % der Mitarbeiter:innen herauskristallisiert, die sich sehr breit im Unternehmen in unterschiedlichsten Kontexten engagieren, während sich die anderen eher auf ihre fachlichen Aufgaben konzentrieren.

Was waren aus Ihrer heutigen Sicht die Erfolgsfaktoren für die Transformation ihrer Arbeitsweise?
BARTH: Es gab mehrere wichtige Aspekte. Zunächst haben wir als Geschäftsführer an einem Strang gezogen, und für uns als Unternehmer im Unternehmen war dabei die Ernsthaftigkeit des Vorgehens wichtig. Dann haben wir von Anfang an auf Transparenz gesetzt – auch in unangenehmen Situationen, wenn es beispielsweise um Entlassungen ging. Mit dem zunehmenden Wissen der Mitarbeiter:innen wurde auch die immer stärkere Beteiligung und Einbeziehung in die Unternehmensentwicklung möglich. Und schließlich war das evolutionäre Vorgehen zentral: Indem wir Dinge ausprobiert, sie reflektiert und diese immer wieder angepasst haben, wenn es nicht funktioniert hat.

DAS 3-FELDER-MODELL: VERSTEHEN – ERMÖGLICHEN – GESTALTEN

05

Navigation durch unbekanntes Terrain

Wir alle kennen die Geschichten von Netflix, Uber, Airbnb oder vielen anderen Unternehmen, die ganze Branchen und Wirtschaftszweige grundlegend auf den Kopf gestellt haben. All diese Geschichten vereint eine Botschaft: Das zunächst kaum wahrnehmbare Signal am Horizont wurde von den Branchenführern entweder nicht oder zu spät gesehen oder schlichtweg ignoriert. Wie schon Christensen (1997) in „The Innovator's Dilemma" gezeigt hat, passt das disruptiv Neue nicht zur Logik des bestehenden Geschäfts. Der Erfolg und die Denkweisen der Vergangenheit machen blind für alternative Zukünfte.

In den vergangenen Kapiteln haben wir näher auf die dahinterliegenden Phänomene geschaut, die uns besser verstehen lassen, dass ein Ignorieren von schwachen Signalen weder böser Wille ist noch (ausschließlich) auf Ignoranz gegenüber dem Unbekannten basiert. Wir haben verstanden, dass Optimierungen im Kleinen mit dem Ziel der Verbesserung des Tagesgeschäfts auch weiterhin ihren Platz haben. Sie bleiben aber ein stumpfes Schwert, wenn man mit diesen Ansätzen auf Anlässe für tiefgreifende Veränderungen schaut. Auch haben wir verstanden, dass es bestimmte Gelingensbedingungen für transformatorische Arbeit braucht, die es zu kennen und zu schaffen gilt: Diese reichen von organisationalen Aspekten wie Kultur, Macht oder Führung bis hin zu individuellen Voraussetzungen wie Kompetenzen und Fähigkeiten für die Gestaltung von tiefgreifendem Wandel. All das hilft uns nun, mit einem geschärften Blick auf die Gestaltung von Transformationsarbeit zu schauen. Hierfür haben wir, inspiriert von der Theorie dynamischer Fähigkeiten (siehe Erläuterung in der Box), das „3-Felder-Modell" entwickelt.

NACHHALTIG WETTBEWERBSFÄHIG IN DYNAMISCHEM UMFELD: DIE THEORIE DER DYNAMISCHEN FÄHIGKEITEN

Die Theorie der dynamischen Fähigkeiten beschreibt, wie Unternehmen bei rasch veränderlichen Umfeldbedingungen wettbewerbsfähig bleiben. Dazu müssen sie in der Lage sein, ihre Kompetenzen zu hinterfragen und zu erneuern. Demnach werden dynamische Fähigkeiten als die Fähigkeiten einer Organisation definiert, interne und externe Kompetenzen zu integrieren, aufzubauen oder zu rekonfigurieren, um mit sich rasch verändernden Umweltsituationen umgehen zu können (Teece et al., 1997). Für dieses Verändern braucht es drei spezifische Fähigkeiten (Teece 2007):

1. „Sensing": Fähigkeiten (analytische Systeme und individuelle Fähigkeiten),Signale der Veränderung zu erkennen, zu filtern, zu verstehen und daraus zu lernen sowie Schlussfolgerungen für die Organisation zu ziehen.
2. „Seizing": Fähigkeiten und Anreize, um Chancen zu erkennen, zu ergreifen und Neues zu ermöglichen.
3. „Transforming": Fähigkeiten zum Umgang mit Brüchen, Widersprüchen sowie Management des Neuen und Gestaltung der Veränderung der Organisation.

Auch wenn die Theorie der dynamischen Fähigkeiten nicht spezifisch für tiefgreifende Veränderungen von Organisationen entwickelt wurde, schafft sie ein Verständnis für grundlegende Prozesse und Fähigkeiten zur Sicherung der Zukunftsfähigkeit.

TEXTBOX 5.1 Die Theorie der dynamischen Fähigkeiten

Bei der Entwicklung des 3-Felder-Modells haben wir uns von den folgenden Prämissen leiten lassen:

1. Transparent: Wir wollen eine orientierende Struktur für das Navigieren durch tiefgreifende Veränderungsarbeit bereitstellen – eine Landkarte durch unbekanntes Terrain unabhängig von Branche und Auslöser der Veränderung.
2. Systemisch: Wir orientieren uns an dem Leitsatz „Das System kennt die Lösungen". Das bedeutet selber nicht der Verführung vorschneller Lösungen oder gar Vorgaben zu verfallen. Stattdessen nutzen wir die Kraft der Fragen, um das System in Bewegung zu bringen.
3. Mehrdeutig: Wir wollen Spannungsfelder, Ambiguitäten und damit Unsicherheiten in der Veränderungsarbeit bewusst thematisieren, um sie damit bearbeitbar zu machen. Wir glauben, dass es keine einfachen Antworten auf komplexe Fragen gibt, sondern nur angemessene.
4. Handlungsorientiert: Wo nötig und sinnvoll, wollen wir Handwerkszeug in Form von Methoden und Tools anbieten. Hierbei haben wir uns primär von unserer Erfahrungswelt in der Anwendung leiten lassen und liefern dabei den Kontext für deren Einsatz mit.
5. Ermutigend: Veränderung ist Arbeit, keine Frage. Aber es ist keine Last, sondern Lust, wenn man sich voll und ganz darauf einlässt. Hierzu wollen wir Sie ermutigen – immer wieder und wieder.

Wir verstehen das Modell weder als deterministische Vorgabe noch als Sequenz an Schritten, die in der vorgestellten Weise pflichtgemäß umgesetzt werden sollen. Damit würden wir uns selbst widersprechen, denn wir glauben weder an eine detaillierte Plan- noch berechenbare Steuerbarkeit von tiefgreifendem Wandel. Stattdessen wollen wir Ihnen Orientierung und Hilfestellungen an die Hand geben, den Prozess tiefgreifender Veränderung, der oft schmerzlich und letztendlich doch befreiend sein kann, umsichtig, zielorientiert und gleichzeitig mit Freude und Spaß in Angriff zu nehmen. Schauen Sie sich die Visualisierung unseres Vorgehensmodells in Ruhe an. Sie sehen einen Transformationsprozess in vollem Gange. In jedem Feld wirken die drei Energien des Visionierens, des Machens und des Bewahrens, die wir weiter unten näher beschreiben werden.

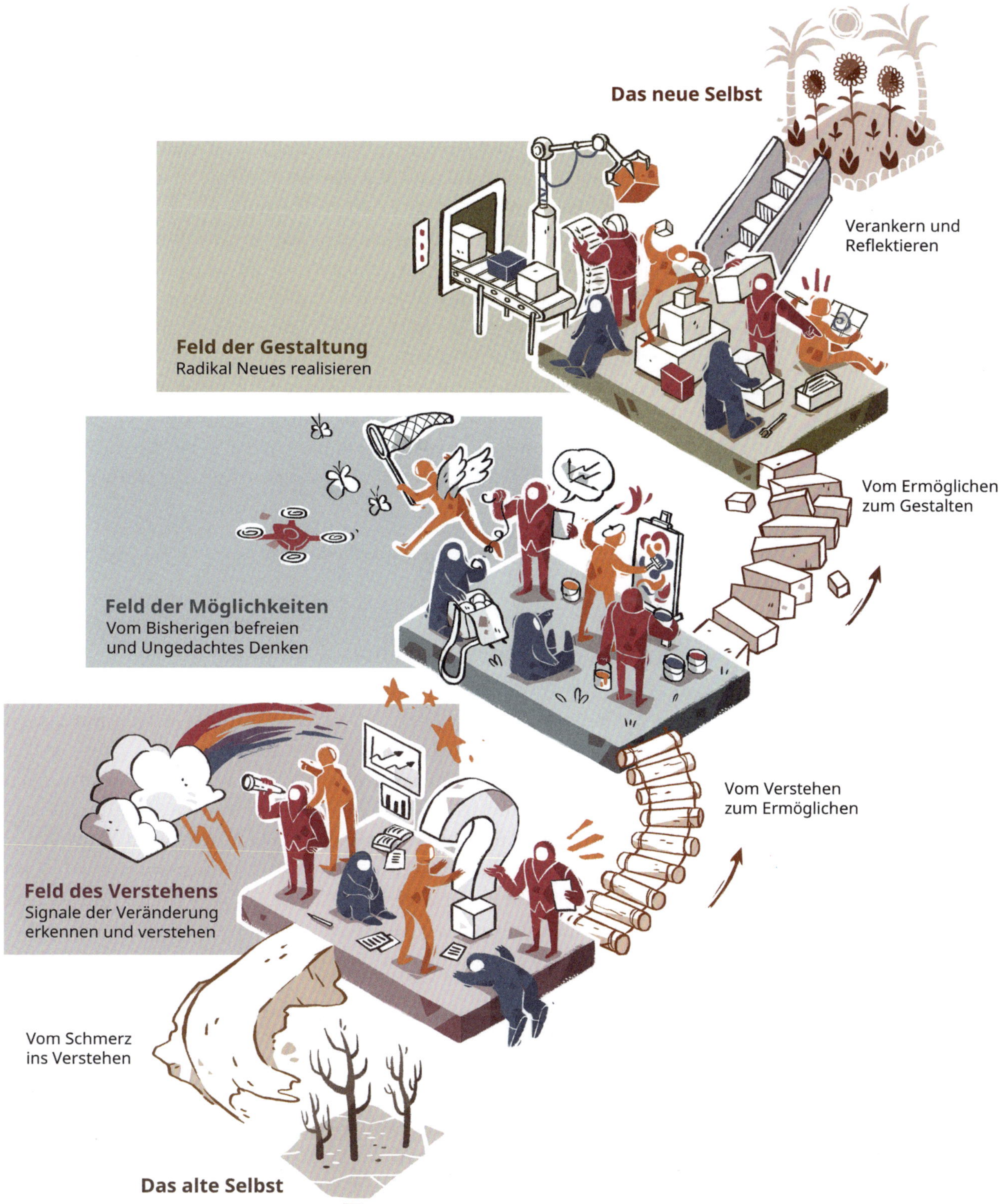

ABBILDUNG 5.1 Das 3-Felder-Modell tiefgreifenden Wandels

Beobachten wir Transformationsprozesse in der Praxis, dann treffen wir immer wieder auf drei typische Handlungsfelder, die bewusst gestaltet sein wollen: Es beginnt mit dem Erkennen und Verstehen von Signalen innerhalb, aber auch außerhalb der Organisation. Diese aus unterschiedlichen Blickrichtungen empfangenen Signale sind nicht nur aufzunehmen, sondern auch einzuordnen und nachzuvollziehen. Im Feld der Möglichkeiten gilt es dann, sich vom Bisherigen zu befreien und das Neue zu denken und zu visualisieren. All das mündet in ein Zukunftsbild und ein entsprechendes Narrativ, welches das Ziel der Transformation nicht nur beschreibt, sondern auch in eine emotionalisierende und nachvollziehbare Geschichte des Wandels übersetzt. Im dritten Handlungsfeld der Gestaltung findet dann die tatsächliche Transformationsarbeit statt: Sie definieren die notwendigen Ressourcen (Zeit, Personal, Finanzen) und die Schlüsselakteure, die Sie für die Veränderungsarbeit benötigen. Auch legen Sie die konkreten Kernaktivitäten und Maßnahmen fest, die Sie angehen, und die entsprechenden Wirkungen und Ergebnisse, die Sie damit erreichen wollen. Die Schritte von einem Handlungsfeld in das nächste erfolgen jedoch nicht automatisch, sondern sind wohlüberlegt zu gestalten, da sie kritisch für den Fortgang des Prozesses sind. Sie erfordern Entscheidungen und die Überwindung von Widerständen. Worauf es in diesen Übergängen aus unserer Sicht ankommt, machen wir für Sie in Form von jeweils drei Worten deutlich – kurz, knapp und konkret.

Lassen Sie uns nun in die einzelnen Felder eintauchen.

Das Feld des Verstehens

Eine zentrale Herausforderung für Organisationen und Individuen besteht darin, frühzeitig zu erspüren, wie sich Veränderungen in und außerhalb der Organisation auf das Mehrwertversprechen auswirken. Mit diesem Verständnis bewegen wir uns in das Feld des Verstehens und erkennen dort den Anlass für Veränderung. Diesen zu erkennen, aber auch in seiner Relevanz richtig einzuschätzen ist die erste Aufgabe, bevor überhaupt Gedanken und Aktivitäten in Richtung Veränderungsarbeit investiert werden. Wie in Kapitel 2 ausführlich beschrieben, können die Anlässe für Transformation unterschiedlich sein. Neue Akteure am Markt, ein verändertes Kundenverhalten, aber auch gesellschaftliche, ökologische oder politische Veränderungen sind Auslöser für ein neues Nachdenken über Zukunft und damit verbundenen Wandel.

Ist das Signal für tiefgreifende Veränderung als solches erkannt, geht es darum, das „Feld des Verstehens" zu bauen. Hierbei entsteht ein gemeinsames Verständnis aller relevanten Beteiligten für die aktuelle Situation. Am Ende des Weges durch dieses Feld verfügen alle Beteiligten über ein gemeinsam geteiltes und bewusst getroffenes Verständnis über die Notwendigkeit von Wandel sowie dessen Tiefe. Aus einem anfänglichen Geräusch ist ein Signal geworden. Es ist der Startpunkt, aber auch die Voraussetzung für tiefgreifenden Wandel. Das Durchlaufen des Felds des Verstehens kann auch dazu führen, dass man sich bewusst entscheidet, Signale nicht weiter zu beachten.

Das Feld der Möglichkeiten

Ist das Feld des Verstehens durchlaufen und Signale als Anlass für Transformation erkannt, ist das „Feld der Möglichkeiten" zu bestellen. Welche Antworten passen zu den identifizierten Herausforderungen? Welche neuen Möglichkeiten für das eigene Handeln und Wertschöpfen eröffnen sich? Welche Szenarien sind denkbar und möglich? Für welchen Weg entscheiden wir uns? Ein zentrales Ergebnis aus dem Feld der Möglichkeiten ist daher auch die gemeinsame Willensbildung für eine der identifizierten Möglichkeiten. Es schließt sich an die Entwicklung eines gemeinsam getragenen Ziel- und Transformationsbilds an mit dem dazugehörigen Narrativ, das die beteiligten Akteure vor Augen haben, und motiviert, sich auf den Weg hin zum neuen Selbst zu machen. Im Möglichkeitsraum laden Sie Zukunft ein, kraftvoll und immer mit dem Ziel der Zukunftsfähigkeit Ihrer Organisation vor Augen.

Das Feld des Gestaltens

An dem darauffolgenden Schritt scheitern eine Vielzahl gut gemeinter Veränderungsprozesse: Sie müssen Neues nicht nur planen, Sie müssen es auch umsetzen und anschließend nachhaltig verankern. Im „Feld der Gestaltung" entwerfen Sie die Transformationsarchitektur, setzen diese um und gehen voran – mutig und ermutigend für andere. Sie bauen eine Welt, die zukunftsfähig ist und der Veränderung eine wirkliche Chance auf Erneuerung gibt. Sie probieren Neues aus, reflektieren, verwerfen, starten neu und explorieren. Sie transformieren.

Zwischen den Feldern existieren Übergänge, die Sie sich auch als Grauzonen vorstellen können. Das Neue ist bereits erkannt und im Raum, das Alte hat aber weiterhin seine Berechtigung. Insofern ist es bei tiefgreifender Veränderungsarbeit wichtig, die Übergänge klug und vorausschauend zu gestalten. Geben Sie Vergangenem zu viel Raum, hat das Neue keine Chance, zu entstehen. Schauen Sie nur auf das, was vor Ihnen liegt, besteht die Gefahr, die Vergangenheit zu diskreditieren und ggf. auch weiterhin Relevantes zu verletzten.

Am Ende eines Transformationsprozesses haben nicht nur Struktur, Prozess und ggf. auch Menschen eine Veränderung durchlaufen, sondern das ganze System (Organisation, Kultur) hat einen neuen Zustand erlangt, den wir als das neue Selbst bezeichnen. Dies ist der zentrale Unterschied zu einer reinen Optimierung: Die Organisation hat eine Häutung erfahren und das Neue durchstrahlt das ganze System. Nicht zuletzt ist eine durchlaufene Transformation auch ein Lernprozess, das heißt, man ist gemeinsam intelligenter und klüger im Umgang mit Veränderungen geworden.

Stellen Sie sich all das wie einen Muskel vor, von dem Sie nicht wussten, dass Sie ihn haben. Während die ersten Trainingseinheiten beschwerlich sind und Sie nach jeder Einheit einen starken Muskelkater spüren, entwickelt sich dieser Muskel bei kontinuierlichem Training nach und nach und wird Teil Ihrer Körpermuskulatur. Am Ende ist er ein unhinterfragter Teil Ihrer Motorik und ein natürlicher Bestandteil von Ihnen. Genau das ist das Ziel von

Transformationsarbeit: Diesen Muskel für sich zu entdecken, ihn zu trainieren und ganz automatisch einzusetzen, wenn es sinnvoll erscheint. Das „3-Felder-Modell" ist, in diesem Bild bleibend, eine Trainingsanleitung für Sie und alle Beteiligten in der Organisation. Hier finden Sie Erklärungen, Hinweise und Übungen, die es Ihnen ermöglichen, lustvoll und kraftvoll Veränderungsarbeit zu betreiben.

Energien in Transformationsprozessen: Visionieren – Machen – Bewahren

Wie wir gesehen haben, kann der Ausgangspunkt von tiefgreifendem organisationalem Wandel sowohl Unzufriedenheit mit dem gegenwärtigen Stand der Dinge sein als auch ein attraktives Zukunftsbild. In der Regel liegt der Ursprung von Transformation in einer Mischung aus beidem begründet: Man spürt, dass die bestehenden Aspekte des Wertschöpfens (Strukturen, Prozesse, Führung, Zusammenarbeit etc.) nicht mehr greifen, was beispielsweise zu einem Rückgang von Marktanteilen, Unzufriedenheit bei Kunden, steigenden Kosten oder Reputationsverlusten führt. Gleichzeitig hat man eine vage Idee, wohin man steuern möchte (Zielbilder, Benchmarks, Visionen). Beides hat und braucht seinen Platz.

Gefährlich wird es, wenn eine dieser beiden Spannungen zu sehr in den Fokus der Transformation rückt. Dies führt zu erheblichen Auswirkungen auf die Ausgestaltung des Wandels: Steht die Optimierung der Vergangenheit zu sehr im Fokus, dominiert eine „Weg-von-Perspektive" die Veränderungsarbeit (Roehl/Haas 2017). Man perfektioniert Arbeitsprozesse, verändert Organisationseinheiten und setzt Personal um. All das tut man in dem Unwissen, wie das langfristige Ziel überhaupt aussieht und worauf die Aktivitäten letztendlich einzahlen. Stattdessen begibt man sich in Aktivismus und belegt dies eindrucksvoll mit Kennzahlen (x Anzahl an Workshops). Wird hingegen ausschließlich aus der Zukunft heraus gesteuert, verliert Transformation an Bodenhaftung. Visionäre übernehmen die Oberhand und diskreditieren nicht nur die Vergangenheit und das Regelgeschäft, sondern damit auch das Bewahrenswerte einer Organisation. In Folge wird alles, was aus der Sicht der Visionäre nicht auf Zukunft einzahlt, abgetan und verworfen. Die „Hin-zu-Perspektive" steuert den Wandel – und verliert dabei nicht selten den Rest der Organisation (Roehl/Haas 2017).

Um diesen Gefahren nicht nur vorzubeugen, sondern vielmehr die Kraftfelder im Wandel bewusst und mit Blick auf die Transformationsziele zu steuern und damit in eine produktive Spannung zu bringen, schauen wir nun auf die Energien, die es in tiefgreifender Veränderungsarbeit zu beachten und zu gestalten gilt.

Was meinen wir mit Energien? Energien verstehen wir als Kraftfelder, die als kontinuierliche Begleiter:innen in der Veränderung agieren. Dabei lösen wir uns bewusst von Einzelpersonen oder gar Funktionsträgern in der Organisation (zum Beispiel Führungskräften), sondern verstehen Energien vielmehr als Archetypen mit ihren eigenen Vorstellungs- und Verhaltensmustern. Gleichzeitig sind diese Energien zentral, um tiefgreifende Veränderung zu ermöglichen. Sie wirken wie ein roter Faden durch den Transformationsprozess, tauchen in unterschiedlichen Konstellationen immer wieder auf, passen ihr Verhalten je nach Phase des Prozesses an und stehen miteinander in Beziehung. Dabei stehen sie in einem nicht immer reibungsfreien Verhältnis zueinander, ganz im Gegenteil: Die Spannung zwischen den Energien ist mitunter entscheidend für das Vorankommen. Wichtiger ist daher, sich der Spannungen bewusst zu sein, diese zu erkennen und sie mit Blick auf das Ziel der Transformation einzusetzen.

ÜBER DEN WOLKEN:
DIE ENERGIE DES
VISIONIERENS

Wir schauen bei Transformation auf die Energien des Visionierens, des Machens und des Bewahrens.

Die Visionsenergie stellt die treibende Kraft der Veränderung aus der Zukunft dar – quasi den Frühling der Organisation. Sie schaut über Organisationsgrenzen hinaus und hat das Umfeld der Organisation im Blick. Ihre Perspektive ist von außen nach innen. Damit nimmt sie eine Späher-Funktion ein und sieht, was andere nicht sehen. Hierbei lässt sie sich von der Kraft der Veränderung leiten und spricht das Unsagbare aus. Andere schauen mit Bewunderung auf die Energie des Visionierens und das weiß sie auch. Bei allem wird der Regelbruch nicht nur als notwendiges Übel in Kauf genommen, sondern mitunter bewusst angestrebt. Genau diese mutige, nach vorn gerichtete Haltung sorgt aber auch für Irritation: Es besteht immer die Gefahr, dass andere von der Visionsenergie nicht mitgenommen werden und im Fall von Unsicherheit ob der schnellen und mitunter überfordernden Art als ängstlich oder gar unfähig abgewertet werden. Diese Überforderung Anderer ist der Energie des Visionierens zwar nicht unbekannt, sie sieht sie aber als notwendig an, um wirklich Neues zu schaffen. Entsprechend gilt sie als nur schwer einzufangen oder gar zu steuern. Aufgrund der mangelnden Bodenhaftung beschäftigt sich diese Energie auch nur widerwillig mit Fragen der Umsetzung oder ob etwas realistisch machbar ist oder nicht. Dafür schaut sie auf die Energie des Machens.

INS HANDELN KOMMEN:
DIE ENERGIE DES
MACHENS

Die Energie des Machens steht für einen klaren Fokus auf Umsetzung. Dabei ist sie stets nah an der Realität und lässt sich von ihrem Pragmatismus leiten. Dieser treibt sie an. Dabei lässt sie sich gerne von der Energie der Vision anstecken, nur um dann nicht selten festzustellen, dass es besser gewesen wäre, vorher noch einmal innezuhalten. Die Energie des Machens versteht sich als Architektin des Wandels: Sie hat den gesamten Prozess im Blick – am liebsten in Form von visualisierten Übersichten. Dabei vergisst sie gerne, dass es auch eine informelle, kulturelle Seite bei Veränderung gibt. So ist es ein Erfolgserlebnis, wenn am Ende die Dinge erledigt sind und man einen Haken an eine Sache bekommt. Der Fokus der Energie des Machens ist das Ergebnis. Inwiefern dies auf Optimierung, Transformation oder gar Rückschritt einzahlt, weiß sie im ersten Schritt nur bedingt einzuschätzen. Bei Spannungen geht die Energie des Machens in eine moderierende Rolle und versucht zu vermitteln. „So kommen wir nicht weiter. Lasst uns alle Perspektiven auf den Tisch legen und schauen, wie wir diese gut nutzen." Dafür wird sie von der Energie des Visionierens ebenso geschätzt wie von der Energie des Bewahrens.

GEMACH, GEMACH: DIE ENERGIE DES BEWAHRENS

Wenn die Energie des Visionierens für den Frühling der Organisation steht, dann steht die Energie des Bewahrens für deren Herbst. Sie ist stolz auf das Erreichte und hat im Kern das Gefühl, dass es keine Notwendigkeit gibt, Dinge infrage zu stellen – schon gar nicht grundsätzlich. Sie ist das Gedächtnis der Organisation, kennt ihre Geschichten und Untiefen. Kurzum: Sie hat schon alles kommen und gehen sehen. All das hat ihren Zweifel an Veränderung und dem damit verbundenen Aufwand über die Jahre wachsen lassen. So tritt die Energie des Bewahrens insbesondere in Situationen, in denen alles infrage gestellt wird, als mahnende Kraft auf. Dafür wird sie zwar respektiert, sorgt aber auch für Unmut: Ihre Weisheit wird nicht selten als Borniertheit oder offener Widerstand interpretiert, was aber an ihr abprallt. Über viele Jahre hat sie sich eine harte Schale zugelegt, was auch vor Enttäuschung bewahrt. Sie fühlt sich nicht selten missverstanden, denn bei aller Veränderungsfreudigkeit muss der Laden immer noch laufen. Genau das treibt die Energie der Bewahrung an: Stabilität. Damit stellt sie ein für alle spürbares Korrektiv bei Veränderungsprozessen dar, das ihr nicht selten als Unverständnis für Wandel ausgelegt wird. Das ärgert sie: Sie empfindet sich weder als ängstlich noch sorgenvoll, sondern vielmehr als mutig, in Zeiten von permanenter Veränderung ein stabiler Anker zu sein.

Die hier dargestellten Energien sind entscheidend, wenn es darum geht, tiefgreifende Veränderungsarbeit zu leisten. Dabei sind es weniger die einzelnen Energien und die damit verbundenen Muster, die einen Unterschied machen, sondern vor allem das Zusammenspiel der Energien miteinander. Genau hierin liegt eine entscheidende Grundvoraussetzung für das Gelingen oder Scheitern von tiefgreifender Veränderungsarbeit.

ENERGIEN ORCHESTRIEREN

Begibt man sich gemeinsam auf die Transformationsreise, bedarf es einer bewussten und sorgfältigen Auseinandersetzung mit den in der Organisation vorhandenen Energien. Dabei geht es im ersten Schritt darum, sich darüber zu verständigen, dass es diese Energien gibt oder geben sollte. Hierzu gehört auch ein gemeinsames Durchdringen der Zielsetzungen und Motivationen der Energien, bezogen auf die Organisation. So kann in einer Ministerialbürokratie die bewahrende Energie eine andere Bedeutung haben als in einem Unternehmen mit volatilem und sich schnell veränderndem Marktumfeld. Ist verstanden, dass es diese Energien gibt und welche Rollen sie im Veränderungsprozess einnehmen sollen, gilt es, diese im weiteren Verlauf bewusst zu orchestrieren und einzusetzen. Das kann unter anderem darin bestehen, dass in bestimmten Situationen ausgewählten Beteiligten bewusst Rollen und damit Energien im Prozess zugewiesen werden. Oder eine Person macht eine bestimmte Rolle und damit die Verkörperung einer Energie explizit, indem sie diese benennt: „Ich spreche jetzt bewusst als Bewahrer und kann nur sagen, wenn wir so vorgehen, wird uns das um die Ohren fliegen." Je bewusster und damit expliziter Energien und die damit verbundenen Rollenzuschnitte definiert und transparent gemacht werden, umso reibungsloser gestaltet sich die Interaktion aller Beteiligten.

Allen involvierten Akteuren muss von Beginn an klar sein, dass Veränderungsarbeit andere Rollenzuschnitte benötigt als das Tagesgeschäft. Insofern können Energien auch als eine „zweite Rolle" (vgl. Kapitel 4 Gelingensbedingungen) verstanden werden: Neben der Funktion des Bereichsleiters übernimmt der Kollege auch die Rolle des Bewahrenden und Bremsenden. Neben der Funktion als Leiterin einer Stabseinheit vertritt die Kollegin die Energie des Visionierens. Erst wenn sich die am Veränderungsprozess beteiligten Personen wissentlich und vor allem willentlich von in ihren Stellenbeschreibungen formulierten operativen Zuständigkeiten und Zielsetzungen lösen und bewusst eine zweite Rolle im Veränderungsprozess einnehmen, entsteht eine Dynamik, die getrieben ist vom Ziel des Wandels und nicht von den operativen Allianzen und Konflikten des Tagesgeschäfts.

Folglich ist eine Orchestrierung von Energien, in der auch Spannungen und Reibungen zwischen diesen bewusst angelegt sind, ein entscheidender Erfolgsfaktor für Transformationsarbeit. Dadurch gelingt es nicht nur, dem Transformationsprozess zu dienen, sondern es klärt von Beginn an, wie sich die beteiligten Personen in der Umsetzung der Transformationsarbeit zu begegnen haben, was wiederum zu Effizienz und Wirksamkeit im Gesamtprozess führt.

Identifizieren und integrieren von Energien in die Transformationsarbeit: der Energie-Check

Das Agieren in Rollen und Energien ist für viele noch Neuland. Und das ist nicht verwunderlich, sind doch diese Aspekte in der Gestaltung von Zusammenarbeit nicht selten unausgesprochen und sehr subtil. Die bekannten und etablierten Formate der Funktionsbeschreibung und Stellenprofile sind die Anker, an denen wir uns über viele Jahre richtigerweise orientiert haben. Doch die Erwartungen an alle Beteiligten in tiefgreifenden Veränderungsprozessen sind in der Regel andere als die im Tagesgeschäft meist über viele Jahre eingeübten. Neben Aspekten wie ausreichende Kompetenz für Veränderungsarbeit (vgl. Kapitel 4 Veränderungskompetenzen) sowie genügend zeitlicher Ressourcen ist es in erster Linie ein Bewusstmachen, dass die Gestaltung von Wandel anderen Dynamiken folgt als das tägliche Geschäft: Während Letzteres darauf zielt, regelkonform, -treu und damit geräuschlos Geschäft zu ermöglichen, bedeutet die Begleitung von Wandel, sich bewusst von diesem Anspruch zu lösen und andere notwendige Rollen wahrzunehmen und damit Energien freizusetzen. Die erste Frage ist daher: Sind alle Beteiligten dazu bereit?

Im nächsten Schritt geht es dann darum, diese Energien und das damit verbundene Handlungsrepertoire zu etablieren. Nun wissen wir, dass menschliche Verhaltensänderungen und -anpassungen weder trivial sind noch können sie befohlen oder angeordnet werden. Sie müssen vielmehr „entdeckt" und in Form von kollegialer Beratung, Supervision und wechselseitigem Feedback immer wieder mit Blick auf das Ziel der Veränderung reflektiert, besprochen und ggf. nachjustiert werden.

Als Hilfe hierfür bieten wir Ihnen mit dem Energie-Check ein dreistufiges Vorgehen an, welches zum einen als Handwerkszeug, zum anderen aber auch als Aufforderung zu regelmäßiger Reflexion zu verstehen ist. Er besteht aus den folgenden Schritten:

1. Diagnose
2. Exploration
3. Integration

Schauen wir uns die einzelnen Schritte nun genauer an.

1. DIAGNOSE

Es ist wichtig, die Energien bezogen auf den Auslöser für den Veränderungsprozess, zu definieren. Energien haben eine dienende Funktion. Sie dienen der Zielerreichung der Transformation. Um diesem Anspruch gerecht zu werden, bedarf es gleich zu Beginn einer Verständigung über Kontext und Zielsetzung der Transformation. Es muss geklärt werden, welche organisationalen Rahmen- und Gelingensbedingungen (u. a. Organisationskultur, Führung, Rollenbewusstsein, Mindset etc., vgl. Kapitel 4 Gelingensbedingungen) gegeben sind und welche Auswirkungen dies für die Gestaltung der Energien hat. Daraus ergeben sich konkrete Anforderungen für die Entwicklung der Energien, um in diesem Organisationsumfeld Veränderung wirksam werden zu lassen. Handelt es sich beispielsweise um ein politisch sensibles Organisationsgefüge, ist die Bewahrung und damit auch die Absicherung eine besonders machtvolle Energie im Prozess. Erlebt die Organisation hingegen, dass sich Märkte und Kundenverhalten konstant schnell und mitunter grundlegend ändern, muss dieser Umstand durch die Energien des Visionierens und des Machens reflektiert und vor allem im weiteren Verlauf „aktiv gelebt werden". Das heißt, im ersten Schritt sind die Energien auf den konkreten Veränderungsanlass, ihr Ziel und den Kontext zu reflektieren. Dabei ist die größte Herausforderung, sich von der Personifizierung der anwesenden Beteiligten zu verabschieden und sich ab sofort primär über Energien zu begegnen.

DABEI HELFEN FOLGENDE LEITFRAGEN:

- Welche Energien erleben wir bereits heute bei uns und wie stehen diese zueinander? (Beispiel: Schätzen wir die Routine? Heben wir zu schnell ab und schauen nur auf die Zukunft?)
- Welche Bedeutung schreiben wir den jeweiligen Energien (Bewahren, Machen, Visionieren) mit Bezug zum Transformationsziel und -kontext zu? Wie können und wollen wir sie in den Dienst der Transformation stellen? Entwerfen Sie pro Energie ein Profil!
- Gibt es neben „offiziellen" Energien weitere vorherrschende Energiefelder, die entweder offen oder verdeckt sind? Wie sind diese Allianzen mit Bezug zum Ziel der Transformation zu bewerten?
- Antizipieren Sie konkrete Situationen und überlegen Sie, wie die Energien in diesen Situationen miteinander agieren. (Beispiel: Die Vision übernimmt die Kontrolle über die Veränderung und dominiert diese. Wie reagieren die anderen Energien hierauf?)
- Werden die Energien angenommen und akzeptiert – mit allen Vor- und Nachteilen?

Mit Abschluss der Diagnose sollten die Energien in ihrer Bedeutung für den Transformationsprozess nicht nur verstanden, sondern auch auf das Ziel ausgerichtet sein.

2. EXPLORATION

Die Besetzung der Energien im Rahmen der Veränderungsarbeit ist darauf angelegt, den Wandel aktiv zu begleiten. Dabei sind Spannungen nicht nur vorprogrammiert, sondern sogar angelegt, denn sie sind in erster Linie eine wichtige Quelle für Erneuerung und Innovation. Aus diesem Grund ergeben sich bei der Umsetzung der Energien oft Dynamiken, die es nicht nur zu erkennen, sondern gelegentlich auch bewusst zu produzieren und produktiv zu nutzen gilt. Der erste Schritt ist jedoch für alle beteiligten Akteure, sich ihrer neuen Rollen in der Verkörperung von Energien bewusst zu werden. Dies erfordert, das bisherige Handwerkszeug, welches man zum Beispiel als Führungskraft über viele Jahre erfolgreich angewandt hat, zur Seite zu legen und sich in ein neues mentales Modell zu begeben. Diesen Entwicklungsweg müssen die beteiligten Akteure zuallererst für sich selbst klären, um dann umgesetzt zu werden. Sind die mit der Umsetzung der Energien notwendigen Rollen angenommen und verkörpert, geht es darum, diesen in der Transformationsarbeit Vorfahrt zu geben. Dabei entstehen zwangsläufig Konkurrenzen zu tradierten offiziellen Rollen, die es zu erkennen und zu lösen gilt. Nehmen wir beispielsweise eine Vertriebsleitung, die im Laufe der Veränderungsarbeit zunehmend spürt, dass der eigene Verantwortungsbereich infrage gestellt wird. In der Rolle der Vertriebsleitung wird diese Person über Legitimation und Rechtfertigung versuchen, die Wahrnehmung und Bewertung des Vertriebs entsprechend im eigenen Interesse zu beeinflussen. Verkörpert die Vertriebsleitung im Transformationsprozess jedoch die Energie des Visionierens, muss sie sich von ihrer originären Rolle lösen und stattdessen das Transformationsziel in den Fokus des Handelns nehmen. An diesem Beispiel wird deutlich, wie schnell Rollen in Veränderungsprozessen wechseln können. Je klarer also die gelebte Rollendistanz, desto wirksamer können die Energien in den Transformationsprozess hineinstrahlen.

Um sich dieser Thematik bewusst zu werden, können folgende Leitfragen zur Hilfe genommen werden:

- Werden die einer Energie zugehörigen Erwartungen verstanden?
- Gibt es ausreichend Bereitschaft, diesen Erwartungen zu entsprechen und dafür Zeit und Aufwand zu investieren?
- Welche bewusst übernommenen Energien sind definiert? Gibt es einen visualisierten Überblick?
- Wie gelingt es allen Beteiligten, den Energien zu „dienen" und nicht in andere Rollen zu verfallen? Was wollen die Anwesenden hierfür tun?
- Gibt es Mehrdeutigkeiten in der Umsetzung der Energien und wie soll mit diesen umgegangen werden?
- Wie ist der Weg von einem Verstehen der Energien in ein Handeln im Interesse der Energien?

3. INTEGRATION

Im letzten Schritt geht es darum, die Energien in den Transformationsprozess zu integrieren und dafür zu sorgen, dass diese als eine Gelingensbedingung (hier Rollenbewusstsein) für den Wandel wirksam werden. Dabei geht es zum einen um eine bewusste Trennschärfe der Energien, aber auch deren Zusammenspiel, welches im Rahmen der Veränderungsarbeit orchestriert und damit stimmig wird. Es versteht sich von selbst, dass diese Orchestrierung keine einmalige Aktion ist, sondern immer wieder einer kritischen Analyse, Bewertung und Adaption unterzogen werden sollte. Kollegiales Feedback im Nachgang von Besprechungen, bewusstes Ansprechen („Ich brauche dich hier anders") und natürlich die konstante Selbstreflexion sind hier hilfreiche Instrumente. Insofern ergeben sich hierfür weniger Leitfragen als die Notwendigkeit, das Feld der Energien immer wieder einer Prüfung zu unterziehen und Reibungen sofort zu thematisieren.

Auch wenn das Agieren in dieser zweiten Rolle auf den ersten Blick vielleicht als artifiziell verstanden werden kann, ist es Teil des Spiels, auf das man sich in einem Veränderungsprozess einlässt: Man dient einer wünschenswerten Zukunft und stellt sich mit seinem Handeln in ihren Dienst. Diese Dienstleistung bewusst offen und damit transparent zu machen bewahrt nicht nur vor potenziellen Konflikten, sondern sorgt auch für einen ganz persönlichen Entwicklungsprozess, der – so man es denn will – für die eigene berufliche Weiterentwicklung sorgt.

Der Transformations-Canvas: Ihr Navigationsinstrument im Transformationsdschungel

Nachdem Sie nun mit den unterschiedlichen Feldern der Transformation sowie den damit zusammenhängenden Energien vertraut sind, möchten wir Ihnen Ihr ganz persönliches Navigationsinstrument für die Transformationsarbeit vorstellen: den Transformations-Canvas.

Der Canvas besteht aus sechs Bereichen, die zentrale Aspekte der Transformationsarbeit darstellen. Diese reichen von der Diagnosearbeit, der Entwicklung eines Zukunftsbildes bis hin zur Gestaltung der tatsächlichen Umsetzungsarchitektur für die Veränderungsarbeit. Der Canvas begleitet Sie durch alle Felder der Transformationsarbeit und ist Dokumentations- und Strukturhilfe zugleich: Er hilft Ihnen, die Ergebnisse aus den jeweiligen Feldern festzuhalten und damit Transparenz im Vorgehen sicherzustellen. Er gibt Ihnen aber auch Orientierung und Klarheit im Navigieren durch den Transformationsdschungel, weil er die unterschiedlichen Aspekte Ihres Vorgehens strukturiert.

Was ist der Canvas nicht? Er gibt weder normierend vor, was Sie wann und wie zu machen haben, noch stellt er eine zwingende Vorgabe im Vorgehen dar. Vielmehr wünschen wir uns,

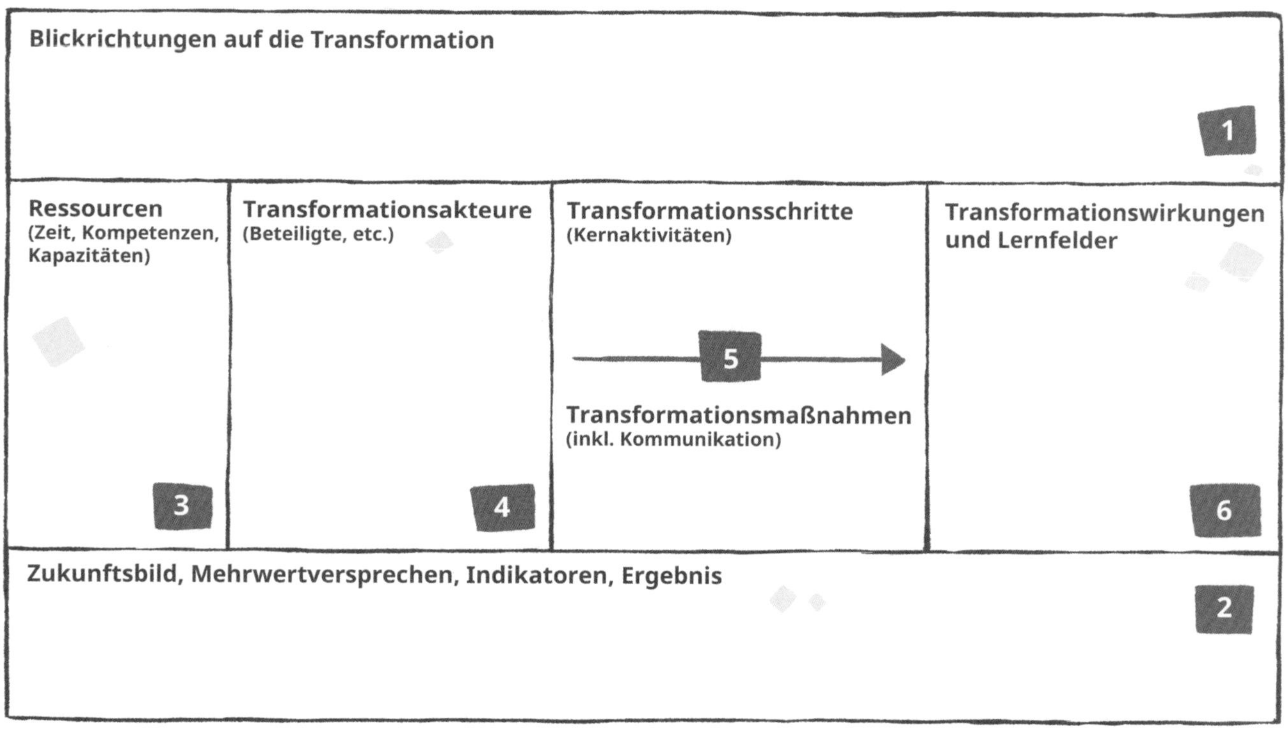

ABBILDUNG 5.2 Der Transformation-Canvas

dass Sie den Canvas als Ihren Begleiter in der Transformationsarbeit verstehen, anhand dessen Sie Ihr Vorgehen sich und anderen Beteiligten vergegenwärtigen und vermitteln können. Auch ist der Canvas kein statisches Planungsinstrument, sondern entfaltet seine Wirksamkeit vor allem dadurch, dass Sie ihn als dynamische Navigationshilfe nutzen, deren Inhalte es regelmäßig zu reflektieren und höchstwahrscheinlich auch immer wieder anzupassen gilt.

Schauen wir nun auf die unterschiedlichen Elemente des Canvas und was sich hinter diesen verbirgt.

1. BLICKRICHTUNGEN AUF DIE TRANSFORMATION

„Keine Intervention ohne Diagnose" ist nicht nur ein Leitspruch, der für jeden ärztlichen Dienst gilt, sondern auch für die Arbeit mit Menschen in Organisationen. Im Feld des Verstehens schauen Sie auf die Geschichte und Ursprünge der Herausforderung, die Sie erkannt haben. Dabei analysieren Sie vormalige Veränderungsversuche, blicken auf die Machtdynamiken in der Organisation und welche Voraussetzungen für eine erfolgreiche Gestaltung von Wandel nun notwendig sind. Die Chance und Bedeutung für tiefgreifenden Wandel wird erkannt und der Wille formuliert, sich gemeinsam auf den Weg zu machen, diesen Wandel mit Leben und vor allem Wirkungen zu füllen.

Diese Erkenntnisse aus dem Feld des Verstehens dokumentieren Sie im Canvas unter „Blickrichtungen auf die Transformation".

2. ZUKUNFTSBILD, MEHRWERTVERSPRECHEN, INDIKATOREN, ERGEBNIS

Im Feld der Möglichkeiten laden Sie sprichwörtlich Zukunft ein. Sie entwickeln ein konkretes Zukunftsbild und ein entsprechendes Narrativ, das den gewünschten Zielzustand, den Sie mit der Transformation anstreben, beschreibt. Dieses Zukunftsbild tragen Sie im Canvas im Feld 2 ein. Sie ergänzen es durch das Mehrwertversprechen, das Sie mit der Transformation abgeben. Es beinhaltet Aussagen darüber, wie sich die Transformation auf die Organisation und ihr bestehendes Leistungsversprechen auszahlen soll. Dabei hilft es, sich ganz konkret vorzustellen, woran man erkennen kann, dass das Zukunftsbild bereits gelebte Realität ist, also welche „Anzeiger" uns Auskunft über die tatsächliche Wirkung unserer Transformationsarbeit geben: Woran würde man erkennen, dass Ihre Transformationsarbeit erfolgreich gewesen ist? Diese Indikatoren tragen Sie im gleichen Feld im Canvas ein.

Die Ergebnisse des Feldes der Möglichkeiten finden somit im Canvas im unteren Balken, in Feld 2, ihren Platz.

3. RESSOURCEN

Wenn Sie sich auf eine lange Reise machen, prüfen Sie nicht nur das Reiseziel, sondern auch, ob Ihnen alle für die Reise notwendigen Ressourcen (Proviant, Geld etc.) zur Verfügung stehen. Nichts anderes tun Sie, wenn Sie Transformationsarbeit leisten. Sie kümmern sich nicht nur um Zeit und Finanzmittel, sondern sorgen auch für ausreichend Kompetenzen und Kapazitäten im Prozess. Dabei ist es wichtig, dass allen Beteiligten klar wird, dass Transformationsarbeit weder nebenbei noch zusätzlich zu einem meist bereits sehr ausgefüllten Tagesablauf geleistet werden kann. Darüber hinaus sollten Sie neben den Angaben über die Ihnen zur Verfügung stehenden Ressourcen sowie den weiteren relevanten Rahmenbedingungen (u. a. zeitlicher Rahmen) deutlich machen, wie Sie für sich und alle Beteiligten sorgen wollen.

Die Ressourcen definieren Sie im Feld des Gestaltens und tragen diese im Feld 3 im Canvas ein.

4. TRANSFORMATIONSAKTEURE (BETEILIGTE ETC.)

Neben einer klaren Botschaft darüber, was Sie verändern wollen, ist es genauso wichtig, die unterschiedlichen Beteiligten im Transformationsprozess in ihren jeweiligen Rollen und Verantwortlichkeiten klar und offen zu benennen – also das Wie. Die Gestaltung der Interaktion aller relevanten Transformationsakteure geht weit über das klassische Regelgeschäft hinaus. Neben einer Koordination der Veränderungsarbeit sollten Sie sicherzustellen, dass alle Beteiligten in ihrem Handeln gleichgerichtet und mit einer auf Wandel ausgerichteten Haltung agieren. Tiefgehende Veränderungsarbeit benötigt umfassendes Engagement. Daher können Sie es sich nicht erlauben, dieses durch Schnittstellen und Abstimmungsmarathons zu vergeuden.

Wer, wann und in welcher Rolle wie zu beteiligen ist, definieren Sie im Feld des Gestaltens. Das Ergebnis dokumentieren Sie im Canvas in Feld 4.

5. TRANSFORMATIONSSCHRITTE (KERNAKTIVITÄTEN) UND TRANSFORMATIONSMASSNAHMEN (INKL. KOMMUNIKATION)

Aufbauend auf den Blickrichtungen auf die Transformation und dem Zukunftsbild identifizieren Sie vielversprechende Wege, mit denen die Transformation realisiert werden kann. Wenn eine Transformation nachhaltig erfolgreich im Sinne von langfristig wirksam sein soll, lohnt es sich, die bisher gewohnten Pfade bewusst infrage zu stellen und neue Pfade der Veränderung zu entdecken. Doch genau hier greifen viele Veränderungsprozesse zu kurz. Gerade in Zeiten der Veränderung darf nicht zu wenig kommuniziert werden. Tun Sie es dennoch, geben Sie Mythenbildung und wilder Interpretation Raum. Daher ist der Kommunikation bei tiefgreifender Veränderungsarbeit besondere Aufmerksamkeit zu widmen.

Die konkreten Transformationsschritte und entsprechenden Maßnahmen werden im Feld des Gestaltens definiert und im Canvas unter 5 eingetragen.

6. TRANSFORMATIONSWIRKUNGEN UND LERNFELDER

Für den Erfolg von tiefgreifender Veränderung ist es ausschlaggebend, die Wirkungen des Veränderungshandelns zu verstehen und den Fortschritt des damit verbundenen Wandels auf der Grundlage dieses Verständnisses zu entwickeln. Diese Lernschleife organisationaler Transformation funktioniert aber nur, wenn Sie die Wirkungen von Beginn an im Blick haben und diese kontinuierlich messen und im Dialog mit allen an der Transformation Beteiligten reflektieren. Gut gestalteter tiefgreifender Wandel hat das Potenzial, die Organisation in einen kontinuierlichen Lernprozess zu bringen. Voraussetzung dafür ist ein laufender Diskurs zur Frage: Wie wollen wir gemeinsam besser werden?

Intendierte, geplante, aber auch potenziell nicht-intendierte Wirkungen sowie Lernfelder aus der Transformation werden im Feld der Gestaltung erarbeitet und im Canvas unter 6 vermerkt.

Nachdem Sie nun ein besseres Verständnis der Vielschichtigkeit von Transformationsarbeit und Ihr Navigationswerkzeug kennengelernt haben, kann es losgehen. Sind Sie bereit? Dann lassen Sie uns transformieren!

PRAXISEINBLICK 9: Hilti – Am Anfang war ich doch sehr skeptisch, Veränderung aus Sicht einer Mitarbeiterin

Die Hilti AG wurde im Jahre 1941 von den Brüdern Martin und Eugen Hilti im liechtensteinischen Schaan gegründet und wird noch heute als Familienunternehmen geführt. Mit ca. 30.000 Mitarbeitenden weltweit bietet Hilti Produkte, Systemlösungen, Software und Serviceleistungen für die Baustelle an.

Hiltis Erfolg beruht auf Baustellenprodukten, die rund 20.000 Mitarbeitenden im Direktvertrieb an die Kunden verkaufen. Der lokale Kunde, unabhängig von der Größe, steht dabei im Vordergrund.

Bedingt durch die Digitalisierung wurde den Verantwortlichen bei Hilti jedoch zunehmend klar, dass es zukünftig verstärkt um die Vernetzung der Baustelle und der Nachfrage der Kunden für Systemlösungen gehen würde. Die Hypothese war, dass sich nicht das Unternehmen am Markt durchsetzen würde, welches das beste Produkt anbietet, sondern dasjenige, welches die die beste integrierte Systemlösung für die Bauwirtschaft bereitstellt. Dafür müssen Produkte zukünftig vernetzt werden, Software ein Teil des Angebots werden und auch der Vertrieb muss vernetzt agieren. Mit dem Projekt „Evolution" startete Hilti einen tiefgreifenden digitalen Veränderungsprozess, bei dem der Vertrieb der neuen Lösungen wie das digitale Baudesign und die vernetzten Produkte für Kunden einerseits und die digitalisierte Integration von unterschiedlichen Vertriebs- und Abwicklungskanälen zur Kundenbetreuung anderseits, für die Mitarbeiter im Fokus standen.

Aus der Sicht des Direktvertriebs bedeutet dies, die Kundenbeziehung und die Kundendurchdringung noch konsequenter als bisher in den Mittelpunkt zu stellen und gleichzeitig digitalisierte Lösungen anzubieten. Diese Umstellung bedeutete im Kern eine komplett neue Arbeitsweise des Vertriebs, um tradierte Grundhaltungen und damit verbundene Verhaltensweisen aufzubrechen. Nicht mehr der einzelne Vertriebler, sondern das digital vernetzte Vertriebsteam, das Kunden gemeinschaftlich auf Basis einer breiten Informationsbasis betreut und durchdringt, stand dabei im Fokus.

Die technische Grundlage für dieses Zusammenspiel war eine neue cloudbasierte Kundenmanagementplattform, in der alle physischen und digitalen Kundenkontaktpunkte miteinander verbunden und Informationsflüsse strukturiert werden. Die Einführung dieser Plattform war somit ein wichtiger Teilaspekt von „Evolution". Account Managerin im Aussendienst, Maya Oberhofer, und Dr. Steffen Schröder, Global Change Manager bei Hilti, reflektieren das Projekt.

„Als ich das erste Mal im jährlichen Vertriebs-Kick-off davon hörte, dass sich in der Firma und damit auch bei uns im Vertrieb alles grundlegend ändern soll, war ich sehr, sehr skeptisch," sagt Maya Oberhofer. Das Spektrum ihrer Kunden reicht von kleinen Industrie-Montage Betrieben mit drei bis zehn bis zu einem globalen Kranhersteller mit 5.000 Mitarbeitenden. Diese betreute sie bisher eigenständig.

„An meiner Arbeit genieße ich sehr, dass sie sehr vielfältig ist, mich jeden Tag vor neue Herausforderungen stellt und dass ich meine Tage selbst gestalten kann. Deshalb war ich skeptisch, als ich das erste Mal von dem Projekt gehört habe. Ich hatte Angst, dass meine persönliche Arbeitsweise eingeschränkt werden würde, man mir vorschreibt, welche Kunden ich wann besuche, und ich bei alledem unter ständiger Beobachtung stehe. Außerdem war mir unklar, ob die Kunden die digitalen Lösungen überhaupt nutzen möchten und welche Auswirkungen diese auf meine Vertriebsrolle haben würden. Das hat bei mir erst einmal Angst und Ablehnung hervorgerufen." Dr. Steffen Schröder ergänzt: „Uns war sehr früh klar, dass wir in der Vermittlung auf zwei Fragen klare Antworten haben müssen: Was bedeutet die Veränderung ganz konkret für die Mitarbeitenden? Wie unterstützen wir unsere Mitarbeitenden bei der Veränderung?"

Er ergänzt: „Durch frühzeitige Informationsveranstaltungen mit Filmen und Austauschrunden zu den anstehenden Veränderungen, konnten wir den Mitarbeitenden vermitteln, warum und wie wir die Veränderung angehen wollen. Doch das reicht nicht, denn letztendlich müssen Menschen ganz konkret in ihrer beruflichen Praxis erleben, wie sich die Veränderungen in der Arbeitsweise und im Umgang mit der Plattform anfühlen." Dass all das nicht zum Selbstzweck erfolgt, ist ebenso klar: Am Ende geht es darum, Kunden integrierte Systemlösungen anzubieten und damit belastbarere Kundenbeziehungen aufzubauen.

„Vor allem die Frage, wie mich mein Arbeitgeber bei den anstehenden Veränderungen unterstützt, war mir sehr wichtig", so Maya Oberhofer. Die Grundlage dafür war die sogenannte „Commitment Journey", die sich in drei Phasen aufteilt:

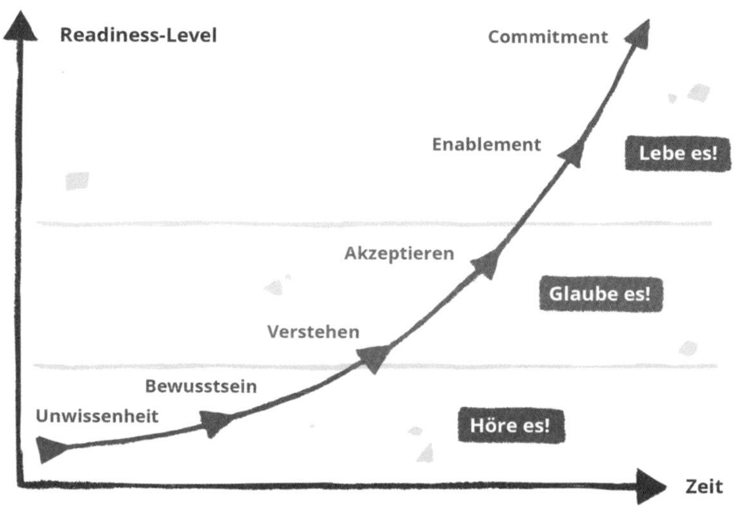

Commitment Journey

Enablementphase
Einführung der Mitarbeitenden in das Erleben und Erlernen der für die Zukunft erforderlichen technischen und funktionalen Fähigkeiten.

Engagementphase
Aktive Einbindung von Mitarbeitenden, um die wichtigsten Vorteile aufzuzeigen und den Wunsch nach einer zukünfigen Arbeitsweise zu wecken.

Informationsphase
Bereitstellung von Informationen, um das Bewusstsein der Mitarbeitenden für ihre zukünftige Rolle und Verantwortlichkeiten zu stärken.

„Wenn ich nun das erste Jahr reflektiere, so kann ich retrospektiv erkennen, dass ich alle Phasen der Commitment-Journey durchlaufen habe: Nach der ersten Information durch meine Vorgesetzte, schlossen sich einige Workshops gemeinsam mit meinem Team an, in welchen wir gemeinsam erarbeitet und verstanden haben, wie wir bei der Veränderung in unserer Rolle als Vertriebsmitarbeitende gewinnen können. Weiterhin haben wir auch einen Champion im Team bestimmt, der uns bei allen Fragen und Anregungen unterstützt hat. Auch wenn zu Beginn noch einige Kollegen skeptisch waren, sind wir in eine Reihe von Trainings gegangen, die uns befähigt haben, die ganze Klaviatur des Systems, aber auch neue digitale Tools wie das digitale Engagement-Marketing zu nutzen", blickt Maya Oberhofer zurück. Schröder ergänzt aus der Führungsperspektive: „Eine jede Führungskraft wurde zu einem frühen Zeitpunkt des On-Boardings auch in Change-Management-Praktiken trainiert. Uns war bewusst, dass wir unsere Mitarbeitenden besonders in der Anfangszeit stark unterstützen und bei dem Veränderungsprozess begleiten müssen. Der enge Austausch auf Augenhöhe, aber auch der Umgang mit Ängsten der Mitarbeitenden, waren die wichtigsten Erfolgsfaktoren innerhalb der ersten Führungsebene."

Oberhofer und Schröder sind sich einig: „Die mit dem Projekt angestoßenen Veränderung im Vertrieb stehen durchaus in starkem Gegensatz zu dem, wie der Vertrieb bisher unterwegs war – es war also eher eine Revolution als eine Evolution." „Bisher war ich alleine im Vertrieb unterwegs, nun muss ich mich in Teams abstimmen und gemeinsam mit anderen agieren und greife dafür auf digitale Tools zurück – etwas, was ich bisher noch nie gemacht hatte", spezifiziert Oberhofer. Auf die Frage, wie sich diese Veränderung für sie angefühlt hat erinnert sie sich: „Am Anfang fiel mir das sehr schwer, da es von mir verlangte, mein jahrelang gepflegtes Selbstverständnis als Vertrieblerin aufzugeben. Letztlich entscheidend für meine Akzeptanz des neuen Arbeitsansatzes waren sowohl die Vereinfachung vieler Arbeitsschritte als auch eine Reihe neuer Möglichkeiten, mit meinen Kunden zu interagieren. Auch die Nutzung der Plattform empfinde ich mittlerweile als erleichternd. Das waren allerdings viele kleine Schritte, um diese Veränderung zu akzeptieren und umzusetzen und Vieles dabei ist mir auch nicht immer leichtgefallen."

Erspüren

Erkunden

Erkennen

06

DAS FELD DES VERSTEHENS: SIGNALE DER VERÄNDERUNG ERKENNEN UND VERSTEHEN

Sie haben erkannt, dass es Veränderungsanlässe und Veränderungsthemen gibt, die für die Organisation eine hohe Relevanz haben, und sind bereit, sich auf den Weg des gemeinsamen Verstehens zu begeben. Willkommen im ersten Feld der Transformation, dem Feld des Verstehens! In diesem Feld geht es darum, ein gemeinsames und umfassendes Verständnis für die aktuelle Situation zu entwickeln. Ein Verständnis, das nicht nur von einigen wenigen Menschen in der Organisation geteilt wird, sondern das von den Kernakteuern der Transformation – also den Menschen, die für die Umsetzung der Transformation relevant sind – nachvollzogen und getragen wird. Wenn man so will, verlieben Sie sich an dieser Stelle in das Problem, nicht in die Lösung.

Am Ende des Weges durch dieses Feld verfügen alle Beteiligten am Transformationsprozess über ein geteiltes Verständnis und eine gemeinsame Sicht auf die aktuelle Situation. Das Ziel im Feld des Verstehens ist, Signale der Veränderung zu erkennen, dabei aus vielen Perspektiven auf diese Signale zu schauen und diese Signale auf die eigene Organisation zu übertragen. Signale erkennen bedeutet dabei, gemeinsam zu verstehen, welche Signale aus dem Inneren der Organisation und welche Signale aus ihrem Umfeld kommen. All das kann auch dazu führen, dass man sich am Ende dieser Befassung bewusst entscheidet, Signale erst einmal nicht weiter zu beachten oder weiter zu beobachten.

Im Feld des Verstehens geht es darum, den gemeinsamen Prozess des Verstehens von Veränderungstiefe, -notwendigkeit und -ansatz auf den Weg zu bringen und hierauf als Organisation die Aufmerksamkeit zu lenken. Dabei werden die Chance und Bedeutung für tiefgreifenden Wandel erkannt und man ist bereit, sich gemeinsam auf den Weg zu machen. Ziel ist somit die kollektive Willensbildung. Es gilt dabei genau hinzuschauen, im Außen und Innen der Organisation. Im Feld des Verstehens beantworten wir die folgenden Fragen:

1. Wie kommen wir ins Verstehen?
2. Was müssen wir beim Verstehen beachten?
3. Wie schaffen wir ein gemeinsames Verständnis von Veränderungsnotwendigkeit?

Für alle Beteiligten in Organisationen bedeutet das eine bewusste Entscheidung für oder auch gegen Wandel. Entscheidet man sich dafür, erfordert dies, Ressourcen (Menschen, Zeit, Finanzen) bereitzustellen und den unterschiedlichen Perspektiven Raum zu geben. Auch beinhaltet das gemeinsame Verstehen eine Klärung, wer die Akteure in diesem Feld der Transformation sind, und bereits zu diesem Zeitpunkt für richtige und notwendige Beteiligung zu sorgen. Verstehen beinhaltet, unvoreingenommen auf unterschiedliche Themen und Bereiche zu schauen, ohne diese durch eine schnelle Bewertung auszuschließen.

PRAXISEINBLICK 10: Lego – Vor der Wand stehen

KO-KREATIVE MITGESTALTUNG DER TRANSFORMATION

Das 1932 gegründete dänische Unternehmen gehört zu den größten Spielzeugherstellern der Welt. Ihre mittlerweile als Klassiker bezeichneten „Legosteine" sind einmalig und haben die Kreativität in Millionen Kinderzimmern entfacht. Nach einem rasanten Aufstieg in den 70er-Jahren ging der Umsatz von Lego in den 90er Jahren drastisch zurück. Das Unternehmen stand 2004 am Rande des Konkurses und beschloss, sein Geschäftsmodell grundlegend zu verändern.

Entscheidend war dabei die Erkenntnis, nicht mehr nur Kinder als Zielgruppe, sondern Kinder und Erwachsene (die als Kinder mit Lego aufgewachsen sind) anzusprechen. Diese Erkenntnis entstand jedoch nicht über Nacht, sondern war Ergebnis mühevoller Lernkurven: Während zu

Beginn der Transformationsbemühungen noch neue Geschäftsfelder wie z. B. Animationsfilme oder Freizeitparks dominierten, erkannte das Unternehmen sehr bald, dass es erfolgversprechender ist, seine Energie wieder auf die Kernkompetenz des Bausteingeschäfts zu verlagern („Back to the brick"). Neue Geschäftsfelder wurden über Lizenzen an Spezialisten ausgelagert, die den Markt und die Kunden kennen, während Lego einen strategischen Fokus auf das Kerngeschäft und damit seine Markenpräsenz ausbaute. Die Managementberater Christian Madsbjerg und Mikkel Rasmussen, die u. a. Lego bei der Transformationsreise begleitet haben, unterteilen den gewählten Transformationsprozess in 5 Phasen:

1. Verstehe das Problem als ein Phänomen
2. Sammle Daten
3. Identifiziere Muster
4. Schaffe Einsichten und
5. Generiere einen wirtschaftlichen Mehrwert.

Bemerkenswert ist dabei, dass der Transformationsprozess zunächst ausschließlich intern getrieben und ausgerichtet gewesen ist. Aufgrund der hohen Identifikation der Kund:innen mit Lego machte das Unternehmen seine ohnehin schon kreativen Kunden zu ko-kreativen Mitgestalter:innen. Beispielsweise baute Lego eine „Lego Ideas Plattform", auf der sich Kund:innen aktiv in die Produktentwicklung einbringen konnten, und erzielte damit ein Innovationspotenzial, welches mit ausschließlich internen Ressourcen nicht zu realisieren gewesen wäre.

Quelle: Madsbjerg/Rasmussen (2014)

Die Energien im Prozess des gemeinsamen Verstehens

Schauen wir auf die Energien im Feld des Verstehens. Die Visionsenergie hat die Aufgabe, sich in ihrem Verstehen den anderen beiden Energien zuzuwenden. In einem ersten Schritt hat die Energie der Vision den Impuls gesetzt, gemeinsam tiefer zu schauen und zu verstehen. Jetzt ringen die Energien um eine gemeinsame Sicht auf sich selbst und die Welt, in der die Kraft der Vision genauso Platz hat wie die Kraft der Gestaltung und die Kraft der Bewahrung. Schauen wir etwas näher, wie die drei Energien im Feld des Verstehens wirksam werden:

Die Visionsenergie ist die Treiberin des gemeinsamen Verstehens, steht im Fokus und muss sich gleichermaßen zurücknehmen, um nicht alle (vermeintlichen) Antworten vorschnell allein geben zu wollen. Die Visionsenergie muss sich entsprechend zu den anderen Energien hinwenden und auch diesen einen ernsthaften Blick ins Verstehen ermög-

lichen. Dafür braucht es nicht nur Zeit, sondern vor allem Hinwendung, um die Perspektiven und Wahrnehmungen der anderen Energien ernst zu nehmen. Wenn allein die Visionsenergie diese Phase zu sehr dominiert, geht der Kontakt zur Organisation verloren und es besteht die Gefahr, dass der Transformationsprozess an Bodenhaftung verliert.

Die Bewahrungsenergie ist der Wächter des Bestehenden und nimmt die Signale wahr, die im Inneren der Organisation zu spüren sind. Die Erwartung der Energie der Bewahrung ist, als Kennerin der Organisation mit ihren Perspektiven, Bedenken, Erfahrungen und mit Blick in die Vergangenheit der Geschichte der Organisation gehört zu werden. Dabei muss die Bewahrungsenergie aber auch anerkennen, dass der reine Blick in die Vergangenheit und ein vehementes Bestehen auf der Bewahrung des Alten nicht zur Gestaltung eines neuen Selbst führt und wenig konstruktiv ist. Im positiven Sinn macht sie Irritationen aus dem Inneren der Organisation sichtbar. Während das rationale Verstehen der Energie der Bewahrung leichter fällt, geht es auch darum, das emotionale Verstehen zuzulassen.

Die Macherenergie ist verantwortlich dafür, den gemeinsamen Verstehensprozess ganz konkret zu organisieren, damit sowohl die Energie der Vision als auch die Energie der Bewahrung ihre Perspektiven einbringen können. Die Macherenergie sorgt dafür, dass alle Blicke des Verstehens einen ausreichenden Raum haben, und am Ende des Weges ein gemeinsames Bild des Verstehens entwickelt wird. Doch Vorsicht: Die Macherenergie ist leicht verführbar und springt gerne schnell in vermeintliche Lösungsansätze. Hiervor sollten sich die Bewahrungs-, aber auch Visionsenergie bewusst schützen und stattdessen anregen, sich Zeit zu nehmen, um den Kontext in dem Veränderung stattfinden soll, noch einmal tiefer zu durchdringen.

Da die Einübung der Nutzung von Energien für die meisten noch Neuland ist, sollten Sie im Feld des Verstehens sicherstellen, dass diesem Thema ausreichend Aufmerksamkeit geschenkt wird. Dafür bieten sich leichtgängige Formate an, die Sie schnell in Ihre täglichen Routinen integrieren können. So können Sie beispielsweise im Rahmen von Besprechungen bewusst Zeit einplanen, um sich noch einmal der Energien zu vergewissern, um diese dann bei der Besprechung einzusetzen. Auch lohnt es sich, regelmäßige Feedback-Runden als Standardformat einzubauen, bei denen Sie sich Rückmeldungen geben, wie Sie sich erlebt haben und was Sie sich voneinander zukünftig mehr, aber auch weniger wünschen.

Machen Sie sich auf den Weg ins Verstehen

Schauen wir mit diesem Wissen nun noch einmal auf Sabine Testen: Im Kapitel 1 haben wir beschrieben, wie die Kollegin von Sabine Testen die vier Blickrichtungen skizziert, die für die Arbeit an tiefgreifenden Veränderungen notwendig sind. Für den Weg des Verstehens gilt es nun diese verschiedenen Blickrichtungen einzunehmen. Dafür wählen wir die folgenden Etappen:

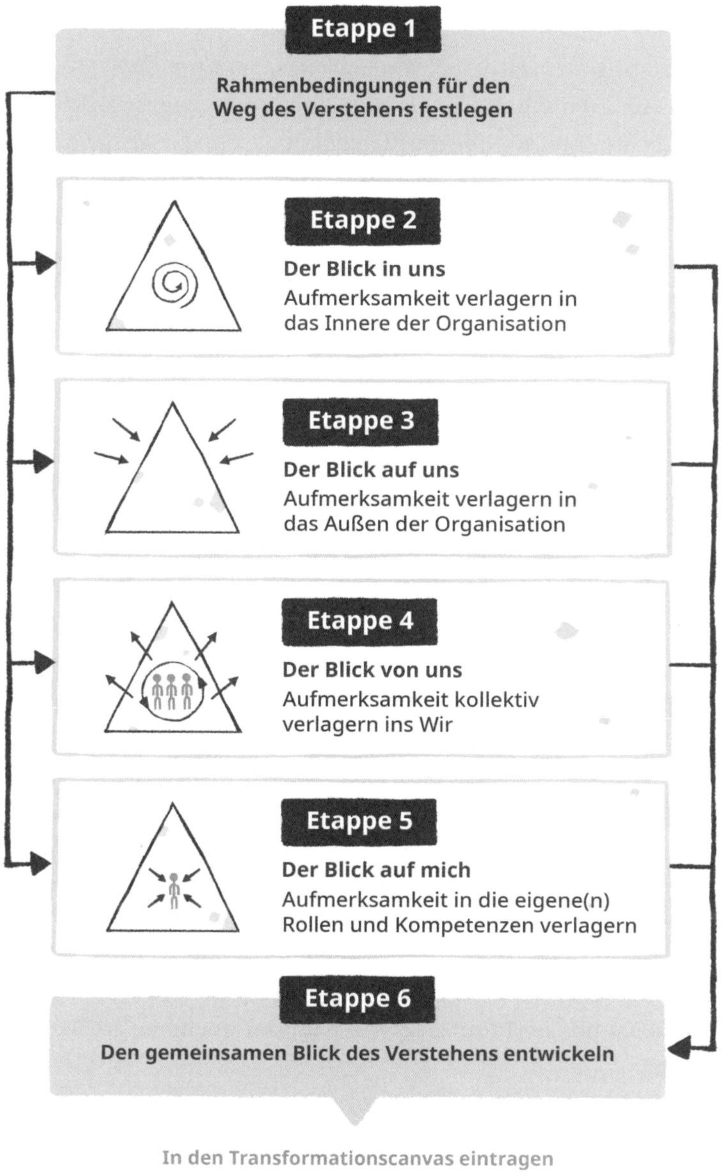

ABBILDUNG 6.1 Der Weg durch das Feld des Verstehens

Bei allen vier Blickrichtungen ist es wichtig, dass sie im Sinne der Gelingensbedingungen (siehe Kapitel 4 Gelingensbedingung) neugierig in ein tiefes Zuhören und Verstehen kommen.

Lassen Sie uns nun die einzelnen Etappen Schritt für Schritt durchgehen. Dabei bekommen Sie jeweils eine Einführung, worum es in der jeweiligen Etappe geht, und konkrete Anregungen, wie Sie sich die Inhalte für Ihren Weg durch das Feld des Verstehens erarbeiten können.

1. Etappe: Rahmenbedingungen für den Weg des Verstehens festlegen

„Ich habe mich mit meinem Führungskreis für zwei Tage in Klausur begeben. Dabei wollte ich zuerst wissen, was wirklich los war. Ich hatte den Eindruck, dass mir die Leute nicht die Wahrheit sagen." Sabine Testen spricht aus, was alle dachten. Die daran anschließende Reflexion ist schonungslos und legt vor allem eins offen: Niemand verstand, auf welches Ziel eine Agilisierung abzielen sollte, für welche internen Fragen diese eine Antwort sein sollte, auf welche Entwicklungen im Umfeld des Unternehmens sie eine Reaktion versprach und was sich hinter dieser Aufforderung tatsächlich verbarg. Gleichzeitig teilt der Führungskreis die Wahrnehmung von Testen, dass der Vertrieb mittel- bis langfristig abgehängt zu werden droht, wenn man bspw. nicht die Digitalisierung der Leistungsprozesse vorantreiben würde.

Die Herausforderung ist schnell benannt: Wie bleiben wir operativ handlungsfähig, schaffen es aber gleichzeitig, in neuen Szenarien und Wirklichkeiten zu denken? Wie schaffen wir es, dass nicht nur wir zu der Erkenntnis kommen, sondern auch all die anderen Menschen bei uns im Unternehmen? Dabei geht es in erster Linie darum, diese Widersprüche nicht nur auszuhalten, sondern sie als produktive Quelle für tiefgreifende Veränderung zu nutzen. Der Führungskreis vereinbart nun sich für die vier Blickrichtungen gezielt Zeit zu nehmen. Dieser Prozess des Verstehens ist entscheidend dafür, dass allen klar wird, worum es im Kern der Veränderung wirklich geht und warum jetzt, hier und heute, neu gedacht und gehandelt werden soll.

Das ist für alle Beteiligten eine neue Erfahrung: Schnell wird auch deutlich, dass der Anlass für Veränderung in einer Organisation sowohl von der Leitung als auch aus der Mitte der Organisation heraus initiiert und getrieben werden muss. Wenn dies akzeptiert wird und die damit einhergehenden neuen Rollen angenommen und gelebt werden, kann transformatorische Arbeit aus dem Inneren der Organisation heraus entstehen, die eine Chance auf wirklich nachhaltige Wirkung hat. Das steht in einem radikalen Widerspruch zur bisherigen Logik, bei der die Leitung vorgibt und der Mittelbau zuliefert oder wie in diesem Fall, bei der die Leitung auf Reise geht, Neues sieht und hört und glaubt, alle im Unternehmen greifen diese Impulse mit offenen Armen auf.

„Es ist verführend, schnell in die vermeintliche Lösung zu springen, weil sie so offensichtlich und naheliegend erscheint. In unserem Fall war das aber ein süßes Gift. Weder sind wir Google oder Amazon noch schauen wir in gleicher Weise auf unser Marktumfeld. Zu verstehen, dass wir nicht

sofort mit einer Strukturlösung auf unser Problem reagieren müssen, sondern uns davor erst einmal über das Problem und das Problem hinter dem Problem klar zu werden, hat die Grundlage für die Transformation überhaupt erst geschaffen", so Sabine Testen.

Damit Sie durch die drei Felder der Transformation (Verstehen, Ermöglichen, Gestalten) auf Reise(n) gehen können, braucht es genau dieses Eintauchen und tiefe Verstehen, was wiederum zu einer bewussten Entscheidung für oder gegen den Wandel führt. Unter Reise verstehen wir, dass Sie mit Ihrer Organisation für jedes Feld eine Gruppe an Menschen zusammenstellen, die das jeweilige Feld durchläuft. Diese ist nicht statisch und kann sich während der Transformationsreise durchaus ändern.

Stellen Sie zunächst die Reisegruppe zusammen

Diese Gruppe an Menschen sollte über passende fachliche, aber auch organisationale und soziale Kompetenzen verfügen. So bietet es sich an, ein angemessenes Maß an Diversität in den fachlichen Perspektiven sicherzustellen, um die Komplexität tiefgreifender Fragestellungen zu spiegeln. Auch ist ein ausgewogenes Verhältnis unterschiedlicher organisationaler Perspektiven nicht zu unterschätzen – bringen Sie Menschen mit unterschiedlichen Blicken auf die Organisation zusammen, von der langjährigen Führungskraft bis zum kürzlich eingestellten Junior-Experten. Dabei lösen Sie sich bewusst vom häufig praktizierten Proporzdenken in der Zusammensetzung von Arbeitsgruppen. Nicht zuletzt sollten Sie darauf achten, dass Sie Personen finden, die neugierig sind, Fragen stellen, zuhören, sich einlassen und bereit sind, Neues auszuprobieren, wie bspw. eine der nötigen Energien (Vision, Machen, Bewahrung) zu repräsentieren. Machen Sie die Gruppe der Verantwortlichen nicht zu groß, sondern sorgen Sie dafür, wenn Sie die vier Blickrichtungen einnehmen, dass es eine Beteiligung und aktive Einbeziehung der Menschen im Unternehmen gibt.

Sorgen Sie dafür, dass allen Beteiligten klar ist, was von ihnen erwartet wird

Sich auf die Reise des Verstehens zu machen bedeutet, sich am Start der Reise darüber klar zu sein, dass dies eine Reise ins Unplanbare ist, bei der man am Start nicht weiß, was am Ende herauskommen kann oder wird – das gilt auch für die Führungs- und Verantwortungsebene. Die Beteiligten brauchen ausreichend Zeit, sich dem Verstehen zu widmen. Dafür braucht es nicht nur Zeit, sondern das Mandat, sich ohne Denkbarrieren einzubringen. Und schließlich, dass Rückkoppelungen und die Einbeziehung anderer Akteursgruppen (bspw. Betriebsrat, Aufsichtsrat, Geschäftsführung) von Anfang an mitgedacht werden.

Klären Sie von Beginn an, welche Ressourcen für eine Befassung mit der identifizierten Fragestellung zur Verfügung stehen

Während Sie einen halbtägigen Workshop locker als Teil des Tagesgeschäfts integriert bekommen, sieht das bei einer mehrtägigen Klausur, bei der die Gruppe intensiv arbeitet, schon anders aus. Damit sich Personen voll und ganz in den Dienst des Durchdringens einer Fragestellung/Herausforderung stellen, müssen sie mental frei dafür sein und nicht mit einem Auge das Mail-Postfach im Blick haben und Themen des Tagesgeschäfts bearbeiten. Neben Zeit und Menschen bedeutet Ressourcen aber auch, dass Sie über Finanzmittel verfügen, die es Ihnen ermöglichen, den Prozess des Verstehens bspw. mit extern erstellten Analysen,

Recherchen oder Studien anzureichern. Gerade zu Beginn ist es also wichtig, dass Sie das Ressourcenkontingent klar bestimmen und auch einfordern – Veränderungsarbeit zum Nulltarif ist leider nicht möglich.

Schaffen Sie eine inspirierende Atmosphäre, um in Ruhe ins Denken und den Dialog zu kommen

Je klarer und bewusster Sie den Startpunkt von Veränderungsarbeit gestalten, desto weniger Aufwände und Abstimmungen ergeben sich im weiteren Vorgehen. Nehmen Sie sich also zum Start 2 bis 3 Tage Zeit zum Treffen in der Reisegruppe an einem inspirierenden Ort außerhalb, ohne die Störungen des Arbeitsalltags, um die ersten Schritte zu gehen und für sich zu planen, wie sie die vier Perspektiven einnehmen wollen. Schauen Sie dabei bewusst auch hinter die fachlichen und organisationalen Profile und entwickeln Sie eine Tiefe im Miteinander. Setzen Sie bewusst einen Nullpunkt, bei dem Sie sich als Gruppe auf Spielregeln im Umgang einigen. Diese schaffen wechselseitige Berechenbarkeit und lassen über die Zeit ein Vertrauenskapital in der Gruppe entstehen. Vertrauen, verstanden als soziales Kapital, ist eine fragile Ressource, wenn sie aber existiert, werden die Dinge im Miteinander spürbar leichter.

Planen Sie genügend Zeit für Zwischenreflexionen ein

Es kann schnell passieren, dass Sie, einmal begonnen, so sehr im Arbeitsmodus sind, dass Sie übersehen, bewusste Momente des Innehaltens und „Pulsmessens" einzuplanen. Insofern möchten wir Sie daran erinnern: Diese Momente können von einem halben Tag bis zu einem umfangreicheren Workshop reichen. Dies hängt ganz davon ab, welche Themen Sie besprechen und für sich in der Gruppe klären möchten. Sie benötigen Momente, um zu reflektieren, ob Sie in den vier Blickrichtungen bereits die richtigen Blicke einnehmen, oder ob sie etwas anpassen müssen.

Uns ist das Thema der Reflexion sehr wichtig, daher noch ein paar konkrete Tipps und Hinweise: Da Veränderung in Organisationen immer eine kollektive und eine individuelle Ebene beinhaltet, ist es wichtig, sich darüber im Klaren zu sein, wie Sie diese Ebenen adressieren. Für eine Gruppe von Personen bietet es sich an, neben den Alltagstreffen in regelmäßigen Klausuren („Offsites") weiter in die Reflexion zu gehen. Auf der individuellen Ebene können Sie Formate wie beispielsweise ein Sensemaking-Journal nutzen – also ein Notizbuch, in dem die Personen in der Gruppe anhand von vorher definierten Lernfragen in die Einzelreflexion gehen und notieren, was sie wahrnehmen und wie diese Eindrücke auf sie wirken. Das ist insofern wichtig, um aus den eigenen Gedankenschleifen herauszukommen und Erkenntnisse zu verarbeiten. Diese Einzelreflexion bildet anschließend eine sehr gute Grundlage, um miteinander in den Austausch und Dialog zu treten. (Vgl. Kapitel 4 Gelingensbedingungen)

Überlegen Sie, wie Sie Ihre Erkenntnisse aufbereiten und mit anderen teilen wollen

Sie werden im gemeinsamen Eintauchen und Verstehen viele Erkenntnisse und Eindrücke gewinnen. Diese mit anderen Personen in der Organisation zu teilen, schafft nicht nur Transparenz, sondern bringt auch den Rest der Organisation auf die gleiche Erkenntnisebene wie Sie. Eine begehbare Galerie mit Eindrücken aus der Transformationsarbeit in der Kantine, ein virtueller Hangout oder eine Meldung im Intranet mit der Möglichkeit, zu kommentieren. Es gibt verschiedene Möglichkeiten, Wissen und Erfahrungen zu teilen. Auch die Zielsetzungen dahinter variieren: Geht es Ihnen nur um Informationsweitergabe oder wollen Sie Dialog? Wir glauben, dass man vor allem zu Beginn eines Transformationsprozesses gar nicht zu wenig kommunizieren kann und empfehlen Ihnen niedrigschwellige, dialogische Formate, die anschlussfähig an Ihre Organisationskultur und einladend sind.

Klären Sie den Grad an Partizipation und Mitbeteiligung

Je nach Organisationshistorie und Zielsetzung sollten sie in diesem Feld auch klären, wie partizipativ Sie diesen Prozess gestalten. Arbeiten Sie erst einmal als Gruppe für sich und informieren im Anschluss? Binden Sie ausgewählte Interessengruppen von Beginn an ein oder gar das ganze Haus? Auf diese Fragen gibt es kein richtig oder falsch. Mitarbeiter:innen von Anfang an am Verstehensprozess zu beteiligen ist dann sinnvoll, wenn Sie Veränderungsbereitschaft schaffen wollen und diese im weiteren Verlauf der Transformation immer wieder breit einfordern. Alternativ bietet es sich an, die Beteiligungsform auf ausgewählte Beteiligte zu reduzieren, bspw. wenn die Veränderungsarbeit zunächst nicht die ganze Organisation betrifft. In jedem Fall ist es entscheidend, dass Sie transparent machen, mit welchem Ziel Sie Partizipation einfordern. Mitarbeitende entlarven Pseudo-Partizipation sehr schnell, bei der sie zu bereits getroffenen Entscheidungen im Nachhinein befragt werden.

Vermeiden Sie den Reflex der schnellen Lösung

Quizfrage: Wie viele Tiere jeder Art nimmt Moses mit in die Arche? Na? Zwei? Nein! Sie haben es natürlich erkannt. Es ist nicht Moses, sondern Noah. Menschen neigen dazu, in den Reflex der schnellen Lösung zu gehen – also aus dem Ersten, was wir gehört haben, unsere Schlussfolgerung zu ziehen. Der Psychologe Daniel Kahneman spricht hier von System 1 und 2: „System 1 arbeitet automatisch und schnell, weitgehend mühelos und ohne willentliche Steuerung. System 2 ist bewusst gesteuert, anstrengend und arbeitet langsam, kann damit aber schwierigere Probleme lösen wie zum Beispiel komplexe Berechnungen (Kahneman, 2011). Im Rahmen von Transformationsprozessen führt dieses Phänomen nicht selten zu vorschnellen Schlüssen, die auf in der Vergangenheit gemachten Erfahrungen, beruhen. Achten Sie entsprechend darauf, dass dies auf der Reise des Verstehens nicht passiert. Ermutigen Sie vielmehr dazu, dass es zunächst nur um das Verstehen geht, und halten Sie aus, dass Menschen dabei vielleicht auch ungeduldig werden. Und wenn es ihnen auf dem Weg des Verstehens schwerfällt, „lösungsabstinent“ zu sein, dann notieren Sie sich die möglichen Lösungsideen und nutzen diese später, wenn Sie mögliche Zukünfte erfinden. (Vgl. Kapitel 4 Gelingensbedingungen)

Sabine Testen überlegt: Wen brauche ich, um das Problem, das sich für uns auftut, gemeinsam besser zu verstehen. Sie entscheidet sich für eine gemischte Gruppe, die ganz unterschiedliche Perspektiven des Unternehmens reflektiert. In der 8-köpfigen Gruppe befinden sich Menschen aus unterschiedlichen Bereichen des Unternehmens: junge wie langjährige Mitarbeiter:innen, verschiedene Hierarchiestufen und vor allem auch Menschen, welche die Perspektiven von Vertrieb, über Produktentwicklung, bis zur IT und zum Betriebsrat denken können. Es ist eine Gruppe Personen, die sowohl für Vision und Innovation steht, als auch die Traditionen und die Geschichte der Versicherung kennt. Was alle verbindet ist der Drang, gemeinsam die Versicherung weiterzubringen.

Zum Start gibt es einige wenige Vereinbarungen:

- *Alle Mitglieder der Reisegruppe nehmen die vier Perspektiven ein – ganz egal, welche Funktion sie im Unternehmen innehaben.*
- *Weitere Mitarbeiter:innen sollen im Rahmen des Prozesses situativ und mit dem Ziel Resonanz zu erarbeiteten Ergebnissen zu geben, mit einbezogen werden.*
- *Die Reisegruppe „verliebt sich in das Problem" und schaut hierfür aus den vier Perspektiven auf die Organisation.*
- *Jedes Mitglied der Reisegruppe wird bis zu zwei Tagen pro Woche für die Arbeit in der Transformation freigestellt.*
- *Einmal im Quartal trifft sich die Gruppe außerhalb der Versicherung, um gemeinsam zu reflektieren, zu verstehen und um die Vorgehensweise regelmäßig anzupassen.*

Außerdem vereinbarte Sabine Testen ein überschaubares, aber angemessenes Budget für die Reise durch das Feld des Verstehens. Dafür hatte das Management-Board gesorgt,genauso wie dafür, dass die Reisegruppen tatsächlich den Rücken frei hatten, um gemeinsame die ersten Schritte zu gehen.

DIE FOLGENDEN FRAGEN HELFEN IHNEN DABEI, DIE RAHMENBEDINGUNGEN FÜR DEN VERSTEHENSPROZESS ZU KLÄREN:

- Wer ist Teil der Gruppe? Sind unterschiedliche Perspektiven auf die Organisation abgedeckt?
- Sind alle drei Energien (Vision, Bewahrung, Gestaltung) integriert?
- Wurde das Mandat der Gruppe geklärt und sind alle Gruppenmitglieder bereit, sich in seinen Dienst zu stellen?
- Stehen ausreichend Ressourcen zur Verfügung (Zeit, Geld, Personen)?
- Ist der zeitliche Horizont für die Verstehensarbeit abgesteckt?
- Wie sind die Anbindung und Beteiligung der relevanten Entscheidungsebenen (Gesellschafter, Vorstand, Betriebsrat, Gleichstellungsbeauftragte etc.)?
- Sind Zeit und Formate für die Verarbeitung der Erkenntnisse eingeplant?
- Welchen Grad an Partizipation und Mitgestaltung wollen Sie ermöglichen?

Haben Sie nun die Reiseplanung soweit abgeschlossen, können Sie sich den vier Blickrichtungen zuwenden.

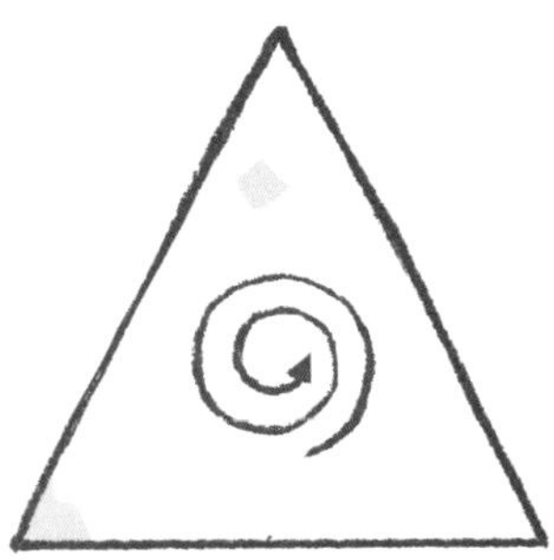

2. Etappe: Der Blick in uns – Aufmerksamkeit verlagern in das Innere der Organisation

Der Blick in das Innere Ihrer Organisation ist ein eher bekannter Blick. Welche Strukturen haben Sie in Ihrer Organisation? Wie sind Prozesse gestaltet? Auf welcher Logik basiert Ihre Organisation – eher starke oder flache Hierarchien? Dabei spielen auch die Geschichte der

Organisation und ihre tradierten und ggf. lieb gewonnenen Mechanismen und Routinen eine Rolle. Der Blick in uns bedeutet, gemeinsam in den sichtbareren Teil der Organisationskultur zu schauen – den Teil des Eisberges, der über der Wasseroberfläche oder gerade noch unter der Wasseroberfläche zu sehen ist. Hier entscheiden Sie, entweder die Organisation ganzheitlich in den Blick zu nehmen oder nur in ausgewählte Bereiche der Organisation zu schauen. Dies hängt von dem identifizierten Veränderungsanlass ab.

NUTZEN SIE DIESEN FRAGEKATALOG, UM DEN „BLICK IN UNS" VORZUNEHMEN:

- Welche Geschichte haben wir als Organisation? Wo kommen wir her? Was hat uns in der Vergangenheit erfolgreich gemacht?
- Welche Kompetenzen machen uns einzigartig? Was können wir besser als alle anderen?
- Was ist unser Versprechen an unsere Kunden? Woran erkennen wir, dass wir dieses Versprechen gehalten haben?
- Wo sehen wir schon heute Herausforderungen in der Organisation und wie haben wir diese bisher adressiert (u. a. mit welchem Ergebnis)?
- Nach welcher Organisationslogik funktionieren wir? Wie übersetzt sich diese in unserer Struktur?
- Nach welchen Prinzipien handeln wir? Was leitet uns an?
- Wie gestaltet sich unsere Prozesslandschaft (Kern-, Management- und Unterstützungsprozesse)? Wie zahlt diese auf unser Mehrwertversprechen an unsere Kunden ein?
- Nach welchen ökonomischen, aber auch ökologischen und sozialen Indikatoren bewerten wir den Erfolg der Organisation?
- Wie gestaltet sich der digitale und technologische Reifegrad der Organisation?
- Welche Menschen arbeiten bei uns (Alter, Herkunft, Profile etc.)?

Diese Fragen dienen in erster Linie dazu, Sie ins Nachdenken darüber zu bringen, woher Sie als Organisation kommen, was Sie ausmacht und wofür Sie stehen (wollen). Sie sind ressourcenorientiert formuliert, weil wir glauben, dass jede Organisation Stärken in sich trägt, die es gilt entweder wiederzuentdecken oder weiterzuentwickeln. Die Antworten auf diese Fragen kennen nur Sie, keine externe Analyse kann diese ersetzen. Viel wichtiger ist, dass Sie sicherstellen, dass weder Ängste noch Tabus existieren, sondern dass Sie schonungslos alle relevanten Aspekte, die Sie als Organisation betreffen, in den Blick nehmen.

Die Fragen können über Tiefen- oder Gruppeninterviews (bspw. Fokusgruppen) beantwortet werden. Nutzen Sie dafür Leitfragen, die Sie in der Interviewsituation dann vertiefen. Ergänzend können Sie Methoden der teilnehmenden Beobachtung (z. B. Shadowing) einsetzen (Haas 2021). Wichtig dabei ist, dass Sie sicherstellen, dass Sie in der Beantwortung die Rolle des neutralen Fragestellenden beibehalten.

Ergänzend zu diesen qualitativen Erkenntnissen empfehlen wir auch die Nutzung von verfügbaren, datenbasierten Kennzahlen (bspw. Bewerber:innenquote, Ergebnisse von Mitarbeiterbefragungen, aber auch betriebswirtschaftliche Kennzahlen wie die Entwicklung von Gehaltskosten).

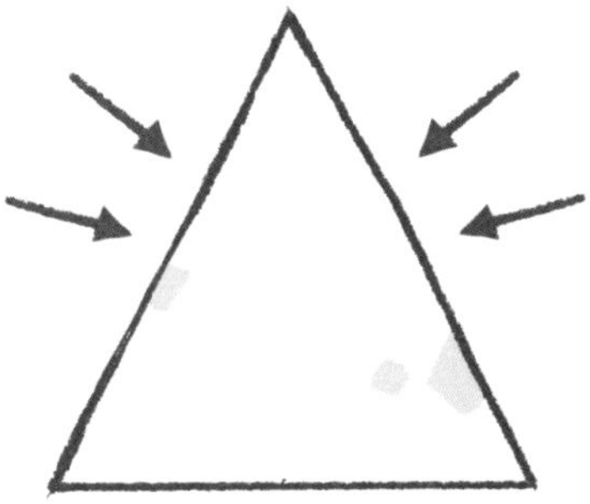

3. Etappe: Der Blick auf uns – Aufmerksamkeit verlagern in das Außen der Organisation

Der Blick in das Außen der Organisation konzentriert sich darauf, wie Kunden, Zielgruppen oder Kooperationspartner auf Ihre Organisation schauen und welche Erwartungen sie an Ihre Leistungen und Produkte haben. Dieser „Blick auf uns“ ist schon deshalb schwierig, weil Sie hier als Organisation von außen den Spiegel vorgehalten bekommen. Dabei besteht die Gefahr, aus Selbstschutz eine verteidigende oder legitimierende Haltung einzunehmen. Das ist nur allzu menschlich, beraubt Sie aber einer wichtigen Quelle für das eigene Lernen. Greifen Sie hierbei auch auf mögliche Ressourcen in Ihrer Organisation zurück (bspw. Kundenbefragungen, etc.) und nutzen Sie diese als Input für eine Diskussion. Mindestens genauso wichtig dabei ist es, „sich in den Kopf“ von Kunden und Leistungsabnehmern hineinzudenken: Wie schauen sie auf uns? Welche Wahrnehmung haben sie und warum?

Diesen Schritt sollten Sie als Gruppe gemeinsam gehen und dabei tatsächlich aus verschiedenen Sichtweisen auf die Organisation schauen. Zur Erinnerung: Frau Testen war alleine ins Silicon Valley gereist – dadurch hatte ein Verstehen bei ihr eingesetzt, nicht jedoch bei den anderen Menschen in ihrem Unternehmen.

DIESE FRAGEN KÖNNEN SIE FÜR DEN „BLICK AUF UNS“ LEITEN:

- Welche Erwartungen haben Kunden an unsere Organisation in Bezug auf Produkte, Dienstleistungen, Reaktionsgeschwindigkeiten?
- Welche Erfahrungen machen Kunden mit unseren Angeboten und der Art der Leistungserbringung? Wie und wo nehmen sie uns in ihrem Alltag wahr?
- Welche Erfahrungen machen Dienstleister, Kooperationspartner und Zulieferer mit uns? Wie gestaltet sich die Kooperationsbeziehung zu diesen Akteuren?
- Wie blicken Wettbewerber auf uns?

Für die Wahrnehmung von Zukunft bietet es sich an, wie Sabine Testen auf Lernreisen zu gehen – also zu Orten, an denen Sie Entwicklungen von Innovationen, neuen Geschäftsmodellen, anderen Arbeitsweisen und Trends live erleben können. Hilfreich ist, dass die Reisegruppe gemeinsam reist, mit Fragen und Ideen ausgestattet ist und auf den Reisetappen immer wieder innehält, um das Erlebte zu verarbeiten. Dabei ist die Reise ins Silicon Valley und nach Tel Aviv, um sich mit Digitalisierung und New Work zu beschäftigen sicher eine gute Option. Denken sie aber durchaus gründlich nach, wohin ihre Lernreisen gehen sollen und was Sie lernen wollen. So kann die Lernreise zum innovativen Mittelständler oder in eine benachbarte Industrie quasi um die Ecke, zu der sie viele Mitglieder Ihrer Reisegruppe mitnehmen können, deutlich wirkungsvoller sein als die aufwendige Reise ins Ausland.

Weitere Möglichkeiten sind, dass die Reisegruppe sich selbst – quasi als Forscher – mit Trends beschäftigt oder ergänzend Expert:innen einlädt. Auch hier ist es wichtig, dass Sie dafür sorgen, dass das generierte Wissen aufbereitet wird und gemeinsam von der Reisegruppe verarbeitet wird.

Während sich für den Blick auf Märkte und Wettbewerber klassische Marktanalysen, Wettbewerbsbeobachtungen und Benchmark-Studien anbieten, ist es für die Außenperspektive auf die Organisation sinnvoll, mit Kundenbefragungen, qualitativen Kundeninterviews und Markt- und Wirkungsforschungen den Blick zurück von außen auf sich selbst zu lenken – das hat einen ähnlichen Effekt wie gutes Feedback für das Individuum. Wenn Sie mutig sind, laden Sie Kunden, Kooperationspartner oder andere Akteure, die mit Ihrer Organisation zu tun haben, zu sich ein für ein detailliertes Feedback.

4. Etappe: Der Blick von uns – Aufmerksamkeit kollektiv verlagern ins Wir

Der Blick von uns umfasst zwei Blickrichtungen, die unterschiedliche Stoßrichtungen haben, aber eng miteinander gekoppelt sind bzw. sich stark wechselseitig beeinflussen:

1) Blick in die unter der Wasseroberfläche des Eisberges liegenden Elemente der Organisationskultur. Im Kapitel 4 zu den Gelingensbedingungen haben wir bereits über die Bedeutung der Organisationskultur für Organisationen und die erfolgreiche Gestaltung von Transformationsprozessen gesprochen. Der Blick von uns auf die Organisation ist der Blick in diese primär außerhalb der bewussten Wahrnehmung liegenden impliziten Aspekte der Organisationskultur. Dabei ist es nicht möglich, alle Aspekte der Kultur sichtbar zu machen, sondern vielmehr wie Taucher mit Taucherbrillen gemeinsam den Blick auf die unter der Wasseroberfläche liegenden Elemente zu lenken und sie dadurch etwas besser zu verstehen. Dabei ist die Kunst auf der einen Seite, das große Ganze Ihrer Organisation – das ja immer einen Einfluss auf den Wandel hat – zu betrachten, andererseits auf die spezifischen Fragestellungen des Transformationsansatzes zu schauen.
2) Dieser Blick prägt auch die zweite Blickrichtung, nämlich wie Sie aus der Organisation auf Ihr Umfeld, Ihre Branche, aber auch weitere relevante Wirtschaftssektoren (bspw. Technologie-Unternehmen) schauen. Dies umfasst auch Ihre Wahrnehmung der Entwicklung von Märkten und Ihrer Wettbewerber. So geht es in dem Blick auf uns darum, sich durch die Beschäftigung mit (Mega-)Trends und Innovation mit der Zukunft zu befassen. Nicht zuletzt schauen Sie hier nicht nur auf den Wettbewerb, sondern auch auf potenzielle Allianzen und Kooperationspartner. Dadurch erweitert sich der Blick auf das Wir als Organisation und Wir als Ökosystem.

Eine wirksame Methode, um die impliziten Aspekte von Organisationskultur ans Tageslicht zu bringen ist das Storytelling (vgl. Erlach/Müller 2020). Die dabei in Narrative verpackten Botschaften transportieren nicht nur wichtige Einblicke in das „Wie" der Organisation, sondern liefern auch Kontextinformationen über die Funktionsweise der Organisation und „warum" die Dinge so sind, wie sie sind.

DIESE FRAGEN KÖNNEN SIE FÜR „DEN BLICK VON UNS" IN SEINER VIELSCHICHTIGKEIT LEITEN:

- Wie ist der Blick auf Arbeit und Arbeitsweise in unserer Organisation? Welche Bilder und Assoziationen kommen uns dazu in den Sinn?
- Was zeichnet unsere Arbeitsweise aus? Was ist besonders/einzigartig? Beschreiben Sie einen typischen konstruktiven Fall der Zusammenarbeit in ihrem Umfeld.
- Welches sind die besonderen Herausforderungen der Zusammenarbeit in unserer Organisation? Beschreiben Sie einen schwierigen Fall der Zusammenarbeit in Ihrem Umfeld.
- Für welche Werte stehen wir? Woran kann dies ein Außenstehender erkennen?
- Welches sind die wichtigen Rituale in unserer Organisation und worauf zahlen sie ein?
- Wie werden Entscheidungen in unserer Organisation getroffen?
- Wie und durch wen entsteht Neues in unserer Organisation?
- Wer treibt Neues voran und setzt es um?
- Wer hat ein Interesse an der Beibehaltung des Status quo?
- Gibt es bei uns Tabus?
- Wie schauen wir auf unsere Veränderungsgeschichte? Was ist gut gelaufen und warum? Wer waren die Gewinner und die Verlierer des Wandels?
- Wie schauen wir auf unser Umfeld? Welche Akteure sind Teil unseres Ökosystems?
- Welche Allianzen müssen wir eingehen, um Leistungen zu erbringen, zu denen wir alleine nicht in der Lage wären?
- Wie positionieren wir uns derzeit in unserem Umfeld?
- Wie entwickeln sich unsere Wettbewerber? Gibt es neue Wettbewerber, die am Markt aufgetaucht sind? Gibt es alte Wettbewerber, die vom Markt verschwunden sind, und warum?
- Welchen Einfluss haben Trends und Megatrends auf unser Geschäftsmodell und Leistungsversprechen?
- Wie wirken sich technologische Entwicklungen auf unsere Organistion aus?
- Was erwarten Kunden von uns – heute und morgen?

Viele dieser Fragen lassen sich weder spontan noch nebenbei beantworten. Bereiten Sie sich und andere darauf vor, geben Sie Zeit und stellen Sie sicher, dass es um das Einholen von Perspektiven (kein richtig oder falsch) geht.

PROJEKTIVE FRAGETECHNIKEN ALS TECHNIK, PERSPEKTIVEN ZU WECHSELN

An manchen Stellen hilft es, die Beantwortung von Fragen über Beispiele, Projektionen, Symbole oder Metaphern (z. B. Welches Tier repräsentiert für Sie unseren Wertekanon?) zu spielen. Durch diese Fragetechnik fällt es Menschen laut Salber häufig leichter, eingeübte Muster und Perspektiven durch sogenannte produktive Störungen zu überschreiten. Ähnlich wie in der Kunst brechen diese Verfremdungstechniken laut Salber die zurechtgemachten Bilder auf und helfen beim Herausrücken aus dem Gewohnten. (Salber 2009).

Beispielsweise können Sie anhand der Metapher Ort den Blick auf die Organisationskultur schärfen.

- Wenn Sie Ihrer Organisation mit der Metapher eines Dorfes/Stadtteiles/einer Stadt beschreiben würden – wie würden Sie dann dieses Dorf, die Stadt, den Stadtteil beschreiben?
- Wie sieht dieser Ort aus? Wie ist er strukturiert? Welche Bereiche gibt es?
- Wie beschreiben Sie die Einwohner? Wer leitet das Dorf? Wie werden Entscheidungen getroffen? Wie sprechen die Bewohner mit der Leitung des Dorfes und umgekehrt?

- Wie lebt es sich an diesem Ort?
- Wie verhalten sich die Bewohner untereinander an diesem Ort? Was sind wichtige Werte in diesem Ort?
- Der Ort im Wandel der Zeit?

TEXTBOX 6.1 Projektive Fragetechniken

5. Etappe: Der Blick auf mich – Aufmerksamkeit auf die eigene(n) Rollen und Kompetenzen verlagern

Da Veränderungen immer nur dann erfolgreich sind, wenn sich auch der einzelne Mensch verändert, ist es notwendig, auch einen Blick in das Selbst zu werfen. Damit ist gemeint, dass zunächst jedes Mitglied der Reisegruppe für sich selbst reflektiert, wie der eigene Umgang mit Veränderungen bisher war, welche eigenen Veränderungskompetenzen bestehen und welche Rollen sie/er im Alltag und im Rahmen von Veränderungen eingenommen hat bzw. einnimmt.

In der Reflexion ist es dabei zunächst hilfreich,auf sich selbst und den eigenen Umgang mit Veränderungen zu schauen, bevor dies in der Gruppe und mit anderen geschieht. Ein praktischer Weg, sich in drei Schritten diesem Blick zu nähern ist, zunächst anhand von Leitfragen einzeln zu reflektieren (bspw. über das Sensemaking-Journal). Anschließend bilden Sie 2er-Gruppen und bitten diese, in den Dialog zu ihren Antworten zu kommen (beispielsweise über einen „Dialogspaziergang"). Daran schließt sich im dritten Schritt eine Reflextion mit allen Mitgliedern der Reisegruppe an. In dem abschließenden Austausch sollten Sie darüber reflektieren, welche Erkenntnisse nur für Sie als Einzelperson oder für Sie als Reisegruppe zutreffen und ob Sie darin Muster für Ihre Organisation erkennen, die einen Einfluss auf den Wandel haben können.

DIESE FRAGEN KÖNNEN SIE BEIM „BLICK AUF MICH" LEITEN:

- Denken Sie an in der Vergangenheit liegende konkrete Situationen der Veränderungen im beruflichen oder privaten Kontext: Wie habe ich mich dabei erlebt? Was fiel mir leicht? Was fiel mir schwer?
- Welche Rolle(n) habe ich beruflich bisher eingenommen? Welche davon fielen mir leicht? Welche fielen mir schwer?
- Wie gehe ich mit Unerwartetem um?
- Welches sind meine persönlichen Ziele? Was davon möchte hier in dieser Organisation erreichen? Stimmen meine Ziele mit denen des Wandels überein?
- Was ist mein Beitrag, damit Wandel bei uns erfolgreich ist?
- Wie weit bin ich bereit, mich für den Wandel einzusetzen? Wo setze ich Grenzen?
- Was muss ich ändern, damit der Wandel gelingen kann?
- Bin ich bereit, um Hilfe zu fragen, wenn ich diese benötige?
- Bin ich bereit dazuzulernen?

6. Etappe: Den gemeinsamen Blick des Verstehens entwickeln

Nach dem Durchlaufen der vier Blickrichtungen sind diese nun zusammen zu führen, indem die Mitglieder der Reisegruppe bereits weitere Akteure der Organisation in den Verstehensprozess einbeziehen. Dieser Prozess erfolgt idealerweise im Rahmen mehrere Schritte, wobei es sich für das Zusammentragen der Ergebnisse anbietet, hierfür ausreichend Zeit einzuplanen.

Der gemeinsame Blick ins Verstehen erfolgt konkret in sechs Schritten:

(1) Zunächst ist es Ihre Aufgabe, sich jede der vier Blickrichtungen einzeln anzuschauen. Dazu tragen Sie die Ergebnisse jedes Blicks zusammen und reflektieren diesen in Ihrer Reisegruppe im Rahmen von Zwischenanalysen.

(2) Idealerweise spiegeln Sie die Ergebnisse dieser Zwischenanalysen dann bereits mit weiteren Akteuren in Ihrer Organisation, damit neben Ihnen als Reisegruppe weitere Akteure ins Verstehen kommen. Sicherlich gibt es tiefgreifende Transformationsanlässe, bei denen es nicht möglich sein wird, diese Rückspiegelung in jeder Phase dieses Weges zu machen – allerdings erleichtert Ihnen jede Beteiligung die Umsetzung der Veränderung im späteren Feld der Gestaltung.

(3) Jede dieser Zwischenanalysen kann dazu führen, dass sich weitere Fragestellungen auftun, die zu klären sind.

(4) Am Ende jeder der vier Verstehensprozesse gilt es, zunächst einzelne Ableitungen und Schlussfolgerungen zu den Blickrichtungen zu finden (siehe Leitfragen unten).

(5) Die Ergebnisse der verschiedenen Blickrichtungen tragen Sie dann in aussagekräftiger Form zusammen und kommunizieren sie gezielt in der Organisation, um sie später beim Weg durch die Felder der Möglichkeiten und der Gestaltung wieder nutzen zu können. Dies sind dann zum Beispiel Analysen oder aufbereitete Videos, die die vier Blickrichtungen beleuchten.

(6) Das Zusammentragen der vier Blickrichtungen bildet dann den letzten Schritt im Feld des Verstehens mit einer Bewertung der Veränderungssignale.

Damit sollten Sie die folgenden Fragen zusammenfassend beantwortet haben:

- Welche Signale der Veränderung nehmen wir gemeinsam aus unserem Umfeld (Markt, Technologie, Geschäftsmodelle ...) wahr?
- Welche Signale der Veränderung nehmen wir gemeinsam aus dem Inneren unserer Organisation wahr?
- Welches gemeinsame Verständnis zum Veränderungsthema und Veränderungsanlass haben wir?
- Was bedeuten diese Signale der Veränderung für unsere Organisation?

- Führen diese Signale der Veränderung zu einer Notwendigkeit, die Organisation tiefgreifend zu verändern (Transformation), oder ist eine Optimierung des Bestehenden ausreichend? Oder vereinbaren wir uns darauf, die Signale der Veränderung weiter zu beobachten?

Sabine Testen ist erschöpft und glücklich zugleich. Die ungeschminkten Wahrheiten in der ersten Führungsklausur sind anstrengend gewesen. Ihr ist klar geworden, dass sie nun nicht mehr allein auf dem Weg ist. Die Reisegruppe hatte Zeit mit vielen Menschen in der Organisation zu sprechen, die aktuelle Situation zu analysieren, war gemeinsam auf Lernreise und kam in Kontakt mit Personen aus der Versicherungs-, aber auch der Technologie- und Start-up-Szene. Dann hat es Zeit gegeben zu reflektieren, über sich selbst, das Gehörte und Erlebte und über die eigenen Motivationen. Es hat Zeit gegeben, Zwischenergebnisse mit mehreren Gruppen der Organisation zu spiegeln. Und auch die Vorstandkolleg:innen hatten sich Zeit für Interviews genommen.

Jetzt am Ende dieser Wochen ist klar, dass es einen Anlass für eine tiefgreifende Veränderung der Organisation gibt: Mit der traditionellen Art, Vertrieb zu gestalten und Abschlüsse zu erzielen, würde die Versicherung über die Jahre immer unbedeutsamer werden – man würde wohl noch ein paar Jahre bestehen, aber vermutlich in fünf bis sieben Jahren nicht mehr. Agilisierung wie Frau Testen noch vor einigen Wochen dachte, ist sicherlich ein wichtiger Hebel, um flexibler und schneller zu werden. Doch das reicht nicht. In den letzten Wochen ist allen Beteiligten klar geworden, das die Anlässe für Wandel tiefer liegen. Es geht um nicht weniger als eine grundlegende Neuaufstellung des Unternehmens: Neue Geschäftsmodelle zu entwickeln, während die bisherigen weiterlaufen, interne Arbeitsweisen so anzupassen, dass sie deutlich schneller, flexibler und anpassungsfähiger sind. Ein völlig anderer Umgang mit Daten und der Nutzung digital vernetzter Technologien in der Risikoabschätzung und Leistungserbringung. Auch ist klar, dass die neuen Wettbewerber, aber ggf. auch potenzielle Kooperationspartner, nicht aus dem bisherigen Branchenumfeld, sondern dem Technologie- und Start-up-Umfeld kommen und komplett neue, rein digitale Formen des Vertriebs nutzen.

Wie die Zukunft genau ausschauen würde, dazu hat Sabine Testen noch viele Fragezeichen. Erkannt hat sie aber, dass sie in einem alten Selbst lebt und sich gemeinsam mit all den anderen Menschen ihres Hauses auf den Weg in ein neues, noch unbekanntes Selbst machen will. Für den nächsten Schritt hat Sabine Testen entschieden, dass es nun notwendig ist, sich über Zukunftsmöglichkeiten zu verständigen. „Welche Möglichkeiten haben wir überhaupt?“, „Wer wollen wir in Zukunft sein?“ und „Wie fassen wir das alles in nachvollziehbare Worte?“. Zukunft liegt in der Luft.

Stolpersteine im Feld des Verstehens

Im Feld des Verstehens entscheidet sich das erste Mal, ob die Organisation bereit ist für einen tiefgreifenden Wandel. Hier lauern allerdings auch drei Gefahren, auf die wir Sie aufmerksam machen möchten:

(1) Ewiges Verstehen und fehlende Achtung der Systemintelligenz

- Analyse der Analyse wegen, ohne Beschluss und Entscheidung
- Diagnoseergebnisse als bereits erzielte Veränderungsergebnisse (v)erklären
- Externes Wissen (bspw. von Experten) den eigenen Erfahrungen in der Organisation vorziehen

(2) Unechte Aufmerksamkeit und schnelle Lösung

- Keine ausreichende oder nur oberflächliche Betrachtung der Analyseergebnisse aufgrund mangelnder Zeit
- Bewertung der Analyseergebnisse nach Machbarkeit und organisationspolitischer Anschlussfähigkeit
- Zu schnelles Ableiten von vermeintlichen Lösungen („Quick fixes“)

(3) Delegierte Verantwortung und Beschämung

- Zentrale Entscheidungsträger:innen der Organisation delegieren die Verantwortung für die Befassung mit den Ergebnissen und signalisieren damit Irrelevanz des Veränderungsprozesses.
- Machtdynamiken in der Organisation geben einer ernsthaften Befassung mit den Ergebnissen keine Chance.
- Der Blick in die Vergangenheit und Gegenwart der Organisation ist geprägt von Diskreditierung und Schuldzuweisung sowie der Beschämung von Entscheidungsträger:innen.

Ergebnisse

Ist das Feld des Verstehens durchlaufen, haben Sie die Signale für Veränderung erkannt und verstanden. Sie haben ein Verständnis dafür, ob es einen Anlass für tiefgreifende Veränderung gibt, und wenn ja, wie sich dieser gestaltet. Sie verstehen, ob dieser Anlass aus dem Innen oder dem Außen der Organisation kommt oder aus vielen Anlässen. Außerdem haben Sie verstanden, wie die Organisationskultur und ihre Geschichte bei alledem Ihre Organisation prägt und welche Chancen es für Organisationen ihrer Art aktuell geben könnte. Sie haben ausgehalten, noch keine Lösung gefunden zu haben, und verspüren gleichzeitig den Schub des Verstehens als Kraftquelle für die Akteure der Organisation.

Und bei alldem gilt es auch anzuerkennen, dass es am Ende des Feldes des Verstehens keinen Anlass für eine tiefgreifende Veränderung geben kann – schlicht, weil es keinen Veränderungsbedarf gibt oder weil es der falsche Zeitpunkt für die Organisation ist. Dann gilt es zu akzeptieren, dass das Ergebnis des Durchlaufens des Feldes des Verstehens ist, zu warten und die Signale der Veränderung weiter zu beobachten. Und vielleicht ist erst der übernächste Weg des Verstehens der Anlass für einen tiefgreifenden Wandel.

Wenn es einen Veränderungsbedarf gibt, haben Sie am Ende ein Verständnis des Veränderungsbedarfs entwickelt – ein Verständnis, das Sie als Begründungszusammenhang im Verlauf der Transformation begleiten wird. Dies tragen Sie am Ende der Reise durch das Feld des Verstehens in den Transformations-Canvas ein.

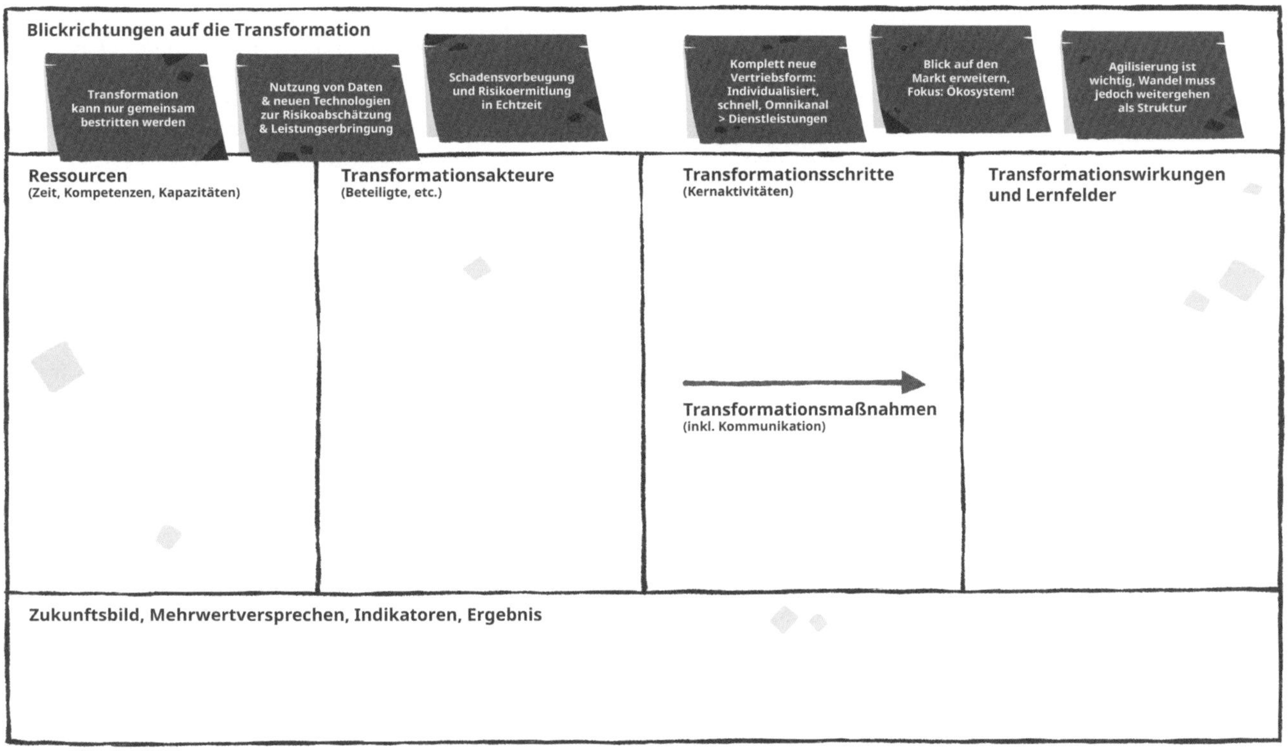

ABBILDUNG 6.2 Der ausgefüllte Canvas am Ende des Felds des Verstehens

Werkzeug

Methode	Beschreibung	Bezug zu Transformationsarbeit
Organisations-Check der Gelingens-bedingungen	Methode, um über die Gelingensbedingungen in der Organisation ins Gespräch zu kommen (Vgl. Kapitel 4)	Ein Gespür dafür zu bekommen, wie Sie selber oder als Gruppe auf die Organisation schauen und was dies für die Gestaltung der weiteren Transformationsarbeit bedeutet. Sie identifizieren die Hebel, an denen Sie jetzt ansetzen müssen.
Energie-Check	Methode, um über die im Transformationsprozess wirkenden Energien in den Austausch zu kommen (Vgl. Kapitel 5)	Die Arbeit mit den drei zentralen Energien in der Transformationsarbeit ist Neuland und hilft, diese und das damit verbundene Handlungsrepertoire zu etablieren.
Sensemaking-Journal	Notizbuch, das Sie im Transformationsprozess begleitet und das Sie nutzen können um all ihre Ideen, Wahrnehmungen, Gedanken festzuhalten	Gedanken sind flüchtig und gerade in Transformationsprozessen gilt es viele Perspektiven zuzulassen und diese als Individuum zu verarbeiten. Ein Sensemaking-Journal hilft, diese Perspektiven an einem Ort zu sammeln und die eigenen Wahrnehmungen gezielt zu reflektieren.
Gruppen und Einzelinterviews – intern und extern	Leitfadenbasierte Interviews, die einen systematischen Blick von Mitgliedern der Organisation (Intern), Fachexpert:innen, Kunden (extern) auf die Organisation oder das jeweilige Thema ermöglichen. Die Ergebnisse werden ideaerlweise in einer anschaulichen und erlebensnahen Form mit Zitaten zusammengefasst.	Interviews dienen dem Sichtbarmachen von Wahrnehmungen und Perspektiven auf ein Thema/eine Fragestellung. Die Ergebnisse dienen als gemeinsame Verstehensplattform.
Einzelreflexion	Vor einem Dialog oder Austausch durch schriftliche Fragen und längerer Phasen des gezielten Nachdenkens, zunächst die eigenen Perspektive reflektieren und festhalten	Menschen neigen dazu, schnell Urteile zu treffen. Die Einzelreflexion dient dazu, vor dem Dialog den einzelnen Menschen dazu zu bringe,n seine Wahrnehmungen zu reflektieren und festzuhalten.
Dialogspaziergang	Bei einem Dialogspaziergang reflektieren Sie eine Fragestellung zu zweit. Dabei unterscheidet sich der Dialogspaziergang vom Gespräch dadurch, dass zunächst der erste Dialogpartner seine Perspektive auf die jeweilige Fragestellung erzählt, bevor anschließend der zweite Dialogpartner seine Wahrnehmung mitteilt. Erst im Anschluss findet dann ein Gespräch zu den Erkenntnissen statt. Der Spaziergang ist dabei ein zusätzlich aktivierendes Element	Methode, um zunächst zu zweit in den Austausch zu kommen und gezielt zwei Perspektiven und Wahrnehmungen in den Austausch zu bringen.

Methode	Beschreibung	Bezug zu Transformationsarbeit
Teilnehmende Beobachtung	Durch Shadowing von Menschen und anderen Alltagssituationen Feldforschung in der Organisation betreiben	Bei der teilnehmenden Beobachtung begeben Sie sich aus neutraler Sicht in das Feld der Organisation, um dadurch Aspekte der Organisationskultur zu erkennen, die für die Menschen aus dem Inneren der Organisation häufig unbewusst sind.
Storytelling	Themen anhand von Geschichten und konkreten Beispielen im Rahmen von Interviews und Veranstaltungen teilen und explorieren	Methode, um die impliziten Aspekte von Organisationskultur durch konkrete Geschichten und den jeweiligen Kontext ans Tageslicht zu bringen. Dabei helfen Geschichten über Themen und Aspekte nicht oberflächlich, sondern aus der Tiefe heraus zu sprechen (vgl. Kapitel 4 Gelingensbedingungen)
Retreat/Offsite/ Klausur/Sensemaking-Treffen	Gemeinsames Treffen außerhalb ihrer Organisation an einem inspirierenden Ort um gemeinsam in Themen und Reflexion einzutauchen und auf Basis dessen, dann Entscheidungen treffen zu können	Transformation braucht tieferes Schauen, Hinhören und Verstehen als die reinoperative Alltagsgestaltung. Dafür braucht es Zeit, Auseinandersetzung und einen Dialog außerhalb der normalen und bekannten Meetingräume des Unternehmens.
Lernreise	Reise zu einem Ort, einem Menschen oder einer Organisation, wo Sie sich mit einer Lernfrage hinbegeben (bspw. zum Branchenführer oder zu innovativen Organisationen)	Aus den Schuhen des „anderen" auf die eigene Organisation blicken, um sich dadurch Inspiration und Energie für die eigene Transformation zu holen.
Organisationskulturanalyse	Strukturierte Form, durch Interviews, teilnehmende Beobachtung und der Analyse von kodifizierten Vereinbarungen zentrale Aspekte der Organisationskultur sichtbar zu machen. Nehmen Sie hier den Eisberg zur Hilfe (vgl. Kapitel 4 Gelingesbedingen) um sicherzugehen, dass Sie die zentralen Aspekte der Kultur berücksichtigt, haben	Durch die Organisationskulturanalyse kann die Organisation sich selbst den Spiegel vorhalten. Dabei wird scheinbar Selbstverständliches in neuem Licht gesehen, Unbewusstes ins Bewusste gehoben und Organisationskultur sichtbar und gestaltbar gemacht.
Studien	Diverse Methoden und Ansätze wie Benchmark-Studie, Wettbewerbsanalyse, Marktanalysen, qualitative Marktforschung	Studien bieten eine systematische (externe) Sicht auf Potenziale, Möglichkeiten Wahrnehmung des Marktes, der Wettbewerber oder von Kunden aus einer Außensicht.

PRAXISEINBLICK 11: Deutsche Bahn – Wie wollen wir zukünftig arbeiten?

DIE NEW-WORK-INITIATIVE DER DEUTSCHEN BAHN

2019 startete die Deutsche Bahn die Initiative „Menschen.Machen.Zukunft." Ins Leben gerufen wurde die Initiative von Martin Seiler, Vorstand Personal und Recht bei der Deutschen Bahn, der sich mit Leidenschaft dem Thema New Work widmet. Ziel von „Menschen. Machen.Zukunft." ist, mutige Experimente und Ideen in den gesamten Konzern hineinzutragen. Nicht nur an die Büroarbeitsplätze, sondern gerade auch an die Gleise, in die Werkstätten und Bahnhöfe.

„Wir haben uns das Ziel gesetzt, Tradition und Innovation zu verbinden", sagt Christine Epler, Head of HR-Strategy, Innovation & Diversity bei der Deutschen Bahn. In ihren Bereich fällt auch das Thema New Work. „Ungefähr 80 % unserer Mitarbeitenden sind im operativen Bereich tätig und können beispielsweise nicht im Homeoffice arbeiten." Daher entschied sich die Deutsche Bahn, ihre New Work Initiative schwerpunktmäßig auf den operativen Bereich zu konzentrieren.

Wie geht die Deutsche Bahn hierbei vor? Es wurden zwei Zukunftslabs gestartet, die sich den Themen „Berufe der Zukunft" sowie „Neue Formen der Zusammenarbeit" widmen. Das Lab „Berufe der Zukunft" sucht gemeinsam mit Kooperationspartnern aus Wirtschaft, Interessenvertretungen, Gewerkschaften, öffentlichen Institutionen und internationalen Verkehrsunternehmen Antworten auf die Fragen, was die digitale Transformation und der demografische Wandel für vorhandene Berufsprofile bedeuten. Konkret skizziert man dazu Zukunftsszenarien für unterschiedliche Berufe, beispielsweise Lokführer:in oder auch Digital Analysts.

Im Lab „Neue Formen der Zusammenarbeit" konzentriert man sich auf mehr Autonomie und Verantwortungsübernahme von Einzelnen und Teams. Dass genau das auch im operativen Bereich möglich ist, zeigt ein Beispiel der Südostbayernbahn. Die Mitarbeitenden sind zuständig für Instandsetzung und Entstörung der Signalanlagen. Da es eine sehr wetterabhängige Arbeit ist, steuert man hier die Arbeitseinsätze den Umständen entsprechend in selbstorganisierten Teams. Beispiele wie diese werden für den Konzern aufbereitet, verfügbar gemacht und verbreitet, sodass auch der Rest der Organisation von diesen lernen kann.

Die ersten Ergebnisse der Transformation wurden in einem Handbuch „Neue Arbeit" zusammengefasst: Ein Leitfaden, der bisherige Lernkurven, aber auch tieferliegende Erfolgsmuster für alle Mitarbeitenden der Deutschen Bahn aufzeigt, die daran interessiert sind, neue Arbeitsweisen kennenzulernen und selbst umzusetzen.

Als eine wesentliche Erkenntnis aus dem Prozess hat sich schon jetzt gezeigt, dass eine offene Kommunikation ein ganz entscheidendes Erfolgsmerkmal für tiefgreifende Veränderungsarbeit ist. Dies gelte insbesondere in einem Konzern mit rund 320.000 Mitarbeitenden, die in etwa 500 unterschiedlichen Berufen arbeiten, sagt Martin Seiler. „Uns geht es auch darum, Brücken zu bauen. Besonders zwischen denen, die schon digital arbeiten, und denen, die noch klassisch vorgehen. Denn neue Arbeit ist gut, alte auch."

Mutig sein

Entscheiden

Jetzt!

DAS FELD DER MÖGLICHKEITEN: ZUKUNFT DENKEN

07

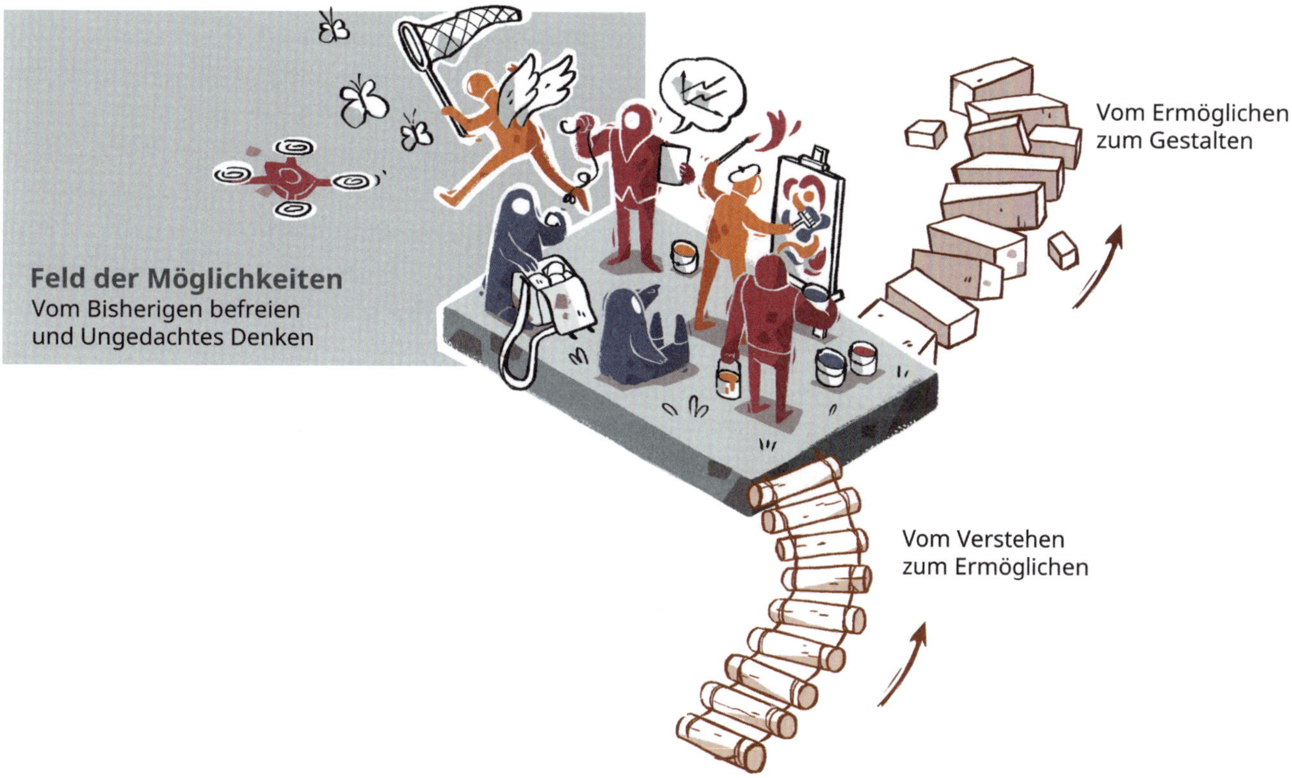

Wie Zukunft beginnt

Als GM-Chefin Mary Barra Anfang 2021 ankündigte, der US-Autokonzern verkaufe ab 2035 nur noch emissionsfreie Pkws, war dies ein Paukenschlag. Bis 2040 strebt das Unternehmen an, CO_2-neutral zu werden. So konsequent hatte zuvor kein Konkurrent die Reise ohne Rückfahrkarte in eine neue Welt angekündigt. Innerhalb von 14 Jahren nur noch emissionsfreie Pkws zu verkaufen ist zwar eine riesige Transformationsaufgabe und zerstört womöglich auch die letzten Rettungspläne für den Verbrennungsmotor in Europa, aber im Kern geht es immer noch um eine – zugegeben radikale – Veredelung des Produkts „Auto". Mobilität wird jedoch damit nicht völlig neu gedacht. Hier gilt es, noch konsequenter tradierte Wertschöpfungsversprechen und Produkte infrage zu stellen, sich von bewährten Glaubenssätzen zu verabschieden und Neues zu ermöglichen. Doch wie lädt man Zukunft ein?

Willkommen im Feld der Möglichkeiten! Beim Eintritt geben Sie mutig Ihr altes Selbst ab, ohne schon im Detail zu wissen, wohin die Reise gehen wird. Vielmehr lösen Sie das im Feld des Verstehens gemachte Versprechen ein, bereit zu sein, das Neue nicht nur zu denken, sondern auch möglich zu machen. Sie haben im Feld des Verstehens neugierig und unvoreingenommen die eigenen Standpunkte und Präferenzen kritisch hinterfragt und sind nun offen für neue Erfahrungen und Erkenntnisse. Die Schere im Kopf haben Sie überwunden und sind bereit zur Grenzüberschreitung. Sie sind gewillt, sich auf Ungewissheit und Widersprüche einzulassen, und wollen sie produktiv nutzbar machen (vgl. von Mutius 2017). Sie fragen sich mit Ihren Kolleg:innen: Warum gibt es uns? Was ist unser Wertbeitrag? Woran glauben wir? Wozu wollen wir da sein? Warum sollte es uns auch zukünftig geben? Wie wir bereits unter Gelingensbedingungen (Kapitel 4) und im Feld des Verstehens (Kapitel 6) gezeigt haben, entsteht Neues u. a. durch Fragen, die bisher nicht gestellt wurden, sowie durch genaues Beobachten und Zuhören aus Perspektiven, die bisher so niemand eingenommen hat.

Nachdem also im Feld des Verstehens ein gemeinsames Verständnis entwickelt wurde, warum die Dinge nicht so bleiben können, wie sie sind, geht es im Feld der Möglichkeiten darum, Antworten auf die folgenden drei Fragen zu finden:

1. Welche neuen Möglichkeiten erkennen wir für unsere Organisation?
2. Wer wollen wir vor dem Hintergrund der Möglichkeiten in Zukunft sein?
3. Was ist unser Zukunftsbild und -narrativ?

Wenn das Feld der Möglichkeiten durchlaufen ist, haben die Beteiligten ein Bild davon, wohin sie ihre Organisation transformieren wollen: Handelt es sich um eine Transformation A des bestehenden Geschäfts (emissionsfreie Autos) oder um neue, beziehungsweise tiefgreifend veränderte Produkte/Dienstleistungen, die wir als Transformation B bezeichnen (Wie kommen Menschen von a nach b?)? Außerdem haben sie eine Vorstellung über die Arbeitsweise Ihrer Organisation.

Das Ziel im Feld der Möglichkeiten ist weiterhin, eine gemeinsame Entscheidung für ein konkretes Zukunftsbild zu treffen. Das bedeutet, sich vor dem Hintergrund des Verstehens und der verschiedenen Blickrichtungen mit möglichen Zukünften zu beschäftigen, diese tiefer zu explorieren und dann ein tragfähiges, inspirierendes und handlungsleitendes Zukunftsbild zu entwickeln. Ganz konkret haben Sie am Ende der Reise durch das Feld der Möglichkeiten ein kraftvolles, überzeugendes Bild des neuen Selbst entwickelt und in einem zugkräftigen Narrativ für die Zukunft beschrieben. Dies gibt Ihnen und anderen in der Organisation Orientierung und Kraft für die tiefgreifende Veränderungsarbeit – es ist Ihr Leitstern.

Zusammenspiel der Energien im Feld der Möglichkeiten

Es braucht alle drei Energien für dieses Unterfangen, Zukunft einzuladen:

Die Visionsenergie ist die dominante, kreative Kraft, um befreit und ungetrübt vom „Ist" neue Ideen und Möglichkeiten für ein „Soll" zu erkunden. Beim „Querdenken ohne Geländer" (v. Mutius 2017) gilt es, sich keine Fesseln aufzuerlegen. Alles ist erlaubt. Die Aufgabe der Visionsenergie ist, aktiv Impulse für Zukunftsoptionen beizusteuern und dabei die anderen Energien mitzunehmen. Dabei stellt sie „alte Zöpfe" radikal infrage und fordert eindringlich, dass neue Zukünfte nicht nur gedacht werden, sondern entstehen. Doch Vorsicht: Eine Abwertung der Vergangenheit ist nicht nur wenig zielführend, sondern erhöht auch den Widerstand der Bewahrung.

Die Energie des Machens schafft einladende Settings für den kreativen Prozess, schaut realistisch auf die zur Verfügung stehenden Ressourcen (Zeit, Diversität, Expertise), vereinbart Spielregeln und schafft die emotionale Basis für eine vertrauensvolle Reise ins Neue. Im GM-Beispiel oben ist es Mary Barra, die ihre Mitarbeiter auf die Reise ins Neue schickt, selbst aber eine eher offene Vision formuliert, die im Feld der Möglichkeiten zu konkretisieren ist. Die Energie des Machens gestaltet den Suchprozess nach den potenziellen Zukunftsmöglichkeiten, sorgt für richtungsweisende Entscheidungen für eine Zukunft und dafür, dass ein verständliches Zukunftsnarrativ mit einem konkreten Zukunftsbild entsteht. Dabei achtet sie auch darauf, dass nicht nur in der Tiefe der Möglichkeiten geschwelgt wird, sondern nennt die Dinge beim Namen und macht sie damit konkret und nachvollziehbar.

Die Bewahrungsenergie konfrontiert die Vision mit der Realität, zieht Kraft für Veränderung aus dem Stolz des bisher Erreichten und gibt dem Schmerz Raum, Gewohntes zu verlassen. Die Bewahrungsenergie sorgt sich darum, dass das Zukunftsbild der Organisation und ihre Geschichte anschlussfähig sind. Sie wirkt darauf dahin, dass der „alte Kern" der Organisation auch im Neuen seinen Platz hat und nicht diskreditiert wird. Sie weiß aber auch, dass, um wirklich Neues zu schaffen, „heilige Kühe" zu opfern sind. Sie sorgt daher einerseits für eine angemessene Würdigung des Erreichten, ist zum anderen aber auch bereit, Altes gehen zu lassen und Neues für die Zukunft zu akzeptieren. Schließlich vermittelt die Bewahrungsenergie, dass das Zukunftsbild in eine verständliche Form übertragen und vor allem auch vermittelt wird.

Im Verlauf des Feldes bedarf es einer Entscheidung für das „Neue" – also den Punkt, an dem die drei Energien bewusst gemeinsam die Entscheidung für eine Zukunft treffen, auf die hingearbeitet werden soll. Da Sie im Feld der Möglichkeiten andere Konstellationen der Energien benötigen als im Feld des Verstehens, bietet es sich an, hierfür noch einmal genauer hinzuschauen, ob allen Beteiligten die unterschiedlichen Ausprägungen der Energien klar und bewusst sind. Auch kann es sein, dass Sie im weiteren Verlauf der Transformationsarbeit neue Akteure willkommen heißen, so dass es ratsam ist, der Ausprägung und dem Zusammenspiel der Energien noch einmal ausreichend Zeit zu widmen.

In fünf Etappen durch das Feld der Möglichkeiten

Im Feld des Verstehens haben Sie ein gemeinsames Verständnis der aktuellen Situation geschaffen, aber der Schritt in mögliche Zukünfte steht noch aus. Aus der Beobachtung und Begleitung tiefgreifender Veränderungen schlagen wir hierfür fünf Etappen vor (siehe Abbildung 7.1):

- **Etappe 1: Rahmenbedingungen überprüfen und vereinbaren.** Wer? In welcher Rolle? Mit welchem Mandat? Wie viel Zeit und Finanzmittel? Prüfen Sie hier, ob Sie alle Voraussetzungen getroffen haben, um Zukunft einzuladen.
- **Etappe 2: Szenarien und Optionen für die Zukunft entwickeln.** In dieser Etappe kondensieren Sie Szenarien und erste Thesen für die Zukunft, erkennen Möglichkeiten für die Zukunft, entwickeln diese weiter und bringen sie auf den Punkt.
- **Etappe 3: Entscheidung für die Zukunft treffen.** Den zentralen Wendepunkt der Transformation gestalten Sie in dieser Etappe, wenn Sie die Entscheidung für eine Option und damit das zukünftige Selbst treffen.
- **Etappe 4: Zukunftsbild in der Tiefe durchdringen.** Hier durchdringen Sie die Zukunftsoption, für die Sie sich entschieden haben mit all ihren Auswirkungen und möglichen Konsequenzen.
- **Etappe 5: Ein überzeugendes Zukunftsnarrativ entwickeln.** In dieser Etappe erfolgt die Synthese Ihrer Ideen, Bilder und Überlegungen in einem packenden Zukunftsbild, das in Form eines Narrativs den angestrebten Zielzustand der Transformation begreifbar und nachvollziehbar macht.

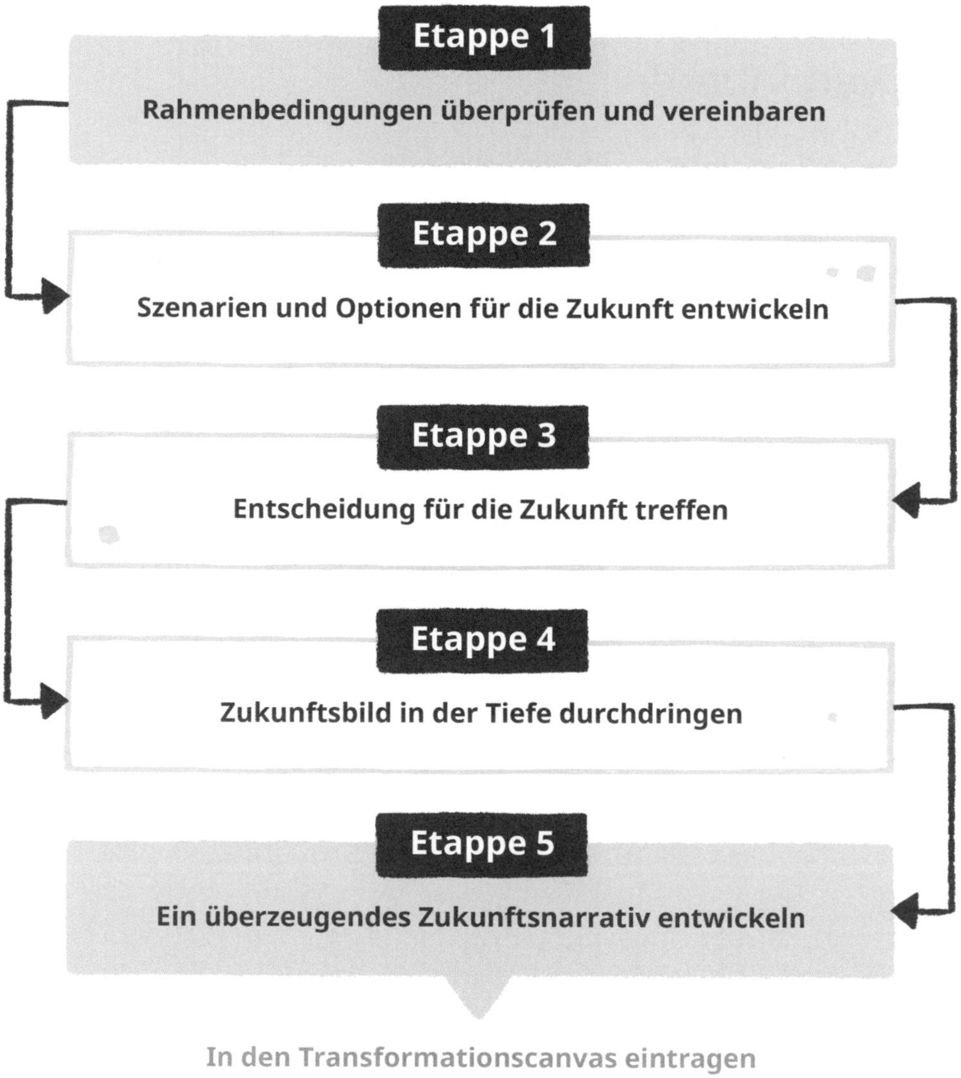

ABBILDUNG 7.1 Die Reiseetappen durch das Feld der Möglichkeiten

Im Folgenden gehen wir mit Ihnen durch die einzelnen Etappen und geben Ihnen Hinweise dazu, worauf Sie bei jeder Etappe zu achten haben.

Etappe 1: Rahmenbedingungen überprüfen und vereinbaren

Im Feld des Verstehens haben wir ausführlich beschrieben, wie Sie die Rahmenbedingungen für Ihre Reisegruppe definieren und diese zusammenstellen. Nun werden Sie im zweiten Feld der Transformation nicht alles über Bord werfen – sehr wohl macht es aber Sinn, in Ruhe die Rahmenbedingungen zu überprüfen und nachzudenken, wo Anpassungen notwendig sind, und diese dann vorzunehmen.

Sabine Testen hat sich am Ende der Woche mit den Beteiligten ihres Teams auf die nächsten Schritte auf dem Weg zur Versicherung der Zukunft geeinigt. Dazu war klar, dass es nun zuerst galt, Zukunftsmöglichkeiten zu identifizieren und daraus ein Zukunftsbild für das Unternehmen abzuleiten. Das Ganze galt es als eine Geschichte zu formulieren, die positiv emotionalisierend auf Mitarbeiter:innen des ganzen Hauses wirkt. „Wir sollten Tom fragen, der ist unglaublich kreativ." „Ja, und Leonie! Sie kennt die Versicherung sehr gut, ist vernetzt und schreibt sehr gut!" Dem Team fielen sofort konkrete Namen von Kolleg:innen ein, die aus ihrer Sicht eingebunden werden sollten, gerade wenn es galt, Szenarien zu entwickeln und mit Möglichkeiten zu experimentieren. Es wird vereinbart, sich zunächst in einer veränderten Besetzung einige Wochen mit Zukunftsmöglichkeiten zu beschäftigen. Für den wichtigsten Schritt der Entscheidung hat Sabine Testen dann sofort den idealen Ort vor Augen: ein in der Natur gelegenes Hotel direkt am Bodensee! Man verabredet, sich in der veränderten Reisegruppe gemeinsam mit den Vorstandskollegen in Ruhe mehrere Tage zurückzuziehen, um dort zu einer gemeinsam getragenen Entscheidung zu kommen.

NUTZEN SIE DIESEN FRAGEKATALOG, UM DIE RAHMENBEDINGUNGEN FÜR DIE REISE DURCH DAS FELD DER MÖGLICHKEITEN ZU PRÜFEN:

- Wer bleibt Teil der Gruppe? Wer sollte dazukommen? Haben diese Menschen weiterhin in einer ausreichenden Mischung Veränderungskompetenzen?
- Sind alle drei Energien (Vision, Bewahrung, Gestaltung) weiterhin gut integriert?
- Was ist der Auftrag und das Mandat der Gruppe für die Reise durch das Feld der Möglichkeiten?
- Wie müssen die Ressourcen für die Gruppe angepasst werden (Zeit, Geld, physische Möglichkeiten des Rückzugs, externe Unterstützung für Studien, Analysen, Recherchen, Moderation oder Prozessbegleitung)?
- Wie gestaltet sich der zeitliche Horizont für das Feld der Möglichkeiten? Wie lange wollen Sie sich Zeit hierfür nehmen?
- Ändert sich die Anbindung und Beteiligung der relevanten Entscheidungsebenen (Inhaber:in, Gesellschafter, Vorstand, Geschäftsführung u. a. m.)? Wenn ja, was bedeutet das?
- Wie werden Entscheidungen getroffen? Ändert sich der Grad der Beteiligung?
- Wo und in welcher Form kommt die Gruppe zusammen?

Haben Sie die Rahmenbedingungen überprüft und erneut abgestimmt, kann es mit der Reise in die Zukunft losgehen.

Etappe 2: Szenarien und Optionen für die Zukunft entwickeln

Zunächst entwickeln Sie auf der Basis der Erkenntnisse aus dem gemeinsamen Blick des Verstehens (vgl. Etappe 6 im Feld des Verstehens) Optionen für Ihre Zukunft. Die Basis bilden die Erkenntnisse aus den vier Blickrichtungen, die Sie zu einem gemeinsamen Blick des Verstehens kondensiert haben und die Sie in Thesen und Kernerkenntnissen zu Ihrer Organisation zusammengefasst haben.

Dabei gibt es unterschiedliche methodische Herangehensweisen, wie Sie sich der Zukunft nähern können. Sie sollten sich der Zukunft auf der Basis von Optionen nähern – also zulassen, zunächst unterschiedlichste Ideen und alternative Zukünfte zu denken. Je nach Fragestellung bieten sich für diese Etappe unterschiedliche Instrumente an, um die entdeckten alternativen Zukünfte zu konkretisieren, zu testen und zusätzliche Anregungen zu erhalten. Einige davon, die sich bei tiefgreifenden Veränderungen bewährt haben und die Ihre Suche nach Neuem Struktur geben, haben wir am Ende des Kapitels zusammengestellt. Wir wollen Ihnen im Folgenden zwei Instrumente beispielhaft näher vorstellen.

Eine Möglichkeit ist, mit der Entwicklung von Szenarien zu starten. Im Unterschied zu Prognosen versucht man bei der Entwicklung von Szenarien nicht, durch eine möglichst exakte Extrapolation der vorhandenen Informationen das einzige und richtige Bild der Zukunft zu zeichnen. Das Ergebnis eines Zukunftsszenarios ist vielmehr eine allgemeine Beschreibung mehrerer alternativer Zukunftsbilder. Die Konsequenzen dieser Zukunftsbilder für die Organisation werden dann gemeinsam mit allen relevanten Beteiligten analysiert. Szenariodenken ist somit ein methodisch kontrollierter Versuch, sich der prinzipiellen Unberechenbarkeit der Zukunft zu stellen, Trends und Entwicklungen zu erspüren und daraus Handlungsoptionen abzuleiten (Wilhelmer/Nagel 2013).

Sehen wir uns im Folgenden an, wie Sabine Testen die Annahmen für die Zukunft entwickelt und formuliert hat:

Sabine Testen und ihr Team haben inzwischen die Erkenntnisse aus dem Feld des Verstehens mit verschiedenen Personengruppen im Unternehmen reflektiert und daraus einen Blick ins Jahr 2030 kondensiert: Im Jahr 2030 sind Versicherungsunternehmen zu virtuellen Wesen geworden und aus unserer physischen Welt verschwunden. Präferenzen und finanzielle Entscheidungen der Kunden werden online durch ihre digitalen Persönlichkeiten repräsentiert. Algorithmen berechnen Risiken und warnen Kunden, wenn Risiken auftauchen. Der Versicherungsbedarf wird in Echtzeit auf der Grundlage des Lebensstils und der kontinuierlichen Risikoberechnungen durch die intelligente Umgebung einer Person angepasst. Eine neue Form digitaler Versicherungsunternehmen, sogenannte „Insurtechs", ebnen den Weg zu adaptiven Versicherungsangeboten mit Robo-Advisory-Plattformen, die transparenten, kostengünstigen, umfassenden und individuell zugeschnittenen Versicherungsschutz bieten. Versicherungsunternehmen haben sich in Service-Plattformen verwandelt, um im Leben ihrer Kunden relevant zu bleiben. Dazu mussten sich ihre

Denkweise und Organisationsstruktur in Richtung eines vielfältigen Ökosystems mit flexiblen Partnerschaften außerhalb des traditionellen Versicherungsgeschäfts, wie z. B. Mobilität und Gesundheit, verschieben. Dies ist eines von insgesamt drei Szenarien, welche Sabine Testen in einem zweitägigen Workshop mit ihrem Team erarbeitet hat. Andere Szenarien waren, dass sich die Versicherungsbranche in Zukunft als separater Wirtschaftszweig auflösen wird oder aber, dass gerade vor dem Hintergrund weltweit zunehmender Krisen Versicherungen tendenziell gleich operieren werden wie bisher, mit dem Unterschied, dass Risiken neu zu denken sind und damit auch das Ausmaß des Versicherungsrisikos. Diese drei Szenarien haben sie in Form eines Szenariotrichters visualisiert und sich dann in jedes Szenario hineingedacht, Konsequenzen eruiert und damit verbundene Maßnahmen. Dabei hat das ganze Team nicht nur Zukunft und Möglichkeit hautnah erlebt, sondern es hat auch das Team noch einmal anders zusammengebracht. Man wurde vom Reagierenden zum aktiven Handelnden. Oder wie es die Leiterin der IT-Sparte so trefflich formulierte: „Wir haben in eine Glaskugel geschaut und uns darin gesehen. Dadurch haben wir als Team noch einmal ganz anders, größer über unsere Zukunft nachgedacht. Und ja, Spaß hat es auch gemacht."

In der strategischen Neuausrichtung laden wir Sie ein, in zwei Suchrichtungen zu denken, die auch unseren Blickrichtungen aus dem Verstehensprozess entsprechen: „Inside-out" und „Outside-in" (vgl. Müller-Stewens/Lechner 2016). Wenn Sie „Inside-out" denken, blicken Sie aus dem Innern der Organisation nach außen. Sie fragen sich: wie können wir die Fähigkeiten der Organisation für radikal neues Geschäft nutzen? Wie können wir unser bestehendes Geschäft neu denken? Wie können wir das, was wir können, mit neuen Fähigkeiten kombinieren? Ausgangspunkt ist die Transformation des bestehenden Geschäfts (Transformation A). Bei „Outside-in" nehmen Sie eine Blickrichtung von außen nach innen ein, lösen sich von Ihrem derzeitigen Selbst und suchen nach neuen Möglichkeiten, die Sie aus dem Umfeld erkennen. Hier geht es darum, neues Geschäft zu erfinden (Transformation B). Die Blickrichtung „Outside-in" ist radikaler als „Inside-out" und erfordert, sich vom Bisherigen zu befreien (Day/Moorman 2010).

UM DIE SUCHE IN BEIDEN RICHTUNGEN ZU UNTERSTÜTZEN, HILFT ES, SICH VON DEN FOLGENDEN VIER POTENZIALEN INSPIRIEREN ZU LASSEN, DIE SIE FÜR DIE UNTERSCHIEDLICHEN SZENARIEN DURCHDENKEN KÖNNEN:

- Problempotenzial: Welche ungelösten Probleme erkennen wir, für die wir radikal neue Lösungen denken wollen?
- Technologiepotenzial: Welche (neuen) Technologien ermöglichen unser Geschäft völlig neu zu denken?
- Marktpotenzial: Welche unerschlossenen Marktpotenziale erkennen wir?
- Kompetenzpotenzial: Welche unserer Kompetenzen können wir für radikal neue Lösungen nutzen?

Entwickeln Sie mögliche Zukünfte aus der Kombination der Potenziale und der Suchrichtungen „inside-out" und „outside-in". Amova (Praxiseinblick Nr. 7) nutzte zum Beispiel seine Kompetenzen auf dem Gebiet des Hebens schwerer Lasten, die es in der Stahlproduktion und

-verarbeitung erworben hatte, um darauf aufbauend ein völlig neues Geschäft im Bereich der Hafenlogistik zu generieren. Amazon entwickelte mit dem Know-how und den Serverkapazitäten seines Online-Geschäfts ein radikal neues Geschäft, die Amazon Webservices. Und wurde damit zu einem der größten Anbieter von Cloudservices, die nun die Cashcow des Unternehmens sind. Die Kombination des ungelösten Problems, Kunden intensiver zu betreuen, und die neuen Möglichkeiten der Vertriebssoftware Salesforce.com waren Ausgangspunkt für Hiltis Transformation seiner Vertriebsorganisation (Praxiseinblick Nr. 9). Die Transformation von Ørsted von einer staatlichen Erdöl- und Erdgasfirma zum größten Offshore-Windparkunternehmen der Welt (Praxiseinblick Nr. 2) begann aus der Perspektive des ungelösten Problems nachhaltiger Energieerzeugung, kombiniert mit neuer technologischer Kompetenz.

Eine weitere Möglichkeit, um sich über potenzielle Zukünfte klar zu werden, ist es, den MöglichkeitsScanner (siehe Abbildung 7.2) einzusetzen. Über diesen erarbeiten Sie sich anhand der skizzierten Perspektiven und potenzialorientierter Leitfragen einen konkreten Überblick und eine erste Sammlung von Ideen und möglichen alternativen Zukünften.

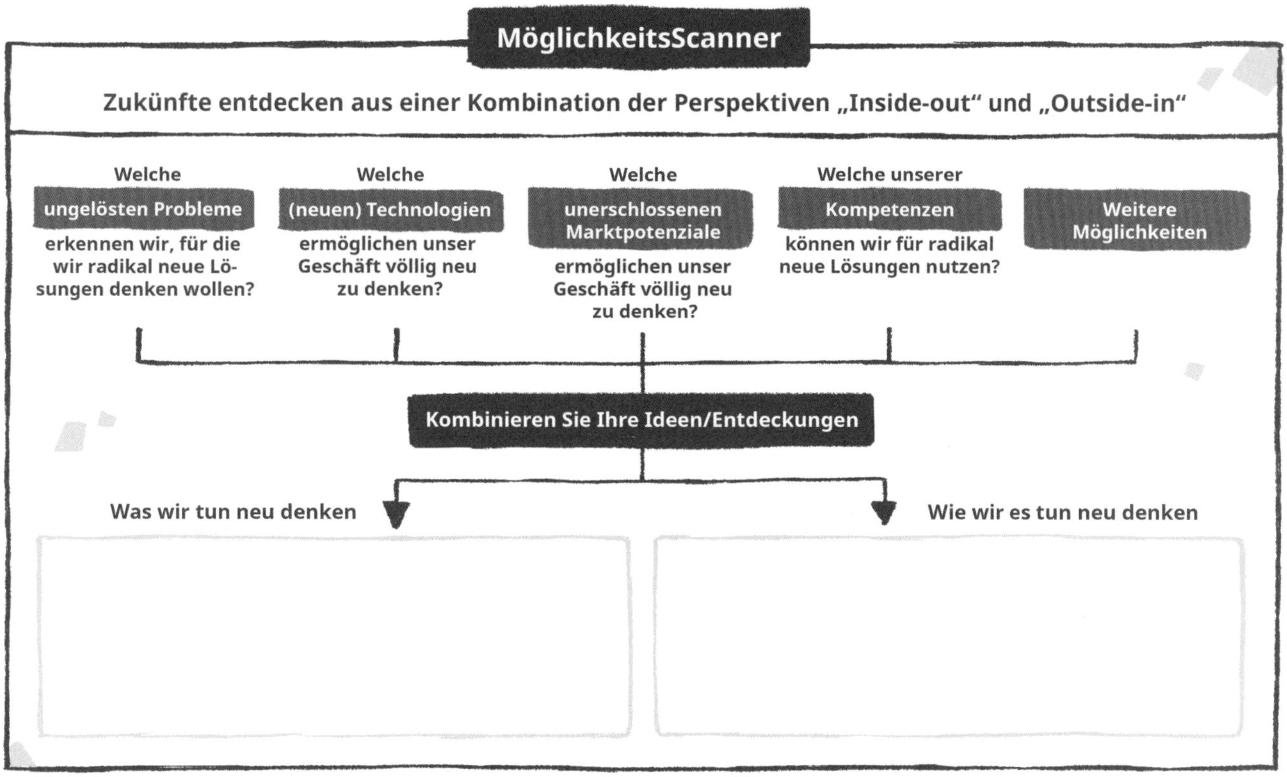

ABBILDUNG 7.2 Der MöglichkeitsScanner unterstützt bei der Suche nach möglichen Zukünften

Etappe 3: Entscheidung für die Zukunft treffen

Nun haben Sie eigentlich alles zusammen, um eine Entscheidung, auf welches Zielbild Sie Ihre Transformationsarbeit steuern wollen, zu treffen. Sie haben in vier Blickrichtungen gemeinsam auf Ihre Organisation geschaut, Szenarien für mögliche Zukünfte entwickelt und daraus Zukunftsoptionen abgeleitet. Sie haben ausgehalten, nicht übereilt in die vermeintlich schnelle Lösung zu kommen. Bei diesem Navigieren durch das weite Feld der Möglichkeiten braucht es nicht nur Energien, sondern auch Fähigkeiten und Verhaltensweisen, sich in die Zukunft hineinziehen zu lassen und eine gemeinsame Sprache für die Zukunft zu finden.

Den Prozess, der die Organisation in die entstehenden Zukunftsmöglichkeiten hineinzieht, nennt Scharmer (2009) wie in Kapitel 4 beschrieben, Presencing. Presence bedeutet dabei, dass die Beteiligten mit all Ihren Sinnen in der aktuellen Situation anwesend sind und Sensing das hin(ein)spüren in die Erkenntnisse aus dem Feld des Verstehens, in die Szenarien und Optionen. Dies ist die Voraussetzung für die schöpferische Ebene, auf der aus einer im Entstehen begriffenen Zukunftsmöglichkeit heraus gedacht und entschieden wird.

Diesen zentralen Schritt der Transformation gestalten Sie am besten mit viel Bedacht und Aufmerksamkeit. Tauchen Sie hier gemeinsam noch einmal in die bisher gewonnenen Erkenntnisse ein. Dadurch lassen Sie das Feld des Verstehens und die ersten beiden Etappen im Feld der Möglichkeiten noch einmal sichtbar werden.

Sabine Testen und ihr Team sind für den entscheidenden Punkt – die Entscheidung über das Zielbild – für einen Zukunftsworkshop wie geplant an den Bodensee gereist. Zu ihrer Überraschung hat sich auch der restliche Vorstand einen Tag Zeit nehmen können bzw. hatte den Wunsch geäußert, dabei zu sein. Sie spürte nicht nur Interesse, sondern auch eine Lust, ein aktiver Teil des Prozesses zu sein.

Im Vorfeld hatte sie dafür gesorgt, dass die Lokalität neben ausreichend Arbeitsräumen auch Möglichkeiten des inspirierten Arbeitens bot. Der erste Tag steht ganz im Zeichen der Reflexion der zurückliegenden Wochen und wie diese empfunden wurden. Dafür erstellen alle eine Galerie mit ausführlichen Darstellungen, Zitaten, Hypothesen und Eindrücken aus den bisherigen Erkenntnissen. „Es war beeindruckend zu sehen, wo wir als Team herkommen und was wir bereits erreicht haben. Gleichzeitig wurde uns durch die Galeriebegehung klar, dass wir noch einiges vor uns hatten“, so eine junge Kollegin, die bereits seit Beginn dabei ist. Mit diesen Eindrücken und ausgestattet mit dem eigenen Sensemaking-Journal arbeitet im Anschluss jedes Teammitglied individuell an den folgenden Fragen:

1. *Welches sind die wichtigsten Erkenntnisse der letzten Wochen und Monate?*
2. *Welche wünschenswerte Zukunftsmöglichkeit(en) werden für die Versicherung aus all dem Verstehen erkennbar und sichtbar?*
3. *Um diese neue Zukunftsmöglichkeit zu erreichen: Was muss jetzt werden und was muss dafür sterben?*

Im Anschluss tauschen sich die Teilnehmenden dazu in langen Dialogspaziergängen – also einer intensiven Reflexion zu den Fragen während eines Spaziergangs – zu zweit aus, um dann gemeinsam das Zukunftsbild zu erstellen – nicht als Text, sondern als Kunstwerk! Zunächst dachte Sabine Testen, dass das nie funktionieren würde – allerdings hatte sie auf ihrer Lernreise ins Silicon Valley von solchen Kreativmethoden gehört und sich schließlich überzeugen lassen, diesen Weg zu gehen. Nun war sie begeistert von der ernsthaften Stimmung, der Begeisterung aller Beteiligten, von der Präsenz ihrer Vorstandskolleg:innen und von den ernsthaften und tiefen Dialogen, auf die sich alle einließen. Und ja, es wurde auch viel gelacht, insbesondere als man vor dem gemeinsam geschaffenen Kunstwerk posierte. Viel wichtiger war jedoch das gemeinsame Erschaffen eines Zukunftsbildes. Das führte dazu, dass am Ende des Treffens alle Teilnehmer:innen gemeinsam das erste Mal konkret benennen konnten, wohin die Reise gehen sollte und welches die ersten Schritte sein werden, um diesen Weg auch wirklich einzuschlagen. Die Entscheidung für eine neue Zukunft – ein neues Selbst war gefallen. Eine Entscheidung, die Auswirkungen haben würde auf das Geschäftsmodell, den Vertrieb, Produkte, auf die Organisation und ihre Mitarbeitenden sowie ihre Kultur als Ganzes. Sabine Testen hat großen Respekt davor, was sie gemeinsam auf den Weg gebracht haben. Am meisten begeistert sie, dass sie nun ein Bild haben, das nicht nur von ihr getragen wird, sondern auch von ihren Vorstandskolleg:innen und all den anderen Anwesenden. „Es ist wirklich schwer, das alles in Worte zu fassen", formuliert es ein Teilnehmer trefflich. Aber darum musste es jetzt gehen: Das Zielbild muss nun weiter durchdacht und dann in eine Form gebracht werden, in der es auch andere, die nicht bei der Erstellung mitgewirkt haben, nicht nur verstehen, sondern auch davon bewegt sein würden.

Der entscheidende Schritt in dieser Phase ist, nach dem Verstehen und Reflektieren all das was gehört wurde, für den Moment loszulassen. Der Zugang zur „Quelle" ist dann die innere Reflexion – allein – zu zweit – und schließlich gemeinsam. Kreative Techniken helfen daraus ein gemeinsames Bild der Zukunft zu schaffen. Das schaffen Sie besser, wenn Sie nicht nur darüber reden.

Etappe 4: Zukunftsbild in der Tiefe durchdringen

In der vierten Etappe geht es darum, dass Sie in Ruhe das Zukunftsbild mit seinen Auswirkungen durchdringen und dann bei Bedarf nachjustieren, wie Ihr zukünftiges Selbst sein soll. Sprache ist unterkomplex und kann Emotionen nie vollends transportieren. Dennoch muss es nun darum gehen, das Zukunftsbild vermittelbar zu machen. Dies können Sie tun, indem Sie einzelne Worte oder Kurzbotschaften formulieren, metaphorisch oder visuell arbeiten. Durchdringen Sie die Aspekte dieses Bildes in der Tiefe mit all ihren Implikationen und denken Sie vom Ende her – aus der Zukunft heraus. Dabei können Sie die folgenden Leitfragen unterstützen:

- Wie sieht eine Welt aus, in der das Zukunftsbild bereits gelebte Realität ist?
- Im Zielbild:
    a. Wie fühlt sich Wertschöpfung an?

b. Welche Versprechen werden an Märkte und Kunden gegeben und wie werden diese eingelöst?
c. Wie schauen andere auf uns?
d. Wie werden wir wahrgenommen?
e. Welche Attribute weist man uns von außen zu?
f. Wie arbeiten wir zusammen? Wie würde das ganz konkret aussehen? Formulieren Sie ein Beispiel!

Orientieren Sie sich dabei am sogenannten Moonshot Thinking, einer Brainstorming-Methode aus dem Design Thinking, mit der in Unternehmen mit ausgeprägter Lern- und Fehler-Kultur radikale Produkt-/Service-Innovationen angetrieben werden können. Sie ermöglicht Mitarbeitern „groß zu denken" und Visionen für risikoreiche Projekte zu entwickeln, welche bahnbrechende Verbesserungen bringen können (nicht 10 % Verbesserung, sondern zehnmal so gut).

Sabine Testen und ihr Team vereinbaren am Ende des Treffens am Bodensee, sich einige wenige Wochen Zeit zu nehmen und die Auswirkungen der Entscheidung konkret zu durchdringen und sich dann am Ende der Zeit wieder zu treffen, nochmals kritisch auf die Ergebnisse zu schauen und diese bei Bedarf zu schärfen. Der nächste Schritt ist nun, mit Vorstand und Aufsichtsrat gemeinsam die Entscheidung für das neue Selbst abzusegnen – was nach dieser Vorbereitung und der Einbindung ihrer Vorstandskolleg:innen am Ende gar kein allzu großer Schritt mehr ist.

Nachdem Sie das Zukunftsbild erstellt haben, lohnt es sich, nach einigen Tagen mit etwas zeitlichem Abstand, dies noch einmal zu überprüfen und daraus ganz konkrete Ergebnisse sowie Messgrößen (Indikatoren) pro Ergebnis zu definieren. Damit operationalisieren Sie das Zukunftsbild und machen es handhabbar. Das ist schon Teil des gestaltenden Teils von Transformationsarbeit, auf den wir im anschließenden Feld des Gestaltens noch einmal genauer zu sprechen kommen.

Etappe 5: Ein überzeugendes Zukunftsnarrativ entwickeln

Je inspirierender und bewegender Ihr Bild einer erwünschten Zukunft ist, desto höher ist die Chance, dass Menschen Sie auf Ihrer Transformationsreise begleiten. Nachdem Sie die Entscheidung für eine neue Zukunft getroffen und die Auswirkungen durchdrungen haben, geht es nun darum, diese in eine nachvollziehbare, überzeugende und emotional ansprechende „Geschichte", wer Sie in Zukunft sein wollen, zu übertragen. Diese Geschichte ist Dreh- und Angelpunkt tiefgreifenden Wandels und deshalb erfolgsrelevant, weil sie Menschen nicht nur Informationen („Wir müssen sparen und deshalb effizienter werden") liefert, sondern vielmehr einen Kontext beschreibt, in dem sich Menschen wiederfinden können (Stouten et al. 2018). Eine Zukunftsbild, das in einem Zukunftsnarrrativ beschrieben ist, formuliert den „Traum der Organisation" und beschreibt „was die Welt von uns erwartet".

WAS IST EIN NARRATIV?

Narrative sind sinnstiftende Erzählungen, die Einfluss darauf nehmen, wie Menschen ihre Umwelt wahrnehmen. Sie transportieren Werte und Emotionen. Um den Weg in die Zukunft zu erzählen, plädieren Erlach und Müller (2020), für Zukunftsgeschichten eine Haltung der Offenheit einnehmen, die dem Unbekannten und der Unsicherheit nicht ausweichen, sondern sie wahrnehmen und wertschätzen.

Erzählungen sind etwas zutiefst Menschliches und in vielen, unterschiedlichen Kulturkreisen anzutreffen. Sei es die Geschichte zum Schlafengehen oder die Geschichten der Stammesälteren im südafrikanischen Namaqualand. Ein Grund, warum sie auch in Veränderungsarbeit eine bedeutende Rolle spielen, ist unser Verstand. Anders als häufig angenommen, steuert unser Verstand unser Verhalten nur zu einem sehr begrenzten Teil. Hauptsächlich verantwortlich für unser Verhalten ist das limbische System.

Es ist neurowissenschaftlich bewiesen, dass geschriebener Text nur einen sehr geringen Teil unseres Gehirns erreicht, und zwar den analytisch und rational operierenden Teil (Neocortex). Deshalb ist Text für die Aktivierung von Menschen in Veränderung vergleichsweise wirkungslos. Vielmehr wird genau dies durch das limbische System erzeugt. Bildlich gesprochen sitzt das limbische System am Steuerpult unseres Verhaltens und bedient die Knöpfe und Schalter, während der Verstand nur von außerhalb des Kontrollraums Empfehlungen aussprechen kann, die das limbische System dann befolgt oder eben nicht. Im limbischen System werden unsere Sinneseindrücke mit den passenden Emotionen aus dem emotionalen Langzeitgedächtnis verknüpft und an den Verstand weitergeleitet. Und entsprechend hat es einen Einfluss darauf, ob das Zielbild als Wunsch oder als bereits erreichtes Ziel beschrieben wird.

Oder anders formuliert: Das limbische System eines Menschen entscheidet, ob es sich lohnt, in die Veränderung zu gehen. Dabei stellt das Verharren im Hier und Jetzt ebenfalls einen Anreiz dar. Daher sollten Transformationsgeschichten so bescheiben werden, dass die beobachteten Herausforderungen bereits Vergangenheit sind.

TEXTBOX 7.1 Was ist ein Narrativ?

Eine bewährte Methode zur Entwicklung eines Zukunftsnarrativs ist die sogenannte Heldenreise, eines der ältesten Erzählmodelle der Menschheit, das sich in etlichen Mythen und Sagen verschiedenster Kulturen wiederfindet. (siehe Kasten weiter unten).

Bei der Erstellung eines Zukunftsnarrativs nehmen Sie die Perspektive ein, als sei diese Zukunft bereits erreicht und gelebte Wirklichkeit. Also auch hier folgen Sie wieder dem Prinzip, dass Sie aus der im Entstehen befindlichen Zukunft heraus handeln (vgl. Kapitel 4). Ein Beispiel: Die Formulierung „Wir wollen ein führender Akteur im Bereich des digitalen Versicherungswesens werden" ist eine Wunschformulierung ohne Handlungsanweisung. Ganz anders die folgende Formulierung, die eine Zukunftsorientierung, eine Handlungsanleitung und unterschiedliche Perspektiven miteinschließt:

„Es ist das Jahr 2035, wir haben als Unternehmen gemeinsam erfolgreich dafür gesorgt, ein führender daten- und technologiebasierter Versicherungsanbieter zu sein. Mit unseren individualisierten, flexiblen, transparenten und umfassenden Versicherungsangeboten haben wir uns

erfolgreich am Markt global agierender Versicherungsunternehmen positioniert. Unser plattformbasiertes Geschäfts- und Vertriebsmodell, bei dem wir in Kooperation mit Technologiefirmen und Organisationen der Digitalökonomie unsere Leistungen anbieten, ermöglicht Schadensvorbeugung und Risikoermittlung in Echtzeit und damit eine signifikante Ausweitung unseres Portfolios. Unser Marktanteil konnte so in den letzten Jahren sukzessive ausgebaut werden.

Um dies zu ermöglichen, haben wir uns als Unternehmen radikal neu aufgestellt: neue, schlanke Strukturen, agile Arbeitsabläufe und neue Funktionen, Rollen und Verantwortlichkeiten etabliert. Doch das reicht nicht! Wir verstehen uns als menschen-zentrierte Organisation: Wir haben in unsere Mitarbeiter:innen investiert und sie zu technologiekompetenten Berater:innen gemacht, die risikobewusst und kundenorientiert agieren. Wir arbeiten gerne für- und miteinander und unsere Organisation ermöglicht das.

Wir werden als ein gefragter Impulsgeber für die erfolgreiche Transformation von Versicherungsunternehmen wahrgenommen und teilen unsere Erfahrungen auf unterschiedlichen Bühnen – weltweit."

Das Zukunftsnarrativ sollte alle Stakeholder, insbesondere potenzielle Kunden, Mitarbeiter:innen, Kapitalgeber ansprechen. Je nach Veränderungsdynamik beschreibt die Organisation, wer sie am Ende einer Zeitreise von drei, fünf oder zehn Jahren sein möchte. Dabei ist es hilfreich, ein umfassendes Narrativ zu haben, welches dann für die unterschiedlichen Stakeholder differenziert wird.

Ein Zukunftsnarrativ hat eine rationale und eine emotionale Seite. Information und Gefühl, analytisches und narratives Denken werden dabei idealerweise in einer „activity of imaginary world making" (Brunner 1986) zu einer imaginierten Wirklichkeit zusammengeführt. Die Verwendung des Inhalts eines Zukunftsnarrativs geht dabei weit über den geschriebenen Text hinaus und kann zum Beispiel Grundlage eines Drehbuchs für ein Transformationsvideo sein, das in der Breite kommuniziert wird (siehe den Praxiseinblick 11 zur HR-Transformation bei der Deutschen Bahn). Auch sollte es in die in Organisationen bestehenden Kommunikations- und Regelbesprechungsformate integriert werden – sei es die Mitarbeiter:innenversammlung, das Onboarding neuer Mitarbeitenden oder ein Führungskräfte-Entwicklungsprogramm: Das Zukunftsnarrativ sollte durch jede Pore der Organisation hindurchscheinen.

Dabei entfaltet ein Zukunftsnarrativ bereits bei seiner Entwicklung Wirkung und nicht erst in seiner Rezeption, wie Christine Erlach und Michael Müller erläutern: „Die Entwicklung eines Zukunftsnarrativs ist ein Prozess, der seine Wirksamkeit erst im Tun entwickelt und sich den Beteiligten am Prozess sehr deutlich zeigt. Das Artefakt am Ende des Prozesses ist daher nur für die Personen sinnhaft und Bedeutung tragend, die innerhalb des entsprechenden Systems sind. Außenstehende reagieren eher enttäuscht, da sie eine „schöne Story" erwarten. Darum geht es aber nicht in diesem Prozess, sondern um die gemeinsame Entwicklungsarbeit, Bedeutungsanreicherung, Identitäts-Diskurse etc. innerhalb des Prozesses. (Erlach/Müller 2022)

GEHEN SIE AUF HELDENREISE

Die Heldenreise ist ein sehr eingängiges Erzählprinzip, das in Organisationen als Strukturhilfe für Strategie- oder Veränderungsprozesse genutzt werden kann.

Hier eine Anleitung für die Erzählung der Geschichte mit den folgenden 5 Stationen:

- Station 1 – Ruf des Abenteuers: Der Held/die Heldin lebt in der alltäglichen Welt, doch eine innere Sehnsucht oder eine äußere Notwendigkeit lassen ihn/sie den Ruf nach Veränderung, den Ruf des Abenteuers vernehmen.
- Station 2 – Aufbruch ins Unbekannte: Nach einer anfänglichen Weigerung, die bekannte Welt zu verlassen, überschreitet der Held/die Heldin die Schwelle in die unbekannte Welt und geht auf die Suche nach seinem/ihrem Schatz. Meist steht dem Helden/der Heldin bei diesem entscheidenden Schritt in das Unbekannte ein Mentor zur Seite.
- Station 3 – Weg der Prüfungen: Auf der Reise durch die Veränderung begegnen dem Helden/der Heldin etliche kleine und größere Prüfungen, die mal in kleinen Siegen, doch ebenso oft auch in Niederlagen enden. Der Held/die Heldin muss alle Krisen und Selbstzweifel überwinden, um den Schatz gewinnen zu können.
- Station 4 – Der Schatz: Schließlich erfüllt sich die Sehnsucht des Helden/der Heldin und er/sie kann seinen/ihren Schatz in die Arme schließen, sei es eine Kiste voller Gold oder ein Prinz, den die Heldin aus den Klauen einer bösen Macht befreit, oder aber ein innerer Reifungsprozess, den der Held dank seiner Reise erwirbt.
- Station 5 – die Rückkehr: Erst wenn der Held/die Heldin den Schatz unbeschadet aus dem unbekannten Land über die Schwelle zurück in die bekannte Welt getragen hat, ist die Heldenreise an einem (vorläufigen) Ende, der Held/die Heldin kann sich von dem Abenteuer ausruhen und ist um diesen Schatz reicher, ebenso wie auch die bekannte Welt, in die der Schatz getragen wurde.

Quelle: Erlach und Müller 2020

TEXTBOX 7.2 Gehen Sie auf Heldenreise

Die Heldenreise kann ein erster Schritt sein, ein Bild vom Jetzt in der Zukunft zu entwerfen, das auch die emotionale Seite tiefgreifenden Wandels beinhaltet. Im nächsten Schritt sollte das Zukunftsnarrativ in Kernbotschaften verdichtet werden, wie wir sie oben für das Versicherungsunternehmen von Frau Testen beispielhaft beschrieben haben.

Schauen wir auf Sabine Testen und ihr Team und welche Erfahrungen sie mit der Entwicklung eines Zukunftsnarrativs gemacht haben:

„Wir stehen vor dem Problem, die Mitarbeitenden, die nicht am Bodensee dabei waren auf den aus unserer Sicht notwendigen tiefgreifenden Wandel vorzubereiten und auf dem Weg mitzunehmen. Während wir als Reisegruppe, inklusive des Vorstandes, nun ein relativ klares Bild unserer Zukunft vor Augen haben, existieren bei vielen Mitarbeitenden bestenfalls diffuse Vorstellungen, Erwartungen und Ängste, auf die wir bisher zu wenig eingegangen sind. Wir hatten daher die Idee, mit Storytelling zu arbeiten und eine Zukunftsgeschichte zu entwickeln, die der Organisation helfen sollte, in den Zeiten der raschen und tiefgreifenden digitalen Transformation zu bestehen.“ Mit diesen Worten begrüßt Sabine Testen ihre Kolleg:innen an einem Montagmorgen zu einem Workshop mit dem verheißungsvollen Titel „Heldenreise“ (siehe Kasten).

Ziel des Workshops ist, die Arbeit an einem Zielbild in den letzten Monaten in ein nachvollziehbares Narrativ zu übertragen. Zuvor hatte das Team bereits einige Erzähl-Workshops durchgeführt und auf die Ergebnisse des gemeinsamen Verstehens in den Blickrichtungen zurückgegriffen, um herauszufinden, welche Geschichten im Unternehmen im Kopf der Mitarbeitenden als zentral gelten: Die meisten Erzählungen der Mitarbeitenden rankten sich um das von allen geteilte Gefühl, voller Stolz zu sein – Stolz auf das eigene Können und das Wissen und vor allem Stolz darauf, auch für Kunden mit komplexen Versicherungsfragen eine Lösung finden zu können. Alles Gründe, die im Vorfeld als potenzielle Treiber für eine notwendige Veränderung angenommen wurden. Angst, den Arbeitsplatz zu verlieren, Sorge, der digitale Wandel würde alles auf den Kopf stellen, kamen hingegen in keiner der Erzählungen vor. Der Kern des Unternehmens, der die Identität maßgeblich bestimmt, wurde von der inneren Haltung, Stolz auf die eigene Leistung zu empfinden, geprägt.

Im Zukunftsnarrativ arbeitet das Team mit diesem Kern und dem Zukunftsbild, da sie eine hohe Identifikation ermöglicht: Was würde passieren, wenn nicht der Zwang, sich zu verändern, zum Treiber werden würde? Wenn die Veränderung im Unternehmen nicht eine Reaktion auf einen von außen auf das Unternehmen treffenden Veränderungsdruck wäre, sondern stattdessen als Identitätskern zum Motor für die interne Veränderung würde?

Dank der Metaphorik der Heldenreise entsteht schnell eine lebhafte Diskussion über die möglichen Geschichtsstränge, die sich aufgetan haben: Schnell wird allen klar, dass nur eine Geschichte, in der aus eigenem Antrieb heraus auf die Herausforderungen reagiert werden konnte, wirklich Sinn macht. Durch das dabei entstandene kollektive Gefühl der Stärke und den „Stolz auf das eigene Können" entwickelt sich ein Zukunftsnarrativ, das sehr stark Bezug auf die Kernidentität des Unternehmens nimmt: Und so entsteht ein Bild von einem Versicherungsunternehmen, das sich als „Marktführer durch Problemlösungskompetenz" in seinem Marktsegment verstehen will.

„Uns wurde klar, dass das „Unternehmen im Kopf" zu verstehen eine unabdingbare Grundlage für jeden in die Zukunft gerichteten Prozess ist", resümiert Sabine Testen. „Im Rückblick stellen wir fest, dass wir ohne die lange Phase des Verstehens, der Beschäftigung mit Szenarien und Zukunftsoptionen und der bewussten Entscheidung für eine Zukunft und darauf aufbauend der Entwicklung unserer Zukunftsgeschichte nicht so wirksam in die Umsetzung der Transformation gekommen wären. Es hat sich gelohnt, in diese von uns erst skeptisch betrachtete Methode des Geschichtenerzählens investiert zu haben."

Ergebnisse

Ist das Feld der Möglichkeiten durchlaufen, haben Sie die im Feld des Verstehens erkannten Signale für Veränderung auf Basis von Szenarien und Zukunftsoptionen in eine Entscheidung für eine neue Zukunft – ein neues Selbst – kanalisiert. Sie haben dabei durchdrungen, was diese Entscheidung für Ihre Organisation bedeuten wird und welche Veränderungen dies impliziert. All das haben Sie in einem Zukunftsbild zusammengefasst und dieses dann in ein anschlussfähiges Zukunftsnarrativ übersetzt. Sie haben sich Zeit für die Entscheidung

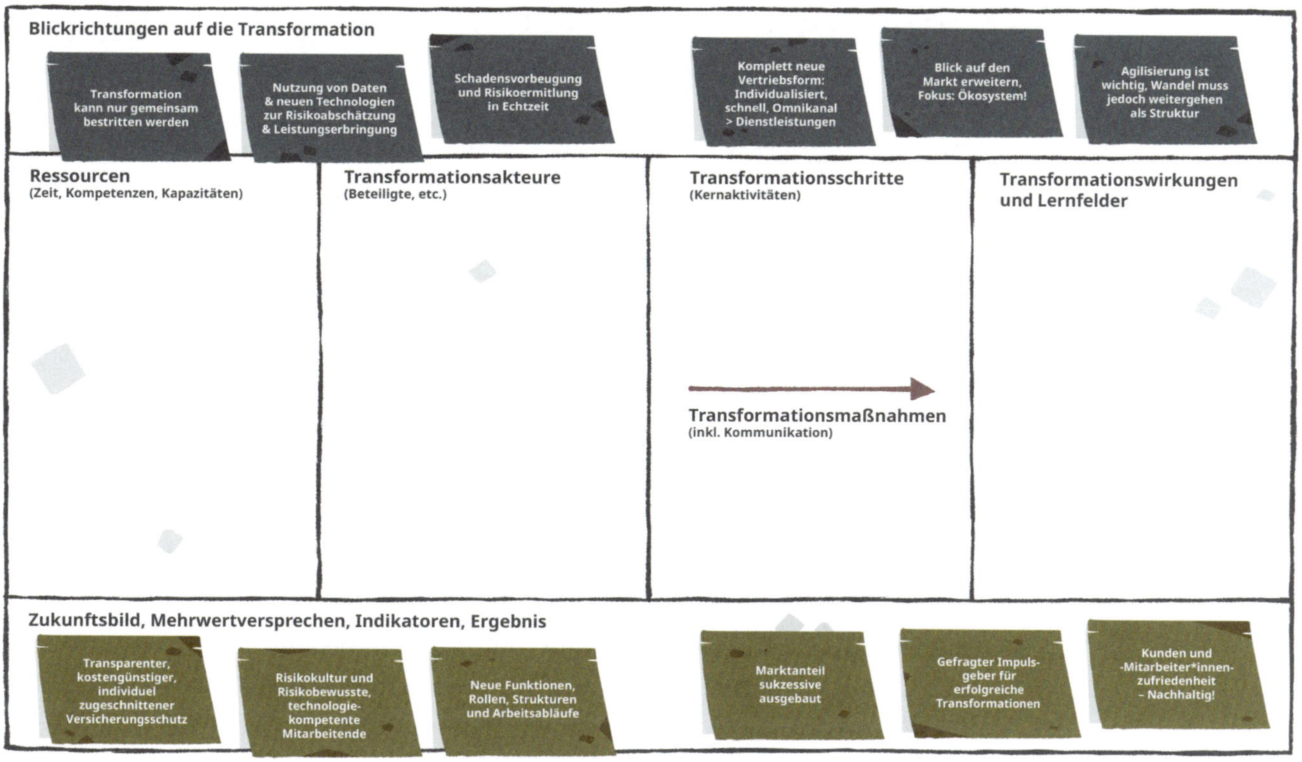

ABBILDUNG 7.3 Der Transformations-Canvas mit den Ergebnissen des Felds des Verstehens und des Felds der Möglichkeiten

genommen und haben ein Gespür dafür bekommen, was der Wandel für Sie bedeuten wird. Sie spüren Respekt vor der vor Ihnen liegenden Aufgabe und zugleich Mut und Zuversicht und nehmen aus dem bisherigen Prozess Energie für den Weg durch das Feld der Gestaltung.

Das Zukunftsbild mit dem Mehrwertversprechen tragen Sie am Ende der Reise durch das Feld der Möglichkeiten in den Transformations-Canvas ein.

Stolpersteine im Feld der Möglichkeiten

Im Feld der Möglichkeiten entscheiden Sie sich für eine neue Zukunft, dabei sollten Sie folgende Stolpersteine im Auge behalten:

(1) Keine Akzeptanz von Zukunft

- Zukunftsoptionen aus Prinzip ablehnen
- Beibehalten des Status quo als Zukunftsoption (v)erklären
- Identifizierte Zukunftsoptionen nicht akzeptieren

(2) Entscheidungsflucht und Blauäugigkeit

- Keine oder Pseudo-Entscheidungen zu treffen
- Eine Überbetonung des Vergangenen, um es gegen Zukunft auszuspielen
- Blauäugige Abschätzung von mit tiefgreifendem Wandel verbundenen Implikationen (für alle)

(3) Beliebige und wirkungslose Kommunikation von Wandel

- Zu glauben, dass mit der Erarbeitung eines Zukunftsbilds die Veränderungsarbeit bereits erledigt ist
- Ein beliebiges und austauschbares Zukunftsnarrativ im „Marketingduktus" zu entwickeln – erstellt durch eine externe Agentur, die bisher nicht Teil des Arbeitsprozesses war.
- Auf die alleinige Wirkung von Text und PowerPoint in der Gestaltung von Veränderungskommunikation zu setzen

Werkzeug

Neben den schon im Kapitel beschriebenen Werkzeugen wie dem MöglichkeitsScanner oder der Heldenreise haben wir für Sie hier einige bewährte Instrumente zusammengestellt, die Sie bei der Suche nach möglichen Zukünften unterstützen können.

Methode	Beschreibung	Bezug zu Transformationsarbeit
Business Wargaming	Mehrere Teams versetzten sich über einen simulierten Zeitraum in andere Wettbewerber hinein, um die eigene Strategie zu testen: Was würden Sie tun, um Ihr bestehendes Geschäftsmodell kompromisslos anzugreifen? Welche innovativen Services und digitalen Geschäftsmodelle würden Sie entwickeln, wenn Sie keine Rücksicht auf Ihr bestehendes Geschäft nehmen müssten? (Meyer 2019)	Zeigt, wo die Organisation verwundbar ist, und hilft, neue Möglichkeiten in Konfrontation mit Mitbewerbern rigoros zu hinterfragen.

Methode	Beschreibung	Bezug zu Transformationsarbeit
Szenario-Technik	Methode zur Beschreibung möglicher Zukünfte. Prognose und Analyseinstrument zur Unterstützung der strategischen Planung (vgl. Romeike/Spitzner 2013)	Ist eine Grundlage, alternative Zukünfte zu entwickeln, zu bewerten und ein Zukunftsbild mit seinen Annahmen beschreibbar zu machen.
Heldenreise	In fünf Schritten im Jetzt ein Bild der Zukunft beschreiben	Transformationen brauchen Geschichten und die Herdenreise ist ein eingängiges Erzählprinzip als Strukturhilfe für Strategie- oder Veränderungsprozesse.
Möglichkeits-Scanner	Methode, um auf der Basis von Szenarien mögliche Zukünfte zu entwerfen.	Der Möglichkeits-Scanner verschafft einen Überblick und eine Sammlung von Ideen für mögliche Zukünfte.
Exploration von Geschäfts-modell-Disruptionen	Osterwalder et al. haben (2020) unter dem Titel „The invincible company" neun Muster von Geschäftsmodell-Disruptionen identifiziert, die auf der Suche nach der Transformation bestehender oder beim Erfinden neuer Geschäftsmodelle inspirieren können.	Gibt gute Anregungen die neun Muster zur Geschäftsmodell-Transformation Durchzuspielen.
Methoden der Ideen-generierung	Vielfältige Ansätze von den klassischen Kreativitätstechniken (z. B. Brainstoming) zu Innovation Jamsuand Hackatons, auch mit Beteiligten von außerhalb der Organisation	Hilft, sich vom Bestehenden zu lösen, und befreit von Restriktionen, neue Geschäftsideen zu generieren.
Design Thinking	Agile Methode, um Problemlösungen in enger Einbindung von (potenziellen) Nutzer und Kunden mit kurzen Feedback-Schleifen zu entwickeln und testen.	Schafft ein tiefes Verstehen von Nutzer-, Kundenbedürfnisse und über kurze Feedback-Schleifen, Lösungsansätze iterativ zu entwickeln.
Moonshot Thinking	Nimmt Bezug auf den ersten Flug zum Mond und den radikalen, neuen Denkansatz, um das Ziel zu erreichen. Die drei wichtigsten Erkenntnisse des Moonshot Thinkings sind: Faktor zehn schlägt zehn Prozent, „Fail fast and learn!", die Unternehmenskultur muss Fehlerkultur gestatten.	Eine Anleitung, „groß" zu denken und revolutionäre Ideen rasch zu entwickeln und zu testen.
Der Lean Start-up-Ansatz	Methode, um Produkte und Geschäftsmodelle schnell und ressourcensparend zu entwickeln (Riess 2012). Ideen werden in Form eines Minimal Viable Products (MVP) konkretisiert und getestet, ob sie bei potenziellen Kunden ankommen um daraus schnell zu lernen. Das passiert in einem iterativen Zyklus „Bauen – Messen – Lernen".	Minimiert durch den MVP-Ansatz Aufwand bei der Entwicklung neuer Lösungen, irrige Annahmen werden schnell korrigiert.
Kickbox und Acceleration	Kombination von Methoden der Ideengenerierung mit Lean- Start-up. Kickbox unterstützt Mitarbeitende Ihre Geschäftsideen zu entwickeln und zu testen. Accelerator unterstützen Start-up-Initiativen in der Entwicklung eines stabilen Geschäfts.	Effektive Beteiligung von Mitarbeitern und rasche, gut strukturierte Umsetzung von Ideen in getestete Geschäftsideen.
Blue Ocean Ansatz	Suche nach „untapped marketspace" und „value innovation" (Wertinnovation), um den Wettbewerb irrelevant zu machen, indem das strategische Wettbewerbsumfeld geändert wird (Kim/Mauborgne 2005).	Hilft, systematisch Geschäft neu zu erfinden und so dem Wettbewerb auf bestehenden Märkten zu entgehen.

PRAXISEINBLICK 12: Welthungerhilfe – Macht neu verteilen

TRANSFORMATION EINER WELTWEIT AGIERENDEN NON-PROFIT-ORGANISATION

Die Deutsche Welthungerhilfe ist eine der größten deutschen Hilfsorganisationen für Entwicklungszusammenarbeit und Nothilfe. Sie setzt Projekte in 70 Ländern Afrikas, Lateinamerikas und Asiens um und hat einen Mitarbeiterstamm von etwa 3.000 Personen weltweit. 2013 stand die Welthungerhilfe vor einer grundlegenden Herausforderung: „Um langfristig weiterhin wirksam und erfolgreich unsere Arbeit leisten zu können, brauchten wir einerseits eine deutlich stärkere Spezialisierung unserer Mitarbeiter:innen und andererseits eine weitere Verlagerung der Entscheidungskompetenz von der Zentrale in Deutschland in die einzelnen Länder – also eine Dezentralisierung", beschreibt Mathias Mogge, Generalsekretär der Welthungerhilfe Deutschland, die tiefgreifenden Veränderungen.

Nehmen Sie uns mit zurück zum Anfang der Geschichte. Wie war die Ausgangssituation?
MOGGE: Im Jahr 2013 war der Programmbereich in Regionalteams aufgestellt. Projekte, die wir in unseren Partnerländern umgesetzt haben, wurden noch zu einem gewissen Maß zentral aus Deutschland durch Regionalreferate gesteuert. Dabei umfasste die Steuerung u. a. Finanzen, Akquise von Gebermitteln, technische Unterstützung und natürlich die Betreuung des Personals in den Ländern. Die zuständigen Länderreferenten haben insbesondere bei der Einwerbung von Finanzmitteln von Gebern eine ganze Palette von Förderrichtlinien und administrativen Vorgaben von Gebern abdecken müssen – ohne jegliche Spezialisierung auf z. B. einen Geber wie das Bundesministerium für wirtschaftliche Zusammenarbeit und Entwicklung. Uns wurde aber zunehmend klar, dass wir, um zukünftig mit unserer Arbeit weiterhin wirksam zu sein, in Deutschland mehr spezialisierte Fachexpertise benötigen würden und gleichzeitig mehr Entscheidungskompetenz in die Länderbüros vor Ort verlagern müssen.

Sie haben also von innen heraus den Veränderungsdruck gespürt und haben gehandelt?
MOGGE: Nicht nur. Zusätzlich gab es auch konkreten Druck durch die Ansprüche der institutionellen Geber. Diese haben z. B. sehr unterschiedliche administrative Anforderungen und regionale Strategien mit jeweils verschiedenen thematischen Schwerpunkten.

Wie haben Sie auf diese Herausforderungen konkret reagiert?
MOGGE: Wir haben entschieden, unsere Arbeitsweise grundlegend zu ändern und die mitarbeiterstarken Regionalgruppen in Deutschland zugunsten kleinerer Regionaldirektionen mit drei bis vier Mitarbeitenden aufzulösen. Das bedeutete, auch den Verantwortlichen in den Ländern – den Länderdirektor:innen – mehr Verantwortung zu geben. Den ehemaligen Länderreferenten in Deutschland wurden in neuen spezialisierten Fachbereichen Stellen angeboten, welche die Expertise für einzelne Fachthemen, einzelne Geber, für die Nothilfe oder für Kapazitätsaufbau im Finanzbereich bündelten.

Wie sind Sie dabei vorgegangen?
MOGGE: Wir haben vor einigen Jahren eine Reorganisation durchgeführt, die rückblickend nicht so erfolgreich war wie erhofft. Dennoch haben wir daraus unsere Lehren gezogen und wollten die gleichen Fehler nicht noch einmal machen. Begonnen haben wir dieses Mal damit, dass wir uns als Organisation gemeinsam mit Mitarbeiter:innen in einem einjährigen Prozess ein tiefes Verständnis angeeignet haben, wie sich die Rahmenbedingungen für internationale Nichtregierungsorganisationen verändern werden und welche langfristigen Trends auf diese Organisationen Einfluss haben werden. Dabei war unsere Perspektive, nicht die kommenden zwei bis drei, sondern vielmehr die nächsten zehn Jahre in den Blick zu nehmen, um daraus mögliche Szenarien für uns abzuleiten. Gleichzeitig haben wir auch

eine Untersuchung zur Wirksamkeit unserer Außenstruktur durchgeführt, die uns aufzeigte, wo die Schwächen der alten Struktur für die Umsetzung vor Ort waren.

Was ist Ihnen an dieser Stelle mit Blick auf die anstehende Veränderung klar geworden?
MOGGE: Mit diesem besseren Verständnis langfristiger Umfeldveränderungen und einem für uns als realistisch erscheinenden Szenario haben wir im damaligen Vorstand diskutiert, welche Veränderungen notwendig sind, um dieses Szenario mit Leben zu füllen. Um nur ein Beispiel zu nennen: Immer mehr Geber haben mittlerweile Fachpersonal vor Ort und erwarten auch von einer Nichtregierungsorganisation eine hoch professionelle Abwicklung der Projekte, von der Antragstellung bis zur Evaluation und Berichtserstellung. Dafür braucht es starke Strukturen vor Ort und hohe Entscheidungskompetenz. Es entstand ein sehr konkretes Zielbild für uns, wohin wir uns wie bewegen müssen. Uns war klar, dass wir umsteuern müssen, um den Anforderungen des Umfeldes, aber auch den Ansprüchen an uns selber besser gerecht zu werden. Auch wussten wir, dass diese Umsteuerung nicht eine simple Verbesserung und Anpassung dessen ist, was wir schon heute machen, also hier eine Prozessoptimierung und da eine Fortbildung. Wir mussten Grundlegendes infrage stellen und neu denken.

Nun war Ihnen im Vorstand klar, dass sich etwas ändern muss. Wie haben Sie dieses Bild anderen vermittelt?
MOGGE: Mit dem Zielbild, am Anfang noch sehr grob, haben wir uns auf den Weg gemacht. Wir haben in die Organisation hineingehört, gefragt, wie diese Ideen ankommen und wie man die Umsetzung angehen müsste. Wir haben mit dem Präsidium, den restlichen Vorstandsmitgliedern und mit einigen Führungskräften gesprochen, um zu klären, ob wir genügend veränderungsbereite und innovationsfreudige Kolleg:innen haben, um gemeinsam eine weitreichende Veränderung auf den Weg zu bringen. Wenn man ganz am Anfang schon keine Unterstützung von den zentralen Akteuren der Organisation bekommt, droht eine solche Initiative schnell an irgendeiner Stelle zu scheitern. Nach den ersten Gesprächen haben wir weitere Personen mit in die Gespräche einbezogen und den Kreis sukzessive erweitert.

Wie haben die Gesprächspartner reagiert?
MOGGE: Alle beteiligten Akteure analysierten die Situation ähnlich. Und schließlich haben wir dann die Entscheidung für die neue Fachstruktur mit spezialisierten Mitarbeitenden in Deutschland und damit einhergehend die Förderung mit einer starken Dezentralisierung mit entsprechender Entscheidungsgewalt getroffen.

Wie sind Sie nach der Entscheidung dann bei der Umsetzung vorgegangen?
MOGGE: Wir haben es in Etappen gemacht. Zunächst blieb das einmal verstandene Zielbild unverändert. Bei den betroffenen Mitarbeiter:innen waren natürlich nicht alle sofort begeistert, auch wenn sie den eigentlichen Beweggrund für die Veränderung nachvollziehen konnten. Aus früheren Veränderungsprozessen hatten wir gelernt, dass man nicht gut beraten ist, wankelmütig zu werden und Widerständen zu schnell nachzugeben. Wenn man wirklich eine größere Veränderung umsetzen will, braucht es auch eine gewisse Radikalität im Denken, um nicht direkt umzukippen und genügend Überzeugungskraft.

Daneben stand als zweiter zentraler Aspekt der ko-kreative Teil – also die Ausgestaltung des Zielbildes durch die betroffenen Mitarbeitenden. Wir haben Arbeitsgruppen gegründet und diese haben die Aufgabenbeschreibung der neuen Abteilungen und der neuen Arbeitsteilung erarbeitet. Der Prozess war nicht konfliktfrei, hat aber schließlich dazu geführt, dass wir bei der eigentlichen Umstellung der Organisation dann sehr schnell arbeitsfähig wurden und nur noch wenige Anpassungsbedarfe hatten.

Ein ergänzendes Element war, dass wir uns Guiding Principles für die Gestaltung dieses Veränderungsprozesses gegeben hatten: Vereinbarungen wie wir im Laufe des Prozesses vorgehen, reflektieren und miteinander umgehen. Sie haben uns durch den Prozess navigiert und sehr geholfen, denn sie gaben uns immer wieder die nötige Orientierung.

Welche Rolle spielten Führungskräfte in dem Prozess?
MOGGE: Zunächst waren die aktuellen Führungskräfte Teil der Arbeitsgruppen, die gemeinsam mit den Mitarbeiter:innen Verantwortung für die Ausgestaltung des Zielbilds übernommen haben. Nachdem wir die Grundstruktur geklärt hatten, haben wir sehr schnell ein neues Führungsteam zusammengestellt, noch bevor die neue Struktur zum Tragen kam. Dieses Team ist dann neben ihren alten Rollen in die Verantwortung für die detaillierte Ausgestaltung und später für die Umsetzung der Veränderung gegangen. Dass die neuen Führungskräfte schon im Vorhinein klar waren und sie bereits ihre Rolle eingenommen hatten, hat verstärkt, dass wir nach Bekanntgabe und Scharfschalten des Prozesses direkt loslegen konnten und es keinen Leerlauf gab.

Ich kann mich erinnern, es gab damals einen Workshop im Spätsommer 2014. Ich habe mich mit den designierten Führungskräften zusammengesetzt und gesagt: „Wir sind die Gruppe, die das rocken muss, die Probleme überstehen muss, mit Schwierigkeiten am Anfang zu kämpfen hat." Dieses Treffen hat uns als neuen Führungskreis zusammengeschweißt und in den ersten zwei bis drei Jahren sind wir oft auf dieses Treffen zurückgekommen.

Wie wurde die Transformation kommunikativ gestaltet?
MOGGE: Für uns war in der Kommunikation der entscheidende Aspekt, das „Warum" und das neue Zielbild zu kommunizieren. Und um das zu tun, hatten wir irgendwann eine Art Standardpräsentation, das Warum stand immer ganz am Anfang. Nie das Wie oder Was. Unsere Kommunikationsarchitektur bestand aus verschiedenen Formaten, von Informationen beim Mittagessen bis zu Betriebsversammlungen, auch international, aber die Geschichte war immer die gleiche. Wichtig ist sich über den Wert dieses Kontaktes im klaren zu sein. Die Menschen in der Organisation müssen laufend einbezogen werden.

Haben Sie noch etwas getan, um diese neue Struktur zu stärken?
MOGGE: Wir haben eine fundamentale Veränderung mit einem Global Leadership Team, zu dem die Außenstrukturen und Innenstrukturen gleichberechtigt gehören; da wurde Augenhöhe geschaffen. Diese Struktur wird auch so gelebt und wir versuchen, dies über unsere Virtual Leadership Konferenzen, die wir jetzt drei- bis viermal im Jahr haben, auch ganz bewusst anzunehmen. Früher hatten wir Führungskräfte-Dialoge hier in Deutschland, dann einmal im Jahr ein Treffen mit dem Ausland. Heute besprechen wir alle möglichen organisationalen Themen in der Konferenz, die mit ca. 50 Personen ziemlich groß ist. Wir haben die Erfahrung gemacht: Wenn man so eine Form über einen längeren Zeitraum praktiziert, entwickeln sich dabei Augenhöhe und ein Teamgeist.

Wenn Sie zurückblicken, welches waren die größten Herausforderungen, die Sie zu bewältigen hatten?
MOGGE: Man kann sich natürlich niemals vorher sicher sein, dass man den richtigen Zeitpunkt und das Signal klar ausmacht. Ganz am Anfang steht das Erkennen des Problems, der Verbesserungsmöglichkeit. Das sagt sich leicht, aber ist eine riesige Kunst, dazu in der Lage zu sein: das Ungedachte zu denken, das Unbequeme auszusprechen. Und es braucht einen anderen, der vielleicht nicht selbst darauf kommt, aber sich auf den Gedanken einlässt. Ich finde es schwer, das Ungedachte zu artikulieren oder überhaupt darauf zu kommen, dass man die Dinge auch ganz anders machen kann. Und am Ende hilft es dann, wenn man Entscheidungen trifft, anstatt zu lange zu zaudern.

Woran erkennen Sie heute, dass die Transformation erfolgreich war?

MOGGE: Es ist immer interessant, wenn man merkt, dass niemand mehr über die Vergangenheit spricht. Dann ist es tief angekommen im System. Es kann sich keiner mehr vorstellen, dass wir ohne die jetzigen Strukturen und Funktionen auskommen, und es würde auch heute keiner mehr darauf kommen, dass man mit drei Leuten nicht acht Landesbüros steuern kann. Bei den Spezialisten merkt man den Erfolg der Transformation sehr deutlich in der Zusammenarbeit mit den institutionellen Gebern, da wir jetzt viel besser verstehen, was sie von uns verlangen. Durch die neue Struktur hat sich eine sehr intensive Beziehung zu den einzelnen Gebern entwickelt, die früher so garnicht hätte entstehen können. Dadurch ist auch eine ganz neue Informationsaufbereitung und -weitergabe möglich. Das macht uns tatsächlich in dem Bereich ziemlich erfolgreich. Wenn man sich die letzten Jahre der Entwicklung der Welthungerhilfe ansieht, kann ich rückblickend sagen, dass ein großer Teil des Erfolgs einerseits auf diese Spezialisierung, andererseits auf die Stärkung der Außenstrukturen zurückzuführen ist.

Loslassen

Wollen

Kommen

lassen

DAS FELD DER GESTALTUNG: RADIKAL NEUES REALISIEREN

08

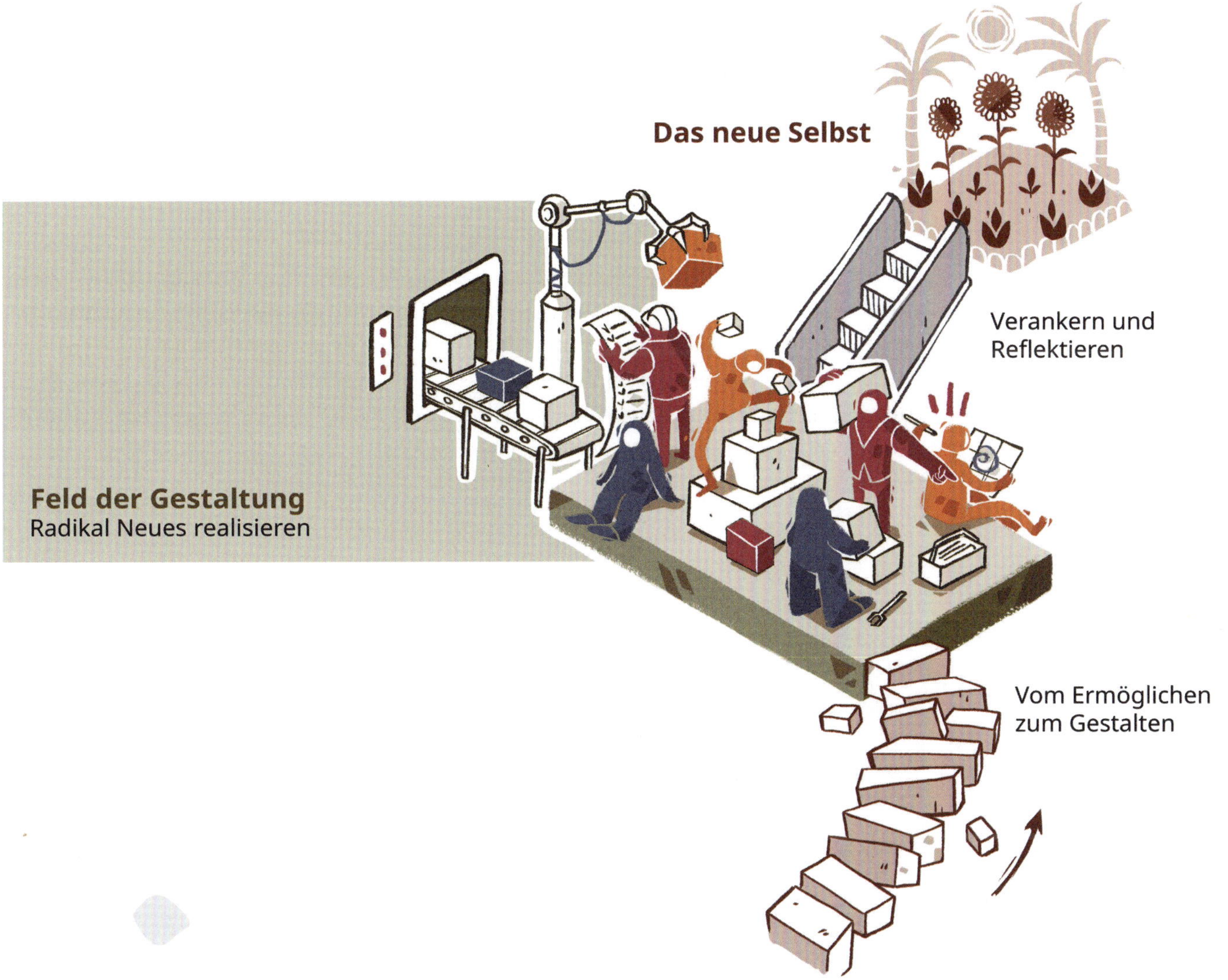

Eine Architektur für tiefgreifende Veränderung entwickeln

Nachdem die Felder des Verstehens und Ermöglichens durchlaufen sind, betreten wir das Feld der Gestaltung. Hier entscheidet sich, ob tiefgreifender Wandel lediglich projiziert und gewünscht wurde oder ob es den involvierten Akteuren wirklich ernst ist. Die zentrale Zutat für diesen Raum ist folglich Mut, Mut im Handeln.

Neben der fast schon offensichtlichen Erkenntnis, dass tiefgreifender Wandel weder plan- noch berechenbar ist, sollten Sie sich vergegenwärtigen, dass soziale Systeme sehr begrenzt einsehbar sind. Wir vermuten oder hoffen, dass Organisationen und ihre Mitglieder auf eine bestimmte Weise auf einen Veränderungsimpuls reagieren – am liebsten so, wie man es geplant hat, werden aber immer wieder eines Besseren belehrt. Konkret bedeutet dies: Gut gemeinte Absichten und Vorsätze werden nicht selten zum Ausgangspunkt unzureichender Transformationsstrategien.

Vielmehr gestaltet sich die Praxis in der Regel als undurchsichtig: Wohlgemeinte Prozesse, Aktivitäten und Impulse beginnen hoffnungsvoll, brechen ab, werden wieder aufgegriffen, starten erneut, entwickeln Kraft und Wirkung oder versickern an Stellen, an denen es keiner vermutet hätte. Stellen Sie sich Veränderungs- und Transformationsarbeit als Flüsse durch unbekanntes Terrain vor. Sie bahnen sich ihren Weg manchmal auf ungeplante Weise, versanden oder entwickeln sich zu einem reißenden Fluss.

Im Feld der Gestaltung werden die bisherigen Erkenntnisse und Verstehensprozesse in ein konzertiertes Handeln übersetzt und entfalten ihre Wirkung. Oder um es anders zu formulieren: Im Feld der Gestaltung wird Zukunft und damit das Transformationsziel nicht nur gedacht, sondern definiert, aktiv umgesetzt und damit in die Welt gebracht. Hierzu beantworten wir die folgenden Fragen:

1. Wie kommen wir in ein transformatorisches Handeln?
2. Was müssen wir dabei beachten?
3. Woran kann man erkennen, dass unser Handeln wirksam ist/war?

Ganz konkret bedeutet dies, eine Architektur für tiefgreifende Veränderung zu entwickeln, diese umzusetzen und den dadurch entstehenden Wandel nachhaltig zu verankern. Sie bauen eine Welt, die zukunftsfähig ist und Veränderung eine wirkliche Chance gibt. Sie probieren Neues aus, reflektieren, verwerfen, starten neu und explorieren. Sie transformieren.

Energien, um den Wandel voranzubringen

Das Ziel im Feld der Gestaltung ist, den Wandel voranzubringen, umzusetzen und damit erlebbar und real zu machen. Das bedeutet Planung, Umsetzung und Exploration, Reflexion, ggf. Anpassung und erneute Umsetzung. Es geht darum, bewusst einen „Werkstattcharakter" zu erzeugen, der positiv aufgeladen ist und damit einen Kontext schafft, der es allen Beteiligten ermöglicht, gemeinsam auf das Ziel hinzuarbeiten.

Mit Blick auf die Energien ist es daher ideal, wenn Visions- und Bewahrungsenergie ihre Komplementarität erkennen und sich gemeinsam ins Handeln einschwingen. Damit rückt die Macherenergie in die Rolle der Orchestrator:in, deren Aufgabe es ist, die nunmehr an einem Strang ziehende Visions- und Bewahrungsenergie auf konkrete Ergebnisse in der Umsetzung einzuschwören.

Schauen wir uns das Zusammenspiel der drei Energien in diesem Feld nun genauer an:

Die Energie des Machens steht im Fokus, d.h., es geht darum, sämtliche zur Verfügung stehenden Ressourcen in den Dienst der Zielsetzung zu stellen. Das bedeutet nicht blinder Aktionismus, sondern kluge und immer wieder reflektierende Intervention. Wo gehobelt wird, fallen auch Späne: Im Konfliktfall ist es die Aufgabe der Macherenergie, zu entscheiden und die Perspektiven wieder auf die Sachebene und damit Ergebnisorientierung zu lenken. Da der Macherenergie etwas zutiefst Pragmatisches ist, ist es wichtig, diesen Blick auf die „Schauseite" der Organisation bewusst um die „Hinterbühne" der Organisation zu erweitern. So mag ein Workshop vordergründig erfolgreich gewesen sein, auf der Hinterbühne versammeln sich aber bereits die Kräfte des Widerstands.

Man könnte glauben, dass die Bewahrungsenergie, wenn es um die Umsetzung geht, keine wirkliche Aufgabe mehr hat. Das stimmt jedoch nicht. Ganz im Gegenteil: Die Bewahrungsenergie hat ein klares Mandat, indem sie beispielsweise die gefühlten Verlierer:innen des Wandels im Blick hat und damit ganz besonders auch potenzielle Quellen für Widerstand. Statt diese Stimmen zu negieren oder gar abzustellen, können gerade Stimmen des Widerstands wichtige Hinweise über mögliche Sorgen, Ängste, aber auch Fehler der Vergangenheit liefern. Umso wichtiger ist es also, dass die Bewahrungsenergie, verstanden als „Gedächtnis der Organisation" und Ehrende der Vergangenheit, hier eine Anspielfläche bietet. Nur darf es eben nicht zu viel dessen sein: Ein Rückfall in tradierte Routinen ist keine Alternative.

Die Visionskraft geht im Feld der Gestaltung nicht nur auf, sondern kann ihre vorwärtsgerichtete Energie voll und ganz entfalten. Es liegt Zukunft in der Luft und das ist auch gut so. Aber Vorsicht: Allzu schnell kann es passieren, dass vor lauter Gestaltungsbegeisterung der Transformationsprozess an Bodenhaftung verliert, das Ziel aus dem Blick gerät, man sich in immer wieder neuen Fragestellungen und Iterationen verliert und vielleicht bereits der nächste große Veränderungsanlass um die Ecke schaut. Kurzum: Die Visionsenergie ist der Motor für Transformation, nur darf dieser nicht überdrehen. Stattdessen muss auch die Visionsenergie sich voll und ganz in den Dienst der Transformation stellen und dabei durchaus auch in Kauf nehmen, dass die Dinge, wie bspw. die Umsetzungsgeschwindigkeit, nicht immer so laufen, wie dies aus eigener Sicht vielleicht wünschenswert wäre.

Bauen Sie Ihre Transformationsarchitektur

In den vorherigen Feldern ist Ihnen klar geworden, dass Sie sich und Ihre Organisation tiefgreifend verändern müssen. Sie haben die Rahmenbedingungen und das Zielbild für Wandel definiert. Nun gilt es, eine Architektur zu bauen, die die Veränderungsarbeit tatsächlich ermöglicht. Dafür greifen Sie auf den Transformations-Canvas zurück, den Sie bereits im Feld des Verstehens und des Ermöglichens eingesetzt haben. Hier haben Sie die folgenden Elemente im Canvas bereits befüllt:

1. Blickrichtungen auf Transformation aus dem Feld des Verstehens
2. Das Zukunftsbild (inkl. Narrativ) mit dem Mehrwertversprechen der Transformation aus dem Feld der Möglichkeiten

Im Feld der Gestaltung erarbeiten Sie nun die ausstehenden Elemente des Canvas, und zwar:

3. Ressourcen (u. a. Zeitrahmen, Finanzen, Kapazitäten, Kompetenzen)
4. Transformationsschritte (Kernaktivitäten) und Transformationsmaßnahmen (einzelne Aktivitäten)
5. Transformationsakteure (Energien, Rollen und Verantwortliche der Transformation; intern/extern)
6. Transformationswirkungen und Lernfelder

Lassen Sie uns die Elemente 1 und 2 noch einmal rekapitulieren und daneben den Transformationsprozess von Sabine Testen legen, bevor wir uns den weiteren Elementen im Detail widmen:

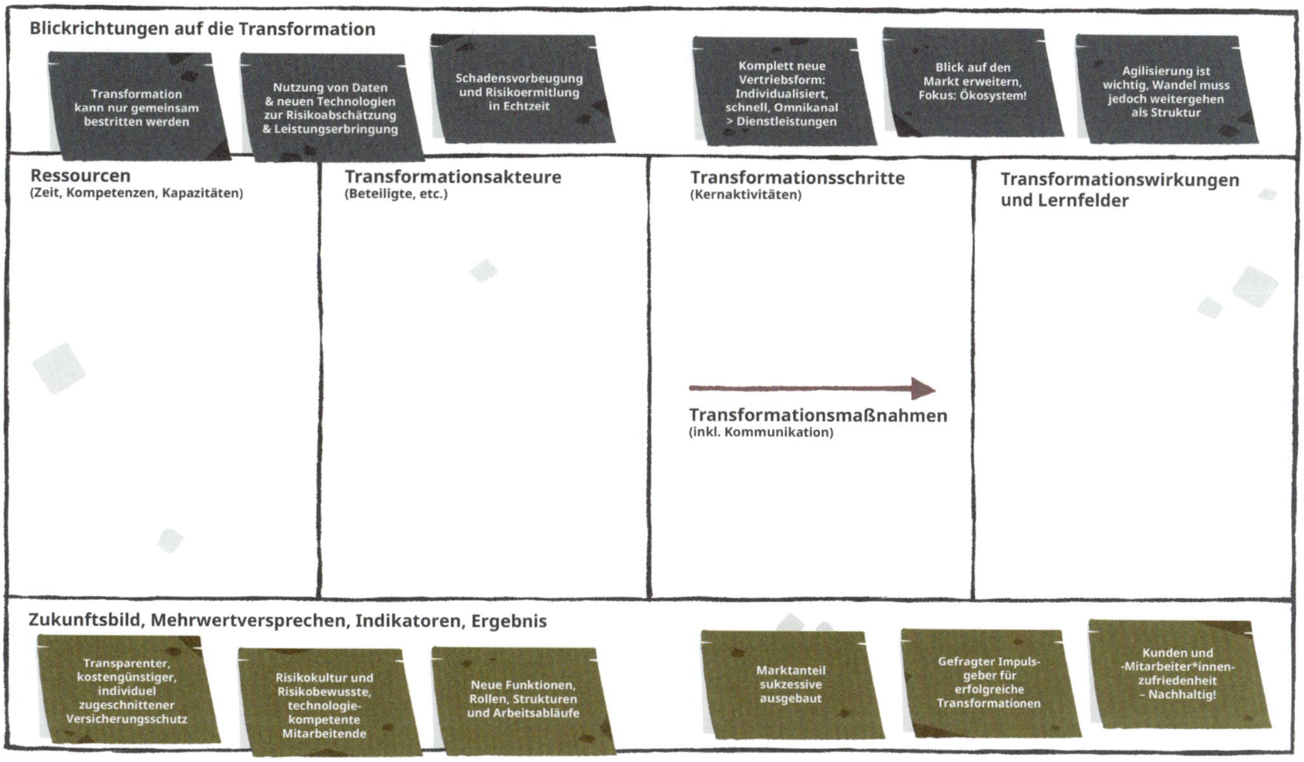

ABBILDUNG 8.1 Der Transformations-Canvas mit den Ergebnissen des Felds des Verstehens und des Felds der Möglichkeiten

1. Blickrichtungen auf die Transformation

Im Feld des Verstehens haben Sie Signale für Veränderung erkannt und verstanden. Sie haben ein Verständnis dafür entwickelt, ob es einen Anlass für tiefgreifende Veränderung gibt (oder auch nicht) und woher dieser Anlass (bspw. aus dem Inneren oder dem Äußeren der Organisation) kommt. Sie haben geklärt, wie sich Organisationskultur und -geschichte auf Ihre heutige Organisation auswirkt. Bei alledem waren Sie lösungsabstinent. Dies haben Sie am Ende der Reise durch das Feld des Verstehens in den Transformations-Canvas eingetragen.

2. Zukunftsbild, Mehrwertversprechen, Indikatoren, Ergebnis

Im Feld der Möglichkeiten haben Sie Zukunft eingeladen und hieraus ein konkretes Zukunftsbild sowie ein entsprechendes Narrativ, das ein explizites Mehrwertversprechen abgibt, entwickelt. Dies beschreibt den gewünschten Zielzustand, den Sie mit der Transformation anstreben – emotionalisierend und aktivierend. Das Zukunftsbild haben Sie bereits im Canvas eingetragen. Damit formulieren Sie Aussagen darüber, warum, für wen und wie sich die

Transformation auf die Organisation und ihr bestehendes Leistungsversprechen auszahlen soll. Dabei nehmen Sie sowohl die Sicht der Leistungserbringer:innen (Organisation) als auch die Sicht der Leistungsabnehmer:innen (Kundinnen und Kunden) ein.

Was Sie noch nicht gemacht haben, ist, das Zukunftsbild in konkrete Ergebnisse herunterzubrechen und sich dabei ganz bewusst vorzustellen, woran man erkennen kann, dass das Zukunftsbild bereits gelebte Realität ist: Welche „Anzeiger" geben uns Auskunft über die tatsächliche Wirkung unserer Transformationsarbeit? Oder simpel gefragt: Woran würde man erkennen, dass Ihre Transformationsarbeit erfolgreich gewesen ist? Diese auch als Indikatoren bezeichneten Anzeiger sind zentrale Markierungen bei unserer Transformationsarbeit. Sie liefern Ihnen Aussagen darüber, woran man tatsächlich erkennen kann, ob und wenn ja, in welcher Form die von Ihnen intendierte Wirkung erreicht wurde. Oft tun sich Teams oder Leiter:innen von Projekten schwer, geeignete Indikatoren für die Messung ihrer Zielsetzungen zu finden. Dabei reichen die klassischen Stolpersteine von Vermischung von Ziel und Indikator, bis hin zu einer unrealistischen empirischen Messung eines Indikators (wenn zum Beispiel Informationen, die man benötigt, nicht oder nur mit sehr hohem Aufwand zu erschließen sind). Neben dem sich als Standard durchgesetzten Anspruch, Indikatoren so spezifisch wie möglich, messbar, erreichbar und zeitbezogen zu formulieren, halten wir es vor allem für wichtig, Indikatoren bewusst so zu formulieren, dass sie auch unerwartete und ungeplante Wirkungen einbeziehen.

Nachdem wir uns die Blickrichtung noch einmal in Erinnerung gerufen und das Zielbild anhand eines greifbaren Mehrwertversprechens mit Indikatoren entwickelt haben, geht es nun darum, dies in konkrete Handlung zu übersetzen. Dazu benötigen wir Ressourcen.

3. Ressourcen

Wie bereits in Kapitel 5 erläutert, lohnt es sich, gleich von Beginn an sehr nüchtern und ehrlich auf die verfügbaren Ressourcen zu schauen und zu prüfen, ob diese ausreichend sind. Das heißt nicht zwangsläufig, „frisches Geld in die Hand zu nehmen", sondern kann auch bedeuten, bereits aufgesetzte Maßnahmen zu repriorisieren. Fakt ist, dass tiefgreifende Veränderungsarbeit nicht einfach neben dem meist sowieso schon auslastenden Tagesgeschäft bewältigt werden kann. Da hilft es auch nicht, auf externe Berater:innen zu zeigen, denn nicht sie sind für die Umsetzung und damit auch Gestaltung von Transformation verantwortlich, sondern Sie selbst. Der erste Schritt ist somit, die für die Veränderungsarbeit verfügbaren Ressourcen offenzulegen und diese verbindlich zu vereinbaren. Transformationsarbeit ist eine Investition und sollte daher auch so behandelt werden.

Ressourcen umfassen dabei nicht nur die verfügbaren Zeitkontingente der beteiligten Akteure, sondern mindestens genauso Kompetenz (siehe Kap. 4, Textbox 4.3 Veränderungskompetenzen) und Finanzmittel. Hierbei hilft es einerseits, die in Ihrer Organisation verfügbaren Mechanismen und Steuerungssysteme in den Blick zu nehmen, andererseits wollen Sie

Menschen nicht zu Veränderungsarbeit zwingen, sondern einen Arbeitskontext anbieten, der attraktiv und herausfordernd ist. Was meinen wir damit? In vielen Organisationen sind beispielsweise noch heute Jahres- und Mitarbeiter:innenziele eine Form, Mitarbeitende zusätzlich zum Tagesgeschäft an ausgewählten Themen, Fragestellungen und organisationalen Zielen arbeiten zu lassen, die für die Gesamtorganisation bedeutsam sind. Auch existieren nicht selten im Rahmen von Führungs- und Nachwuchskräfteförderung Formate, die Sie für eine Mitarbeit nutzen können. Nicht zuletzt sind die Unternehmen hier im Vorteil, die bereits im Standardgeschäft Freiraum für die flexible Ausgestaltung bieten. So ermöglichen manche Unternehmen ihren Mitarbeitenden, 10 % oder mehr ihrer Zeit für Aufgaben einzusetzen, die sie begeistern und zu denen sie sich einbringen wollen – ganz egal, ob dies Teil ihrer Stellenbeschreibung ist oder nicht. Gleichzeitig wissen wir, dass Menschen sich nur selbst motivieren können und daher sehr subjektiv entscheiden, wo sie sich mit Leidenschaft und Engagement beteiligen und wo nicht. Schauen Sie also genau hin, was Menschen in Ihrer Organisation begeistert, und bauen Sie eine Welt, die hieran anknüpft: Übernahme von Eigenverantwortung, flache Hierarchien, das Lernen neuer Themen oder auch eine stärkere Sichtbarkeit im Unternehmen. Hier sind die Anreizpunkte vielfältig, je mehr Sie an den Punkten ansetzen, die nachweislich Menschen in Ihrem Unternehmen positiv ansprechen, desto mehr werden Sie nicht nur Mitmacher:innen, sondern Macher:innen an Ihrer Seite finden, die auch für die Sache brennen.

Das ist ein gutes Stichwort: Denn wer brennt, gerät nicht selten auch in Gefahr, zu verbrennen. Es muss also nicht nur darum gehen, Ressourcen festzulegen, auch müssen diese Ressourcen im Blick behalten und gepflegt werden. Stellen Sie daher von Beginn an sicher und vereinbaren Sie, wie Sie für sich sorgen: Achten Sie auf ausreichende Regeneration aller Akteure. Bringen Sie regelmäßig Inspiration und Kraft in die Gruppe (bspw. durch Treffen außerhalb des Tagesgeschäfts). Identifizieren Sie, welche Kraftträuber Sie und die beteiligten Transformationsakteure umgeben und stellen Sie diese so gut es geht ab (bspw. nicht endende Diskussionen ohne Entscheidung). Auch in schwierigen Momenten ist es wichtig, dass Sie und die Beteiligten eine positive, zukunftsorientierte Haltung (für sich und andere Beteiligte) bewahren. Dafür ist es sinnvoll, im Kreis der beteiligten Akteure für „psychologische Sicherheit" zu sorgen, also ein angstfreies und auf wechselseitiger Unterstützung basierendes Miteinander (Edmondson 2019).

Was bedeutet das ganz konkret? Neben einer Integration dieses Aspektes im Tagesgeschäft (beispielsweise durch kurze Check-in-Fragen bei Treffen über die aktuelle Stimmungslage, wie z. B. „Wie erleben wir uns derzeit bezogen auf die Zielerreichung?") empfiehlt sich als Pulsmessung in Teams die sogenannte „Energie-Landkarte". Die Energie-Landkarte ist ein einfaches diagnostisches Instrument, um den Energiezustand eines sozialen Systems (bspw. eines Teams) abzubilden. Die Beteiligten entwickeln diese Landkarte selbst, indem sie sich in einer visualisierten Matrix in einem von vier Energiezuständen (wie zum Beispiel „entschlossen", „erschöpft", „ablehnend" oder „abgehängt") verorten. Dies kann auch problemlos virtuell durch interaktive Software wie Mentimeter, Wisembly oder MeetingPulse umgesetzt werden. Nutzen Sie die dadurch entstehende gemeinsame Erkenntnis über das Energieniveau

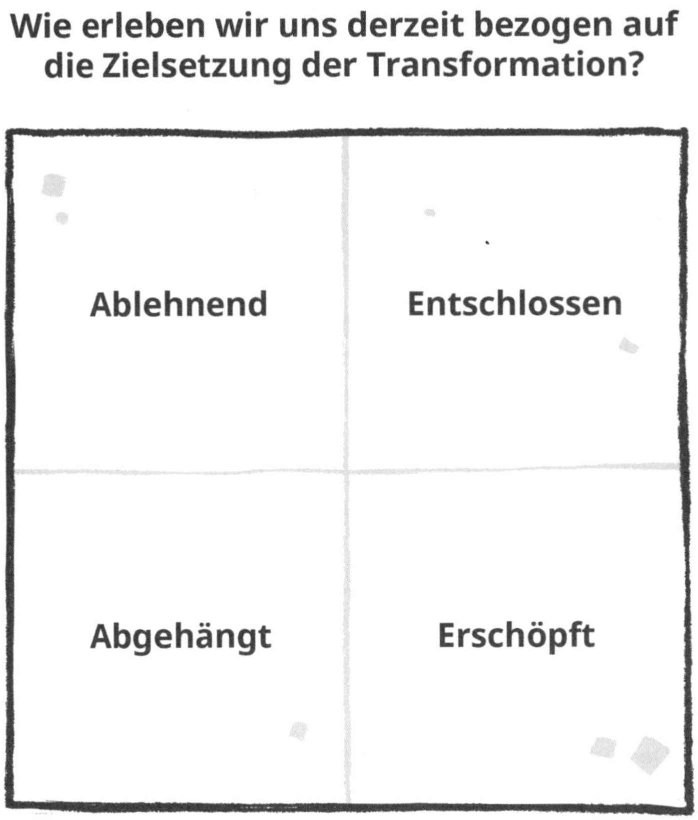

ABBILDUNG 8.2 Energie-Landkarte

im Team, um besser zu verstehen, was die unterschiedlichen Ausprägungen motiviert, und handeln Sie, z. B. indem Sie auf Verunsicherungen im Team mit klaren, orientierenden Botschaften reagieren oder auch das bilaterale Gespräch mit Ihren Teammitgliedern suchen.

Je regelmäßiger Sie mit Ihrem Team „einchecken", also prüfen, wo Sie und Ihr Team bezogen auf die Zielerreichung stehen, desto besser wird es Ihnen gelingen, innerhalb des Teams wechselseitige Berechenbarkeit und damit Vertrauenskapital zu akkumulieren. Vertrauen, verstanden als „soziales Schmiermittel", ist eine entscheidende Ressource, die sich weder anordnen noch befehlen lässt. Vielmehr muss sie durch regelmäßige Iteration und Reflexion auf Teamebene (Metareflexion) kontinuierlich entwickelt und vor allem gepflegt werden.

Nicht zuletzt: Schauen Sie regelmäßig auf sich und denken Sie an Ihren ganz persönlichen Energiehaushalt. Fragen Sie sich, was Ihnen Kraft gibt und raubt. Überprüfen Sie, wie sich die Arbeit auf Sie ganz persönlich auswirkt, und seien Sie ehrlich zu sich. Suchen Sie sich Quellen der Erneuerung, des Auftankens und der Reflexion, die Sie für sich nutzen, und schauen Sie dabei nur auf sich. Veränderungsarbeit sorgt nicht nur für ein neues, kollektives Selbst in Form der Organisation, sondern es macht auch etwas mit den Beteiligten und damit auch Ihnen ganz persönlich. Seien Sie daher auch Ihr ganz persönlicher Begleiter im Wandel und machen Sie diesen zu etwas, das Sie inspiriert und Ihnen Kraft gibt.

Für den Transformations-Canvas ist es daher wichtig, neben den Angaben über die zur Verfügung stehenden Ressourcen sowie den weiteren relevanten Rahmenbedingungen (u.a. zeitlicher Rahmen) deutlich zu machen, wie Sie für sich und alle Beteiligten sorgen wollen.

Es ist allen klar, dass eine Veränderung in diesem Ausmaß nicht nur für viele der Beteiligten Neuland ist, sondern auch, dass man diese Arbeit nicht einfach so nebenbei erledigen kann. Daher bittet Sabine Testen, bevor irgendeine Aktivität definiert, geplant oder gar umgesetzt wird, um eine schonungslose Analyse der aktuell bereits laufenden Veränderungsprojekte oder -initiativen. Das Ziel dabei ist, a) zu prüfen, welche dieser Maßnahmen im Lichte der anstehenden Transformation zwingend fortgeführt werden sollte, und wenn ja, warum und mit welchem Ressourceneinsatz, b) Maßnahmen bewusst entweder zu repriorisieren oder gar komplett zurück zu stellen und c) zu klären, welche zusätzlichen, nicht eingeplanten Ressourcen für die anstehende Transformation benötigt werden. Dabei kommt heraus, dass ein ursprünglich geplantes neues Bürokonzept auf einen späteren Zeitpunkt verschoben und die Entwicklung eines neuen Talent-Management-Programms zurückgestellt werden. Stattdessen wird ein Investment-Plan für IT-Infrastruktur aufgesetzt, der neben einer Konsolidierung bestehender IT-Systeme auch neu zu beschaffende Software beinhaltet. Auch wird vereinbart, diese Übung nicht nur einmal, sondern regelmäßig vorzunehmen, mit dem Ziel der Überprüfung, ob der eigene Ressourcenhaushalt wirklich wirksam eingesetzt ist. Stichwort Ressourcenhaushalt: „Wer von euch hat Erfahrungen in der Begleitung von Organisationsentwicklung und Change Management?", fragt Sabine Testen ihr Team in einem ihrer wöchentlichen Regeltermine. „Erste Erfahrungen ja, ich bin ausgebildete Organisationsentwicklerin", meldet sich eine Kollegin. Weitere Finger gehen nach oben. „Prima, das hilft uns sehr, aber überlegt bitte, ob wir uns zusätzliche Ressourcen in Form von externer Begleitung einkaufen sollten", empfiehlt Sabine Testen. Am Ende entscheidet man sich, für ausgewählte Arbeitspakete auf externe Expertise zurückzugreifen, die Verantwortung für die Transformationsarbeit liegt aber ganz klar beim Team.

4. Transformationsakteure

Neben der klaren und für alle einsehbaren Architektur darüber, was Sie verändern wollen, ist es genauso wichtig, die unterschiedlichen Beteiligten des Transformationsprozesses in ihren jeweiligen Rollen und Verantwortlichkeiten klar und offen zu benennen. Hier haben sich in der Praxis sogenannte „Stakeholder-Landkarten" als probates Mittel der Dokumentation und Visualisierung erwiesen. Dabei stellen Sie Ihr Transformationsziel in den Ausgangs- und Mittelpunkt der Landkarte und gruppieren darum die unterschiedlichen Akteure und/oder Akteursgruppen nach ihrer Relevanz und Bedeutsamkeit für die Zielerreichung. Der Erstellungsprozess sollte in jedem Fall gemeinschaftlich im Team erfolgen, auch weil sich dabei potenzielle Unklarheiten oder potenzielle Friktionen frühzeitig lösen können. Am Ende verfügen Sie über ein transparentes und gleichzeitig dynamisches Tool, welches Anlass für die Reflexion und gegebenenfalls auch Anpassung Ihres Stakeholder-Managements ist.

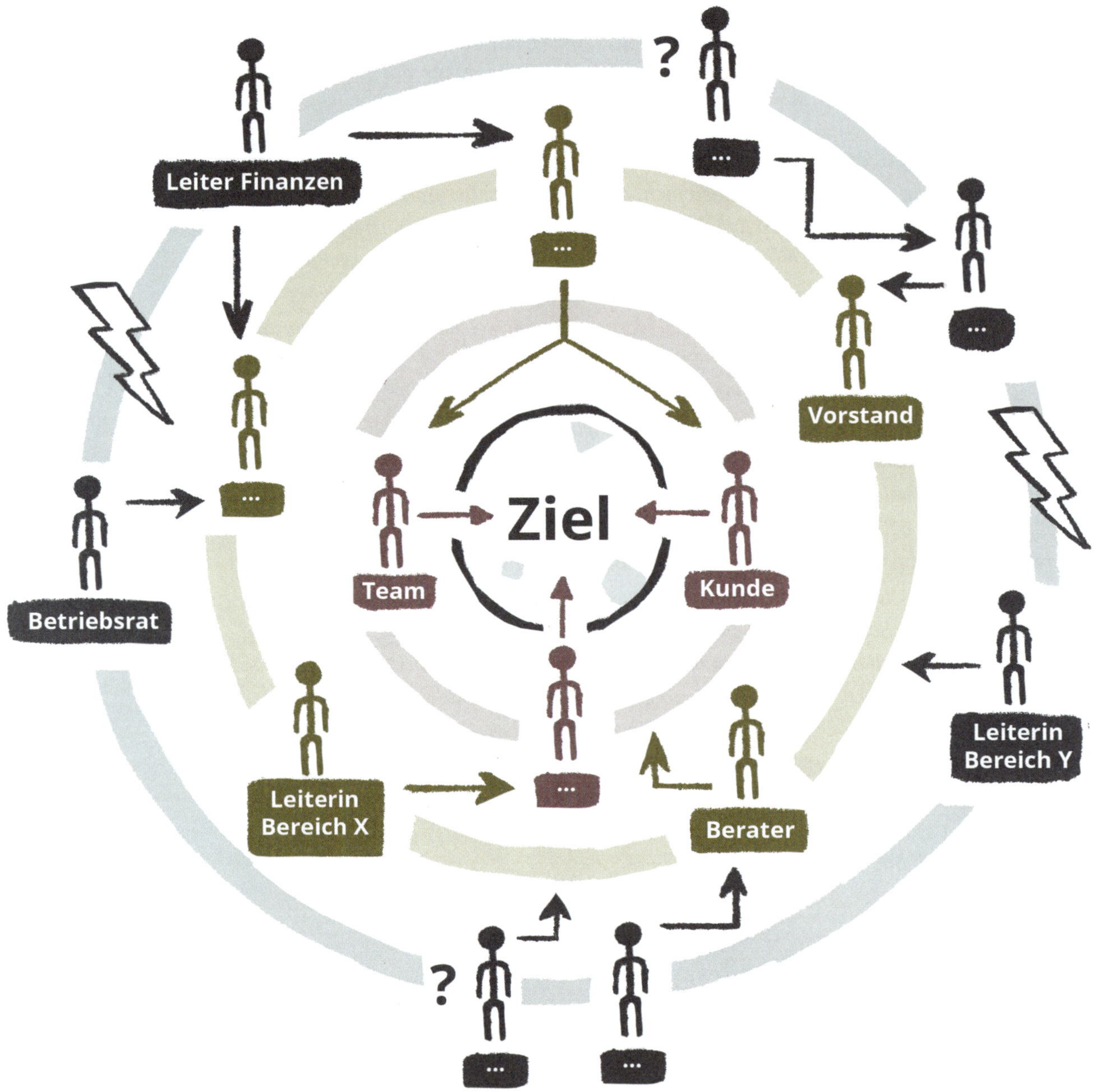

ABBILDUNG 8.3 Die Transformationsakteure

Stakeholder-Landkarten dienen auch dazu, Veränderungsenergien und Machtdynamiken (siehe Kapitel 4, 7. Gelingensbedingung) zu verdeutlichen, bspw. auch konfliktive Konstellationen in der Zusammenarbeit aufzudecken. So können durch eine entsprechende Visualisierung problematische oder hinderliche Konstellationen in der Zusammenarbeit aufgedeckt und thematisiert werden. Auch sollten Sie stets darauf achten, ob Ihre Landkarte nicht auch potenzielle „blinde Flecken" hat (bspw. Wo ist der Kunde?), um entsprechend umzusteuern.

WEITERE ASPEKTE, DIE IM RAHMEN DER DISKUSSION UM DIE BETEILIGTEN TRANSFORMATIONSAKTEURE THEMATISIERT UND GEKLÄRT WERDEN SOLLTEN, SIND U.A.:

- In welchen Rollen benötigen wir die identifizierten Akteure? Sind diese Rollen vermittelt und angenommen? Entstehen durch diese Rollen potenzielle Friktionen in der Zusammenarbeit? (vgl. hierzu auch im Kapitel 4 die 5. Gelingensbedingung)
- Zahlt die Ausgestaltung der Stakeholder-Landkarte auf die Zielsetzung der Transformation ein? Haben wir die Nutznießer der Transformation (Kundinnen, Endbegünstigte, etc.) prominent platziert?
- Wie und wann werden durch wen welche Entscheidungen getroffen, die einen Einfluss auf die Transformationsarbeit haben können (bspw. in etablierten Gremien, Führungskreisen etc.)?
- Wie gestalten sich Koordination und Zusammenkünfte der Beteiligten? Welche Regeltermine brauchen wir zusätzlich? Welche Formate aus der Regelstruktur sollten wir für Transformationsarbeit nutzen (bspw. Board-Meetings)?
- Wer lernt wann und wie? Wie stellen wir sicher, dass alle Beteiligten mit ausreichend Wissen und Kenntnissen ausgestattet sind?
- Übernehmen die Verantwortlichen für die Transformation wirklich Verantwortung? Sind Sie kompetent und mit ausreichend Kapazitäten ausgestattet?

Sie merken, die Gestaltung der Interaktion aller relevanten Transformationsakteure geht weit über das klassische Regelgeschäft hinaus, das durch Routinetermine geprägt ist. Insofern geht es neben einer Koordination der für die im Rahmen der Transformationsarbeit benannten Aktivitäten, genauso darum, sicherzustellen, dass alle Beteiligten in ihrem Handeln gleichgerichtet und mit einer auf Wandel ausgerichteten Haltung agieren. Tiefgehende Veränderungsarbeit benötigt viel Energie, daher können Sie es sich nicht erlauben, diese durch Schnittstellen und Abstimmungsmarathons zu vergeuden.

Nachdem man schon einige Zeit miteinander an der Konzeption und dem Aufsetzen des Transformationsprozesses gearbeitet hat, will Sabine Testen nun das Team offiziell mandatieren und legt die Arbeitsbereiche, Verantwortlichkeiten, Arbeitsprozesse und Entscheidungsmodi fest. Sie, als Leiterin des Teams, trifft sämtliche strategischen und damit weitreichenden Entscheidungen, lässt sich aber hier von ihrem Team beraten und vertritt diese Entscheidung auf Leitungsebene der Versicherung. „Wie soll das in der Praxis funktionieren? Sie haben einen vollen Kalender!", entgegnet eines der Teammitglieder. „Der Transformationsprozess genießt Top-Priorität und hat daher vor dem Tagesgeschäft Vorfahrt. Wenn ihr meine Sicht oder eine Entscheidung benötigt, ist die Tür immer auf. Gleichzeitig erwarte ich aber, dass Dinge, die operativ gelöst werden können, von euch entschieden werden", erläutert Sabine Testen. Es wird beschlossen, diese neue Spielregel festzuhalten, ab sofort umzusetzen und gleichzeitig immer wieder zu reflektieren, ob sie auch im Tagesgeschäft funktioniert. Dafür nimmt sich das Team einmal pro Quartal zwei Tage Zeit, um den Arbeitsprozess und -fortschritt zu bewerten, die Involvierung von relevanten Beteiligten zu prüfen, Lernkurven zu extrahieren, Anpassungen vorzunehmen und damit auch sicherzustellen, dass das Team das Ziel nicht aus den Augen verliert. „Das machen wir nicht im Büro", schlägt die Personalleiterin vor, „sondern fahren hierfür raus, am besten wieder an den Bodensee, wo wir auch schon das Zielbild entwickelt haben." Gleichzeitig wird eine schlanke Architektur aus Regel-

besprechungen entwickelt, die darin besteht, dass man sich jeden Tag morgens um 09:00 Uhr zu einem 30-minütigen „Daily" trifft, wo neben einem atmosphärischen Check-In die tagesaktuellen Themen besprochen werden. Jeden Freitag trifft sich das Team zu einem „Weekly", zu dem alle im Vorfeld Themen anmelden können, die dort vorgestellt und besprochen werden. Als eines der ersten Themen beschließt das Kernteam, eine Stakeholder-Landkarte mit allen involvierten Akteuren zu erstellen und zu besprechen. Dabei wird nicht nur deutlich, wie komplex das Umfeld ist, in welches der Transformationsprozess interveniert, sondern auch, wo die mächtigen Akteure in der Organisation sitzen. Die Stakeholder-Landkarte wird prominent im Online-Arbeitsbereich des Teams abgelegt und immer wieder angepasst.

5. Transformationsschritte (Kernaktivitäten) und Transformationsmaßnahmen (inkl. Kommunikation)

Aufbauend auf der Diagnose und dem Zukunftsbild gilt es, zeitnah vielversprechende Wege zu identifizieren, mit denen die Transformation realisiert werden kann. Wenn eine Transformation langfristig wirksam sein soll, lohnt es sich, die bisher gewohnten Pfade bewusst infrage zu stellen und neue Pfade der Veränderung zu entdecken. Doch genau hier greifen viele Veränderungsprozesse zu kurz.

Mit diesem Verständnis lohnt es sich, tiefer zu schauen, was die Organisation im Inneren ausmacht.

Hierfür bedienen wir uns wieder der Eisberg-Metapher, die Sie bereits im 4. Kapitel kennengelernt haben, und legen neben diese, verschiedene Mechanismen von Organisation, die jeweils unterschiedliche Relevanz für Transformation haben (Hamel 2020):

- Unter Leistung führen Sie das auf, was Sie letztendlich Ihren Kunden und Leistungsabnehmern versprechen (Produkte, Dienstleistungen etc.). Dies sind die Ziele der Organisation, die durch eine entsprechende Ablauf- und Aufbauorganisation in produktive Wertschöpfung übersetzt werden.
- Unter Praktiken definieren Sie die in Ihrer Organisation etablierten Führungs- und Managementansätze, die Sie praktizieren (bspw. Jahresziele, KPIs, Berichterstattung etc.), sowie Funktionsbeschreibungen und Regeln der Zusammenarbeit.
- Bei Prozessen beschreiben Sie die zentralen, standardisierten Kern-, Management- und Unterstützungsprozesse Ihrer Organisation (Lieferketten, Allokation von Ressourcen, Personal etc.). Während ein Großteil der Prozessarchitektur meist kodifiziert und transparent für alle einsehbar ist, treten Sie aber unter Prozesse bereits „unter die Wasseroberfläche des Eisbergs" ein. Es gibt Arbeitsprozesse, die weder offiziell noch transparent dokumentiert sind, sondern sich über die Zeit etabliert haben. In der Verwaltung spricht man dabei gerne vom „kurzen Dienstweg".

- Unter Prinzipien formulieren Sie die für die gesamte Organisation geltenden Grundsätze. Diese können u. a. Effizienz, Standardisierung aber auch Aspekte wie das – ausgesprochene und unausgesprochene – Verständnis von Führung sowie Compliance beinhalten. Auch finden sich hier Rituale und kommunikative Regeln, die sich gerade bei Organisationen, die bereits über längere Zeit bestehen, etabliert haben, ohne dass dies je wirklich explizit formuliert wurde.

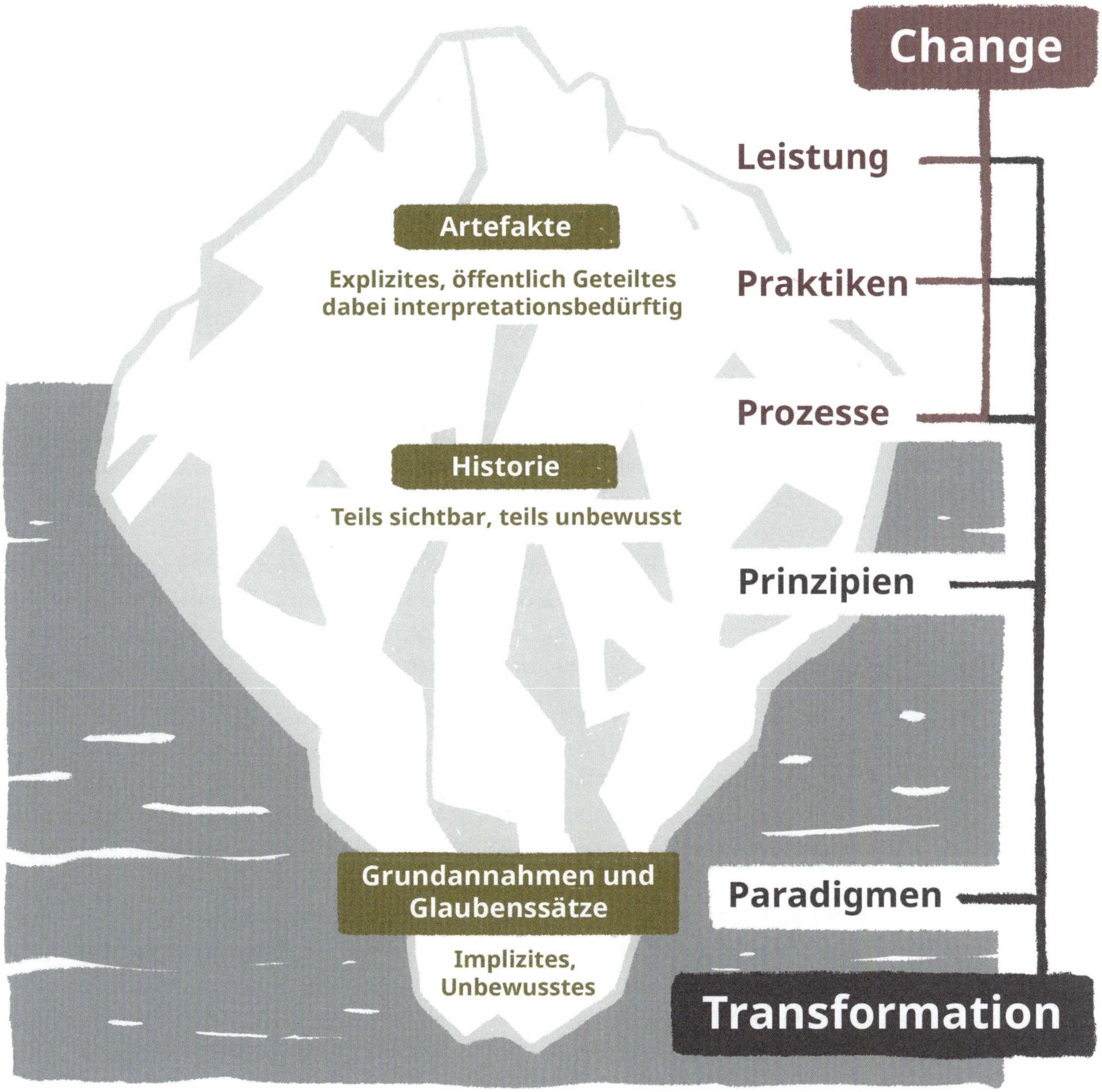

ABBILDUNG 8.4 Mechanismen der Organisation

- Paradigmen schließlich stellen die Überzeugungen (und manchmal auch Glaubenssätze) Ihrer Organisation dar, die quasi immer unsichtbar am Tisch sitzen. Machtdynamiken und Entscheidungsstrukturen gehören ebenfalls zu den Paradigmen einer Organisation, die in der Regel unausgesprochen, aber dennoch für alle Beteiligten spürbar sind. So kann ein Paradigma bspw. darin bestehen, zu glauben, dass Führungskräfte und Mitarbeitende auf Augenhöhe miteinander agieren, während jedoch allen Beteiligten sehr wohl klar ist, dass am Ende die Führungskraft das letzte Wort hat – was auch durch Personalinstrumente wie jährliche Mitarbeitergespräche als gängige Praxis bestätigt wird.

Sie merken, dass tiefgreifende transformatorische Veränderungen nicht nur weit über eine Anpassung von Leistungen, Praktiken und Prozessen hinausgeht, sondern die Organisation (auch) im Inneren berührt. Was Sie im Feld des Verstehens für Organisation und Mensch antizipiert und im Feld der Möglichkeiten bewusst gemacht haben, wird nun im Feld der Gestaltung aktiv adressiert und bearbeitet.

Leiten Sie nun anhand Ihres erweiterten Blicks auf die Organisation die aus Ihrer Sicht relevanten Kernaktivitäten (siehe unser Testen-Beispiel weiterer unten) ab und tragen Sie diese in den Canvas ein. Diese Aktivitäten sind die Grundpfeiler der Transformation und stellen sicher, dass Ihre Interventionen das richtige Maß an Tiefe und damit Chance auf wirkliche Veränderung haben.

Eine funktionale Vertiefung umfänglicher Narrative ist die Entwicklung sogenannter „Use Cases", also konkreter Anwendungsfälle, anhand deren die angestrebte Veränderung verdeutlicht wird. Dabei setzt man in der Regel am Status quo (Situation heute) an, beschreibt die Ausgangssituation und die Beteiligten sowie die derzeitige Praxis. Daneben wird eine alternative Praxis gelegt, die verdeutlicht, welche Implikationen die skizzierte Alternative mit sich bringen würde. Beispiele finden sich meist in Lieferketten oder Prozessabläufen, wo es darum geht, Schnittstellen neu zu denken oder zu optimieren. Ziel dabei ist, den angestrebten Wandel anhand eines konkreten Prozesses in der Leistungserbringung zu verdeutlichen und somit für die Gesamtorganisation nachvollziehbar zu machen.

Wenn die Kernaktivitäten geklärt und definiert sind, beginnt die eigentliche Transformationsarbeit, d. h. die Umsetzung der Aktivitäten in Form konkreter Maßnahmen. Erst in diesem Schritt zeigt sich, wie tragfähig Ihre Diagnose, Ihr Zukunftsbild und damit auch Ihre Transformationsschritte wirklich sind. So kann es gut passieren, dass im Lichte der praktischen Erfahrungen in der bisherigen Transformationsarbeit so manches relativiert und nachjustiert werden muss: Einschätzungen bezüglich der Akteure und der Gesamtsituation, aber auch eine Neubewertung vermeintlicher Lösungen. Hier gilt der systemische Leitspruch: Man lernt die Organisation eben erst dann richtig kennen, wenn man beginnt, sie zu verändern. Auch werden Sie im Verlauf einer Transformation unterschiedliche Akteure in den Arbeitsprozess integrieren, die eine Zeit lang eine aktive Rolle spielen, dann aber wieder in den Hintergrund treten. Geht es beispielsweise um arbeitsrechtliche Implikationen, bietet es sich an, frühzeitig Mitarbeitendenvertretungen wie Betriebs- oder Personalrat einzubeziehen. Sind diese Themen dann geklärt, sind diese Vertretungen nur noch punktuell einzubinden.

Wichtig ist, Nachsteuerung und Anpassung weder als Fehler noch als Versagen zu interpretieren. Vielmehr sind es Lernanlässe, die auch als solche verstanden und behandelt werden sollten. Diese Anlässe nicht zu nutzen wäre ein Fehler, der Anlass an sich jedoch nicht. Damit dies nicht dem Zufall überlassen bleibt, empfiehlt sich eine Reflektion und ggf. auch Anpassung von steuerungsrelevanten Gremienterminen, in denen die Transformation ab sofort als kontinuierlicher Tagesordnungspunkt besprochen wird. Es muss Ihnen nicht nur gelingen, Veränderungsarbeit in die täglichen Kommunikationsprozesse der Organisation zu integrieren, sondern auch die Aufmerksamkeit in der Ausgestaltung der Transformation kontinuierlich hochzuhalten.

Schließlich muss der Wandel im laufenden Tagesgeschäft der Organisation bestehen. Dies ist nicht zu unterschätzen, denn während einige Akteure aktiv und damit gestaltend am Transformationsprozess beteiligt gewesen sind, trifft dies nicht für den Rest der Organisation zu. Insofern gilt es, die in der Organisation als vielversprechend geltenden „Druckpunkte", also Konstellationen, zu identifizieren, die sich für konkrete Veränderungsaktivitäten anbieten. Dies kann zum einen bedeuten, in Bereichen zu beginnen, die bereits ein spürbares Veränderungsverlangen formuliert haben und nur darauf warten, ins Handeln zu kommen. Es kann aber auch sein, dass Sie dort intervenieren, wo Sie sich die größte „Hebelwirkung", also Ausstrahlung, auf die gesamte Organisation versprechen. Sie merken: Die Identifikation potenzieller Hebel auf Veränderung ergibt sich nicht von selbst, sondern bedarf einer genauen Prüfung der Diagnoseergebnisse, die Sie im Feld des Verstehens bereits begonnen haben.

INSOFERN IST DIE EINE AUFGABE, KONKRETE AKTIVITÄTEN UND DAZUGEHÖRIGE MASSNAHMEN FESTZULEGEN UND HIERFÜR VERANTWORTLICHKEITEN FESTZULEGEN. DIE ANDERE AUFGABE IST, DEN FORTSCHRITT UND DIE UMSETZUNGSREALITÄT STETS IM BLICK ZU HABEN. FÜR DIE BEFÜLLUNG DES TRANSFORMATIONS-CANVAS SOLLTEN SIE SICH DAHER FOLGENDE FRAGEN STELLEN:

- Wie sehen die konkreten Kernaktivitäten und Maßnahmen aus? Welche Initiativen sollten jetzt starten? Welches sind die prioritären „Baustellen"?
- Wie werden die Aktivitäten und Maßnahmen bearbeitet? Wer macht was? Sind die Verantwortlichkeiten der Aktivitäten geklärt?
- Wo werden wie, wann und von wem Entscheidungen getroffen? Sind diese Entscheidungsgrundlagen transparent und nachvollziehbar?
- Sind die Rahmenbedingungen und Ziele für jede Kernaktivität geklärt und stehen sie in Einklang mit dem Gesamtziel der Transformation?
- Wie wird ein Überblick über alle Aktivitäten und Maßnahmen sichergestellt? Welche Form des Projektmanagements ist sinnvoll und angemessen?
- Wie wird der Fortschritt sämtlicher Aktivitäten und Maßnahmen gemessen? Was passiert bei unvorhergesehenen Entwicklungen? Wie wird mit Widerstand und Verlierern der Transformation umgegangen? Wie und durch wen wird (umge)steuert?
- Wie sorgen wir für Kommunikations- und Deutungshoheit in der Transformationsarbeit? Wie stellen wir eine kontinuierliche Kommunikation sicher?
- Wo wünschen wir uns aktive Beteiligung, wo reicht eine Vermittlung von Ergebnissen und Entscheidungen?

Sie merken, bei der Beantwortung dieser Fragen findet die für alle spürbare Transformationsarbeit statt. Hier fallen die zentralen Entscheidungen, hier kommt die Organisation in Bewegung, hier entsteht Konsequenz im Handeln und nicht zuletzt: Hier wird Zukunft spürbar und greifbar. Bei alledem – und das sollte auch durch die bisherigen Ausführungen klar geworden sein – ist es weniger wichtig, nur planerisch vorzugehen und einmal Definiertes abzuarbeiten. Vielmehr geht es darum, reaktionsschnell und damit situationsangemessen auf Unwägbarkeiten des Wandels zu reagieren.

Das Team entscheidet sich, dass es fünf Task Forces geben soll, die unterschiedliche Handlungsfelder im Rahmen der Transformationsarbeit bearbeiten. Hierunter fällt beispielsweise eine Gruppe, die explizit auf den Aspekt des Geschäfts- und des Vertriebsmodells schaut und dabei auch die Auswirkungen für die aktuelle IT-Infrastruktur im Blick hat, d. h. eine starke Allianz mit der IT-Abteilung eingehen muss. Eine weitere Gruppe arbeitet an einem responsiven, flexibleren Organisationsmodus, der u. a. beinhaltetet, schneller und passgenauer auf Kundenwünsche und -bedarfe zu reagieren. Pro Task Force wird eine verantwortliche Person benannt, die operative Entscheidungen trifft, die Schnittstelle zu anderen Koordinatoren und Koordinatorinnen bildet und Teil der Steuerungsstruktur des gesamten Transformationsprozesses ist, die durch Sabine Testen verantwortet wird. Letztere ist auch für sämtliche Entscheidungen mit Bezug auf die Gesamtorganisation zuständig, d. h. Finanzen, Personal, Strukturen oder Prozesse. Auch steuert Sabine Testen sämtliche externen Begleiter:innen. Sie hat regelmäßige Rücksprachen mit ihren Task-Force-Leitungen und den Berater:innen, um sicherzustellen, dass Ressourcen sinnvoll eingesetzt werden, aber auch, um Beobachtungen durch Externe einzuholen. Die Steuerungsstruktur setzt von Beginn an auf Transparenz und nutzt dafür eine webbasierte Plattform, welche die jeweiligen Arbeitspakete und deren Stand für alle im Unternehmen nachvollziehbar abbildet. Dabei wird auch deutlich, dass Hierarchien und Statusmacht einem wirksamen und vor allem zügigen Arbeiten im Weg stehen, sodass bewusst auf rollenbasiertes Arbeiten gesetzt wird. Dies führt u. a. zu Klarheit und Transparenz in Zuständigkeiten, einer schnelleren Entscheidungsfindung und produktiveren Besprechungen, expliziter Stärken- und Kompetenzorientierung bei allen Beteiligten und damit zu höherer Motivation. Durch diesen Arbeitsmodus ist es auch möglich, schnell und unkompliziert während des laufenden Transformationsprozesses umzusteuern. „Wir können gar nicht genug kommunizieren und es ist unser aller Aufgabe, jederzeit transparent über das Projekt Auskunft geben zu können“, gibt Sabine Testen ihr Verständnis von Kommunikation in das Team. Kernbotschaften, aber auch kleine, emotionalisierende Change Stories sowie offene Werkstattgespräche, zu denen alle Interessierten eingeladen werden, sind nur ein Teil der Kommunikationsarbeit des Teams. Dabei unterscheidet es sehr genau, wo es von den Mitarbeitenden neue Ideen einholen will und wo eine Vermittlung von Informationen ausreicht.

6. Transformationswirkungen und Lernfelder

Für den Erfolg von tiefgreifender Veränderung ist es ausschlaggebend, die Wirkungen des Veränderungshandelns zu verstehen und den Fortschritt des damit verbundenen Wandels auf der Grundlage dieses Verständnisses zu entwickeln. Diese Lernschleife organisationaler Transformation funktioniert aber nur, wenn die Wirkungen nicht nur innerhalb, sondern auch außerhalb des zunächst vermuteten Wirkungskorridors gesucht und identifiziert werden. Wenn Transformation erfolgreich ist, dann wird sie immer sowohl gewünschte als auch unerwünschte Folgen haben. Gut gestalteter, tiefgreifender Wandel hat das Potenzial, die Organisation in einen kontinuierlichen Lernprozess zu bringen. Voraussetzung dafür ist ein laufender Diskurs zur Frage: Wie wollen wir gemeinsam besser werden?

Mithilfe des Canvas können Sie sich über die die geplanten oderungeplanten sowie positiven und potenziell negativen Wirkungen klar zu werden und diese deutlich zu benennen. Stellen Sie daher sicher, dass Sie einen Überblick über die möglichen Folgen der Transformation bekommen, und finden Sie hierfür die geeigneten Methoden. Eine aus unserer Sicht hilfreiche Methode der Visualisierung von Wirkungszusammenhängen ist das Outcome-Mapping (Earl/Carden/Smutylo 2002; Haas, 2002). Dabei leiten Sie, ausgehend von Ihrem Transformationsziel, konkrete Wirkungen anhand verschiedener Wirkungsdimensionen ab und führen diese mit Interventionen (Aktivitäten und damit beabsichtigten Ergebnissen) zusammen. Dabei reichen die skizzierten Wirkungen von:

- direkt beeinflussbaren, intendierten und beabsichtigten Effekten über
- potenziell entstehende, aber ungewollte Wirkungen (bspw. verlassen Mitarbeitende das Unternehmen) bis hin zu
- Meta-Wirkungen, die Sie zwar im Blick haben, Ihre direkte Einflussmöglichkeit aber gering(er) ist.

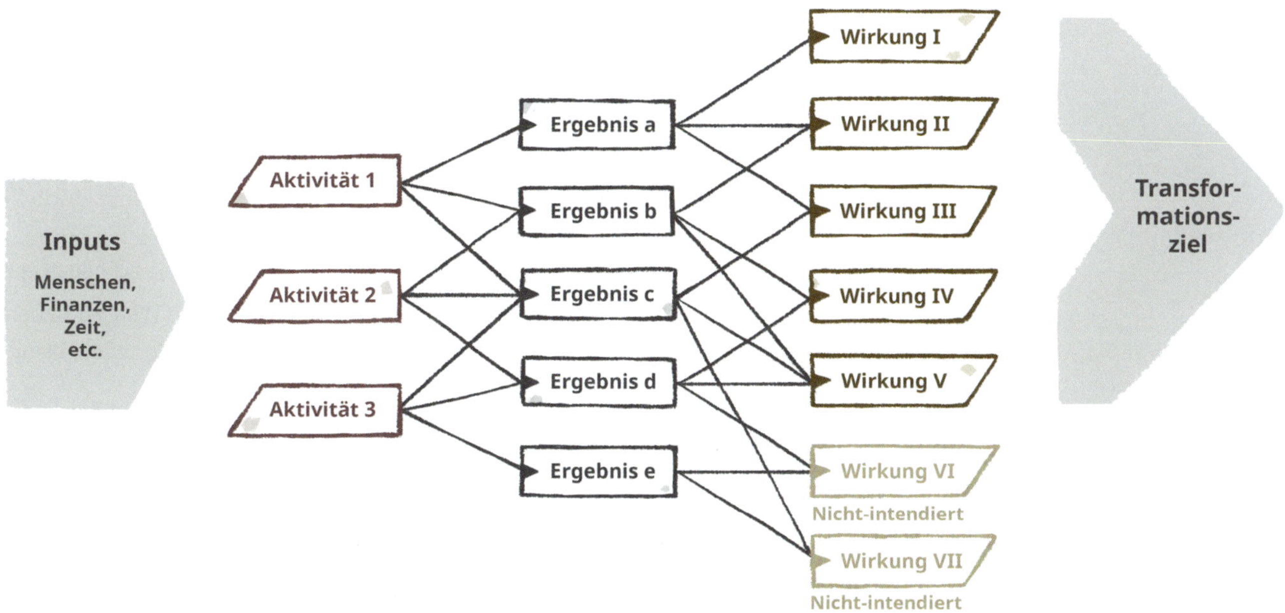

ABBILDUNG 8.5 Outcome-Mapping: Transformationswirkungen auf der Spur

Am Ende ergibt sich ein visualisiertes Wirkungsgeflecht, anhand dessen deutlich wird, ob und wie Ihre Kernaktivitäten und Maßnahmen mit Blick auf Ihr formuliertes Transformationsziel wirksam werden (können). Verstehen Sie das Outcome-Mapping in erster Linie als eine Hilfestellung etwas mehr Licht in den Wirkungsdschungel zu bekommen und damit ein besseres Verständnis der Gesamtsituation, in der Sie agieren. Ein Outcome-Mapping ist weder ein rigider Umsetzungsplan, noch ein statisches Ergebnis. Vielmehr ist es eine Quelle der Erkenntnisse für Ihr Projektmanagement und sollte daher nicht nur einmal erstellt, sondern fortlaufend überprüft und gegebenenfalls angepasst werden. Ein Outcome-Mapping wie in Abbildung 8.5 schematisch dargestellt, ist daher ein Monitoring- und Steuerungsinstrument und dient zudem der Vermittlung von komplexen Wirkzusammenhängen.

DAMIT DIESE ERKENNTNISSE DES WIRKENS TATSÄCHLICH WIRKSAM WERDEN, EMPFIEHLT ES SICH, REGELMÄSSIG ANLÄSSE ZU ORGANISIEREN, UM PRODUKTIV ÜBER DIE WIRKUNGEN DES WANDELS INS GESPRÄCH ZU KOMMEN. DAMIT DIESE GESPRÄCHE VON EINER ATMOSPHÄRE DES LERNENS GEPRÄGT SIND, SORGEN SIE DAFÜR, DASS AUCH UNBEABSICHTIGTE NEBENFOLGEN DER TRANSFORMATION IN DEN BLICK GENOMMEN WERDEN. FRAGEN SIE SICH DABEI GANZ KONKRET:

- Wie lernen wir und andere Beteiligte aus den Erkenntnissen der Transformation?
- Wie gehen wir mit dem Gelernten um? Was bedeutet das Gelernte für Gruppen, die nicht am Veränderungsprozess beteiligt sind?
- Welche Erkenntnisse ergeben sich aus dem Lernen? Welche Folgen lösen sie aus?
- Was passiert mit Lernerfahrungen, die den Annahmen und Vorstellungen mächtiger Akteure widersprechen?
- Was lernen wir über uns und unsere Organisation? Welche Paradigmen und Prinzipien befördern bzw. behindern die Transformation?

Die Gelingensbedingungen für Lernen liegen somit, wie bereits in Kapitel 4 erläutert, weniger auf der Schauseite der Organisation, sondern nicht selten auch im Verborgenen. Und genau das sind die vergeudeten Lernchancen von Transformationsprozessen. Nehmen Sie die einfache Frage: Wie verschieben sich die Machtverhältnisse in der Organisation? Eine wirkliche Antwort hierzu werden Sie weder in persönlichen Gesprächen noch Abfragen bekommen. Die Transformationswirkungen beantworten Ihnen die Frage, wie sich das neue Selbst der Organisation zukünftig gestaltet und inwiefern es Ihnen gelungen ist, diese Welt zu bauen. Hier entscheidet sich, ob Ihr Transformationsziel erreicht wurde und etwas tiefgreifend Neues geschaffen wurde.

Sabine Testen und ihr Team erkennen über das entwickelte und eingesetzte Monitoring schnell, dass die Veränderung weit über strukturelle oder prozessorale Anpassungen hinaus gehen, sie spüren, dass die zentralen Veränderungstreiber eher in der Kultur, also den Traditionen, Routinen und Mustern des Unternehmens zu finden sind. Deutlich wurde dies u. a. bei Fokusgruppen, die das Projekt einmal im Quartal mit ausgewählten Mitarbeitenden veranstaltet. Dieses Format gibt ihr und dem Team zudem einen Eindruck davon, ob und wie sich möglicher Widerstand entwickelt. Diesen versteht das Team in erster Linie als einen Lernanlass und nicht als etwas, das man vermeiden oder gar bekämpfen sollte. Stattdessen schaut Sabine Testen auf Widerstand ganz im Sinne von Robert Kegan und Lisa Laskow Lahey (2009) als „Unfähigkeit zur Veränderung aufgrund von tief verwurzelten Annahmen und erlebten Widersprüchlichkeiten". Daher schafft sie von Beginn an konkrete Räume, die explizit auf das Lernen im Transformationsprozess ausgerichtet sind. Zuerst hat sie die Hoffnung, dass dies als ein Tagesordnungspunkt ihrer Regelrücksprache mit ihren Task-Force-Leitungen möglich ist. Sie merkt aber schnell, dass dies der falsche Raum ist und sie dort eher Erfolgsstories mitgeteilt bekommt. Sie sorgt daher für separate Lernformate wie niedrigschwellige zweistündige Workshops, in denen anhand ganz konkreter Anlässe, die während der Veränderungsarbeit entstanden sind, kollegiale Beratung und „Lernen am konkreten Werkstück" erfolgt – all das geschieht außerhalb der Büroräumlichkeiten. Auch sorgt sie dafür, dass regelmäßig Kurzimpulse durch Externe in transformationsrelevanten Themen wie Kooperation, Vertrauen, Macht oder rollenbasiertes Arbeiten Teil der Gesamtarchitektur sind. Nicht zuletzt nimmt sie sich die Zeit, mit den an der Transformation Beteiligten immer wieder den Blick nach außen zu richten: Sie startet kleine Lernreisen zu anderen Organisationen und kollektive Fortbildungen, bei denen neben einer Inspiration von Anderen immer der Transfer in den eigenen Handlungskontext im Fokus steht. „Was heißt das jetzt für uns?" war dabei die immer wieder anleitende Frage.

Nachdem wir nun jedes Feld sowie die einzelnen Elemente im Canvas durchgegangen sind, hier der von Sabine Testen und ihrem Team ausgefüllte Canvas zur Übersicht.

ABBILDUNG 8.6 Vollständig ausgefüllter Transformations-Canvas

Komplett neue Vertriebsform: Individualisiert, schnell, Omnikanal > Dienstleistungen

Blick auf den Markt erweitern, Fokus: Ökosystem!

Agilisierung ist wichtig, Wandel muss jedoch weitergehen als Struktur

Transformationsschritte
(Kernaktivitäten)

Etablierung von Task Forces und Verantwortlichkeiten (u.a. Geschäfts- und Vertriebsmodell)

Entscheidungen treffen, umsetzen und kommunizieren; Wo ist Widerstand und warum?

Rollenbasiertes Arbeiten einführen

Transformationsmaßnahmen
(inkl. Kommunikation)

Change Stories entwickeln; Werkstattgespräche durchführen

Kunden- und Nutzerwünsche einholen (regelmäßig)

Allianzen etablieren (hier: IT)

Transformationswirkungen und Lernfelder

Erstellung eines wirkungsorientierten Monitorings und zugehöriger Verantwortlichkeiten

Wirkungskette und -geflecht sind entwickelt

Lernfelder: Wer lernt hier was?

Marktanteil sukzessive ausgebaut

Gefragter Impulsgeber für erfolgreiche Transformationen

Kunden und -Mitarbeiter*innen-zufriedenheit – Nachhaltig!

Stolpersteine im Feld der Gestaltung

Das Feld der Gestaltung ist entscheidend dafür, ob aus Ihrem Zielbild Realität wird oder nicht. Es ist der Teil der Veränderungsarbeit, der entscheidet, wie wirksam Ihre Interventionen am Ende wirklich sind. Gleichzeitig ist es aber auch – und das gilt für Veränderungsarbeit generell – der Teil von Wandel, der sich bestenfalls an den Rändern im Detail planen lässt. Veränderungsarbeit wird häufig als eine sequenzielle Aneinanderreihung verschiedener Schrittfolgen vereinfacht dargestellt, die fast immer von einer eben nicht planbaren oder gar voraussagbaren Realität eingeholt werden. Und so ist die erste Empfehlung, sich bewusst auf diese Situation einzulassen und, statt einer rigorosen Abarbeitung, Wandel mit offenen Augen und einer immer wieder neugierigen und erkundenden Haltung zu begegnen.

Ungeachtet dessen gibt es jedoch Dinge in tiefgreifender Veränderungsarbeit, die vermeidbar sind, und genau vor diesen wollen wir Sie bewahren. Daher schauen wir an dieser Stelle noch einmal ganz bewusst auf die Welt der Stolpersteine in der Gestaltung von Wandel:

(1) Verantwortungsflucht

- Brüchige Allianzen des Wandels, die sich dann verflüchtigen oder gar zerbrechen, wenn der kalte Wind des Widerstands im Wandel weht,
- Die immer mitschwingende Unsicherheit im Wandel wird nicht mit mutigen Entscheidungen beantwortet. Folge: Die Veränderungsarbeit kommt nicht voran und ertrinkt in Beschäftigung mit sich selbst,
- Die Leitungsebene steht nicht hinter der Transformation und übernimmt nur oberflächlich Verantwortung für die Umsetzung. Folge: Es bleibt bei vollmundigen Ankündigungen und Versprechen, die nach und nach in kollektive Veränderungsmüdigkeit münden.

(2) Bodenhaftung verloren

- Visionäre übernehmen das Kommando und ignorieren bzw. werten warnende Hinweise aus ihrem Umfeld als „nicht innovativ“ ab.
- Wenn visionäre Weitsichtigkeit nicht mit konkreten, sichtbaren Ergebnissen belohnt, versandet nicht nur die Vision, sondern auch der Wandel.

(3) Verorganisation als Falle

- Tiefgreifende Veränderungen scheitern nicht, weil sie zu wenig geplant wurden, sondern weil soziale Dynamiken in Organisationen nicht bedacht wurden (u. a. Boonstra 2020, S. 13–21). Fragen Sie immer wieder: Wer gewinnt und wer verliert im Wandel?
- Konstante Berichterstattung, permanente Legitimation des eigenen Handelns und Bedienung des Systems rauben den Gestaltenden die ihnen zur Verfügung stehenden Ressourcen. Sie dienen dem System, aber nicht dem Wandel.
- Machtdynamiken in der Organisation werden entweder unterschätzt oder falsch eingeschätzt: Während im Wandel gerne primär nach oben geschaut wird, werden die „wirklich Mächtigen“ im Mittelbau der Organisation übersehen. Diese sind jedoch für die Umsetzung von Wandel entscheidend und sitzen bereits im Graben und haben auf Sie angelegt.

So, das war's … Nicht ganz so schnell: Ergebnisse und Verankerung des Wandels

Ist das Feld der Gestaltung durchlaufen, ist etwas mit Ihnen und der Organisation passiert. Sie spüren das nicht nur in Form neuer, eingeführter und entwickelter Arbeitsweisen und/oder Geschäftsmodelle, die neue Produkte und Dienstleistungen beinhalten. Sie spüren es auch, weil Sie der Organisation ein neues Selbst gegeben haben, ein Selbst, das eine Reaktion auf Umfeldveränderungen und Ansprüche ist. Sie erleben eine neue Passung von organisationaler Sinnstiftung, Leistungsfähigkeit und Menschen, die diese verkörpern. Auch haben Sie einen neuen, tiefen Blick in Ihre Organisation erhalten, der Sie anders auf diese schauen lässt: wertschätzend auf das Erreichte, aber auch zuversichtlich mit Blick auf die Zukunftsfähigkeit. Nicht zuletzt werden Sie auch sich selber anders in der Organisation erleben. Sie sind nun Teil einer größeren Veränderung, die über Sie hinausgeht, an der Sie aber maßgeblichen Anteil hatten. Sie verkörpern einen Teil dieser Veränderung.

Nachdem wir nun die Felder des Verstehens, des Ermöglichens und des Gestaltens durchlaufen haben, gilt es, den Wandel in der Organisation zu verankern und damit sicherzustellen, dass dieser nachhaltig wirksam wird. Dieser Phase der Verankerung ist noch einmal ganz besondere Aufmerksamkeit zu widmen. Und das ist nicht einfach, denn mental scheint es, als sei die Arbeit bereits getan: Der Veränderungsprozess ist umgesetzt, Ergebnisse sind verkündet und nun scheint es, als würde sich der Wandel quasi ganz von selbst ergeben. Doch dem ist mitnichten so. Viele bereits als erfolgreich deklarierte Veränderungen scheitern nach Abschluss der eigentlichen Veränderungsarbeit, weil den eher trägen und langsamen organisationalen Dynamiken keine Aufmerksamkeit mehr gewidmet wird.

Mit Blick auf die Energien erleben wir die Energie des Machens in der Verankerung von Wandel im Fokus. Sie sichert Erreichtes ab und sorgt damit für eine Verankerung des Neuen in der Organisation. Dies wird flankiert durch die Bewahrungsenergie, die wertschätzend auf die zurückgelegte Wegstrecke der Veränderung schaut und die damit verbundene Anstrengung für alle Beteiligten anerkennt. Die Visionsenergie wiederum kommuniziert das durch die Transformation erreichte Zielbild packend und nachvollziehbar in das Unternehmen.

Doch nicht so schnell! Erinnern wir uns an die Ausführungen, die wir ganz zu Beginn des Buches gemacht haben: Organisationen, verstanden als kollektive Akteure, lassen sich nicht so einfach umbauen und verändern, wie es Pläne und Kennzahlen suggerieren. Sie sind keine trivialen Maschinen, die man mal eben im Reparaturbetrieb anpassen kann – das gilt für Optimierung, ebenso wie für tiefgreifende Transformation. Stattdessen muss man sich Organisationen als komplexe, eigensinnige, lebendige und soziale Einheiten vorstellen, die ihren historisch gewachsenen und in der Vergangenheit durchaus erfolgreichen Erfolgsmustern folgen. Organisationen folgen somit ihrer eigenen „eigenen Melodie" und diese eingespielten Muster entscheiden letztlich, wie sehr initiierte Veränderungsmaßnahmen langfristig und damit nachhaltig wirksam werden. Nach vielen Jahren der intensiven Befassung mit Organisationen kann festgestellt werden, dass diese anders als der verführerischen Vereinfachung glaubend, wesentlich eigenständiger agieren und sich nur begrenzt durch den externen Willen von Einzelpersonen steuern lassen (vgl. zu diesem Organisationsverständnis u. a. Luhmann 2000/Baecker 2003).

Wie kann es nun gelingen, langfristige Veränderungsfähigkeit als Grundeigenschaft der Organisation zu verankern?

Um eine Verankerung von tiefgreifender Veränderung sicherzustellen, bedarf es „Promotoren des Wandels", die nicht nur über Veränderung reden, sondern diese aktiv vorleben. Dabei lässt sich zwischen Macht-, Fach- und Prozesspromotoren unterscheiden (vgl. König/Volmer 2008):

MACHTPROMOTOREN

Macht, verstanden als Ausdruck vitaler Gestaltungsinteressen, akkumuliert sich in der Leitungsebene von Organisationen, aber nicht nur dort. Zum einen lässt sich Macht sehr klar aus der hierarchischen Verortung von Personen in Organisationen ableiten. Zum anderen verfügen aber auch Menschen, die auf starke, über Jahre gewachsene Netzwerke in Organisationen zurückgreifen können, über Macht. Ganz gleich, wie sich Macht manifestiert, es sind Menschen, die Einfluss haben und nehmen können. Sei es durch ihre Position oder ihr Ansehen. Sie können Wandel einfordern, durchsetzen, aber auch einflüstern. Ganz egal wie, Machtpromotoren sind zentraler Treiber von Wandel, die es für eine Verankerung braucht.

FACHPROMOTOREN

Unter Fachpromotoren sind Personen zu verstehen, die sich durch ein hohes Maß an fachlicher Kompetenz auszeichnen. Sie sind Expertinnen und Experten in ihren Fachgebieten und sprechen damit insbesondere Fachkreise in Organisationen an. Sie schauen aus fachlicher Perspektive auf den Wandel und machen diesen anschlussfähig an die fachlichen Gemeinschaften und Netzwerke der Organisation. Auf diesem Weg machen sie ihn anschlussfähig an Bereiche, die ggf. auf den ersten Blick nur am Rande von Veränderungen betroffen sind. So kann beispielsweise eine ausgewiesene Expertin im Rechtswesen tiefgreifende Veränderungen in der Organisation über thematische Anker wie Compliance bis hin zur Vermeidung von reputativen Risiken einer Organisation verdeutlichen.

PROZESSPROMOTOREN

In jeder Organisation gibt es Menschen, die sich dadurch auszeichnen, dass sie entweder aufgrund ihrer Funktion oder ihrer persönlichen Fähigkeiten in der Lage sind, Arbeitsprozesse zu initiieren, zu begleiten und zu einem erfolgreichen Ende zu führen. Sie umgibt mitunter etwas Magisches, weil es ihnen anscheinend mühelos gelingt, Menschen für Themen, Aufgaben oder Initiativen zu begeistern und deren Engagement einzuholen. Sie sind es daher meist auch, die Neues in Organisationen einführen, unternehmensweite Veränderungsinitiativen leiten und darüber hinaus stark vernetzt sind – nach innen, aber auch über Organisationsgrenzen hinaus. Dieser Kreis ist entscheidend dafür, dass Veränderungen in bestehende oder geplante Arbeitsprozesse integriert werden. Sie sind es, welche die Fäden des Neuen mit dem Alten spinnen und dabei Menschen mitnehmen.

Es sollte deutlich geworden sein, dass die Stabilisierung von tiefgreifender Veränderung nicht nur primär die Aufgabe „klassischer Führungsfunktionen" ist, sondern weit darüber hinaus geht. Der hierarchische Hebel kann ein wirksamer sein, aber er ist ganz sicher nicht der einzige, um transformatorische Wirkungen in die Regelsysteme einer Organisation zu integrieren.

Konkret bedeutet dies für die Verankerung von Wandel, Promotoren für die Verankerung aus dem Kreis der genannten Kategorien zu identifizieren. Dabei fällt der Blick natürlich zuerst auf die an der Transformationsarbeit bereits beteiligten Personen, aber auch darüber hinaus. Auch kann es sein, dass deutlich wird, dass es für eine nachhaltige Verankerung des Wandels neuer Schlüsselpositionen bedarf, die extra geschaffen, qualifiziert und in die Organisation integriert werden müssen. Ganz egal, wie Sie sich entscheiden, eine Verankerung von Großem gelingt in erster Linie im Kleinen und dafür braucht es den Menschen. John Kotter verdeutlicht diesen Aspekt des personenzentrierten Verankerns trefflich mit der Aussage: „Sometimes the only way to change a culture is to change key people" (Kotter 1996).

Werkzeug

Im Folgenden finden Sie einige bewährte Instrumente, die Sie bei beim Durchlaufen des Felds der Gestaltung unterstützen können.

Methode	Beschreibung	Bezug zu Transformationsarbeit
Prototyping	Prototyping ist eine Form des Action Learning und beinhaltet, dass man durch kleine Experimente herausfindet, wie man zu kreativen Lösungen kommt. Dabei ist das Risiko gering, es bietet somit mehr Kontrolle über mögliche negative Auswirkungen. Um effektiv zu sein, erfordert das Prototyping, dass Menschen in einem kontinuierlichen Zustand der Mehrdeutigkeit und Komplexität zusammenarbeiten. In seinem Buch "Serious Play: How the World's Best Companies Simulate to Innovate" (Harvard Business School Press 2000) stellt Michael Schrage fest, dass „innovative Prototypen innovative Teams schaffen".	Prototyping eignet sich vor allem zur Erkundung und Visualisierung von Ideen, Aspekten oder für das Testen eines vorläufigen Ergebnisses. Wenn Sie daher schnell verstehen wollen, ob Sie mit Ihren Überlegungen für einen Lösungsansatz auf dem richtigen Weg sind, tun Sie dies am konkreten Fall.

Methode	Beschreibung	Bezug zu Transformationsarbeit
Veränderungskommunikation	Veränderungskommunikation (auch: Change-Kommunikation) ist eine Teildisziplin der Unternehmenskommunikation. Veränderungskommunikation ist die adäquate Begleitung von Veränderungsarbeit mit dem Ziel, Einfluss auf weiche Faktoren (Stimmungen, Ängste, Widerstände etc.) zu nehmen, die den Erfolg hemmen oder befördern können. (vgl. Kapitel 4 Gelingensbedingungen)	Kommunikation in tiefgreifender Veränderungsarbeit ist entscheidend: Mitarbeitende wollen wissen, warum jetzt, was, wie verändert wird. Was passiert als Nächstes? Und was heißt das für mich? Antworten auf diese Fragen sollten Sie nicht anderen überlassen, sondern wer verändert, trägt auch die Verantwortung für die kommunikative Vermittlung.
Metareflexion und Anpassung	Metareflexion bedeutet im Kern, über gemachte Erfahrungen in ihrer Summe in ein – meist gemeinsames – Nachdenken zu kommen. Dabei löst man sich vom Einzelfall und schaut auf Muster und Strukturen, die durch die unterschiedlichen, individuellen Erfahrungen zutage kommen. (vgl. Kapitel 4 Gelingensbedingungen)	Schnell verliert man im Transformationsalltag die Übersicht über das, was um einen herum passiert. Treten Sie einen Schritt zurück und fragen Sie sich: „Worum geht es hier eigentlich?"
Ko-Kreation	Mit Ko-Creation ist eine besondere Form des Prozessmanagements bei zunehmender Komplexität und Mehrperspektivität verbunden, die auf einen Konsens in frühen Phasen der Ideenfindung, der Meinungsbildung und des Entscheidungsprozesses abzielt.	Transformationsarbeit bedeutet auch, zuzulassen, dass es andere Perspektiven, Logiken und Wahrnehmungen gibt. Statt diese zu bekämpfen, sollten Sie diese einladen, gemeinsam mit Ihnen Lösungen zu finden. Ganz nebenbei entsteht durch das gemeinsame Schaffen von Lösungen auch eine gemeinsame Willensbildung in der Umsetzung.
Outcome-Mapping	Outcome-Mapping ist ein System zur Messung des Projektfortschritts, das von der Förderorganisation International Development Research Centre (IDRC) entwickelt wurde. Es unterscheidet sich von den traditionellen Metriken dadurch, dass es sich nicht auf die Messung der Ergebnisse und deren Auswirkungen auf die primär Begünstigten konzentriert, sondern auf die Verhaltensänderungen der sekundär Begünstigten.	Komplexes kann man nicht reduzieren, man kann aber dafür sorgen, dass man zumindest ein Gefühl dafür bekommt, wie umfänglich das Geflecht an Auswirkungen ist, welches man durch die Transformationsarbeit auslöst.
Stakeholder-Landkarte	Stakeholder-Landkarten bilden vielschichtige Beziehungen von Interessengruppen und Beteiligten sowie der Stakeholder untereinander grafisch ab. Sie sind somit ein Werkzeug zur Erfassung, Analyse und Dokumentation von Personen und Personengruppen, die einen Einfluss auf einen Sachverhalt haben (bspw. das Ziel eines Veränderungsvorhabens).	Seien Sie sich darüber im Klaren, dass Sie tiefgreifende Veränderungen nicht alleine erzeugen können. Nachhaltiger und tiefgreifender Wandel geht nur im Verbund. Um starke Allianzen für Wandel zu entwickeln, aber auch potenzielle Friktionen frühzeitig zu erkennen, lohnt es, das soziale Geflecht aller Beteiligten und Betroffenen transparent zu machen.
Rollenbasiertes Arbeiten	Rollenbasiertes Arbeiten ist eine Arbeitsweise, bei der die Aufgabenbereiche der Beteiligten durch Rollen organisiert werden. Dabei werden nicht den einzelnen Personen, sondern den Rollen bestimmte Aufgaben und Verantwortungsbereiche zugeschrieben. Beteiligte tauchen in diese Rollen ein und übernehmen die mit der Rolle einhergehenden Aufgaben.	Die Vorteile des rollenbasierten Arbeitens bestehen darin, dass Rollen flexibel und anpassungsfähig sind (im Vergleich zu Funktions- und Stellenbeschreibungen). Rollen entstehen bei Bedarf, können dynamisch an neue Herausforderungen angepasst werden und orientieren sich an den Stärken und Kompetenzen von Mitarbeitenden. Erfüllt eine Rolle keinen Bedarf mehr, wird sie aufgelöst.

Feiern

Sichern

Voran

EPILOG

Wir hoffen, Ihnen auf den vorangegangenen Seiten vermittelt zu haben, worauf es bei tiefgreifenden Veränderungen, bei Transformationen im Kern ankommt. Neben einer Einordnung von vergangener, heutiger und zukünftiger Veränderungsarbeit war es uns ein zentrales Anliegen, Sie mit unseren Gedanken in ein neues Denken und Handeln einzuladen. Es kann dabei nicht oft genug betont werden, dass wir dabei wertschätzend zurückblicken und die mentalen Modelle und das entsprechende Handwerkszeug, welches uns über viele Jahre in der Gestaltung von Wandel begleitet hat, würdigen. Gleichzeitig wollen wir Sie aber auch ermutigen und anregen, die ein oder andere lieb gewonnene Routine im Umgang mit Wandel infrage zu stellen bzw. sogar abzustellen. Wir haben Sie eingeladen, sich bewusst in die aus unserer Sicht für tiefgreifende Veränderungen notwendigen Felder des Verstehens, des Ermöglichens und des Gestaltens zu begeben und diese mit Leben zu füllen. Neben Handwerkszeug und konkreter Handlungsanleitung ist es uns wichtig, dass Sie sich bei allem mit den Energien auseinandersetzen, die es bei tiefgreifender Veränderungsarbeit braucht, damit Sie die nötige Spannung schaffen, aus der heraus Neues entstehen kann.

Veränderungsarbeit ist und bleibt ein herausforderndes Geschäft – für alle Beteiligten und Betroffenen. Unser Anliegen ist es aber, Sie nicht nur vor unnötigen Fehltritten zu bewahren, sondern Sie zu unterstützen, die Potenziale und Möglichkeiten, die in Situationen des Wandels in der Luft liegen, aktiv zu nutzen und dies freudvoll, ja lustvoll zu tun. Wir richten uns daher an Menschen, die Veränderungsarbeit entweder selbst gestalten und verantworten, Einzelpersonen wie Teams, aber auch an diejenigen, die Veränderungsarbeit in Organisationen erleben. Wir wünschen uns, dass unsere Gedanken überall dort eingesetzt werden, wo Menschen Organisationen tiefgreifend verändern wollen. Seien es Unternehmen, Verwaltungsbehörden, Non-Profit-Organisationen oder organisationsübergreifende Systeme und viele mehr. Denn ganz egal, um welchen Organisationstyp es sich handelt, unser Versprechen liegt in der Erarbeitung gemeinsamer, nachhaltiger und wirkungsvoller Lösungen, die auf die Zukunftsfähigkeit von Organisationen und damit auch Gesellschaft einzahlen.

Es ist Freitagabend und Sabine Testen ist aufgeregt. Sie sortiert ihre Notizen und schaut noch einmal auf das, was sie gleich einem Publikum aus Unternehmerinnen, Vertretern unterschiedlichster Start-ups und Menschen aus der angewandten Wissenschaft berichten wird: Ihre Transformationsreise in der Versicherungsbranche. Die Einladung, gemeinsam, mit ihrem Team einen TED-Talk zu geben, hat sie gerne angenommen. Nun ist es so weit. Sie erinnert sich an die Momente der Euphorie und Begeisterung mit ihrem Team, wenn es konkrete Ergebnisse und Durchbrüche in ihrer Arbeit gab, aber auch an die düsteren, ja, fast aussichtslosen Situationen, bei denen ihre Arbeit infrage gestellt wurde. Sie sieht die aufgebrachten und emotionalen Menschen vor sich, die sie bei einer Betriebsversammlung offen angegangen haben. Sie erinnert sich an die Gespräche mit ihren Kolleginnen und Kollegen, die sie in das Transformationsteam geholt hatte. Sie waren eine eingeschworene Einheit geworden und für sie ganz persönlich ein Ort, wo sie um Hilfe bitten und auftanken konnte. Sie kannte die meisten davon schon einige Jahre, doch durch die intensive tägliche Zusammenarbeit hat sie viele Facetten dieser Menschen erst in der Gestaltung des Wandels kennen und schätzen gelernt. Sie sieht die unzähligen Post-its an Wänden, wenn sie wieder ein Offsite hatten, um die Transformationsarbeit zu reflektieren und weiter auszurichten. Sie erinnert sich an Gespräche mit Kund:innen, die ihr signalisierten, dass sie sich durch vieles, was sie angestoßen hatte, noch besser versorgt fühlten. Sie spürt eine Mischung aus Stolz und Demut in sich, die sie so noch nicht gefühlt hat.

„Wir sind so weit", klingt es vorsichtig an der Tür. Die Lichter gehen an, der Vorhang öffnet sich, Applaus. Sabine Testen und ihr Team betreten die Bühne.

LITERATURVERZEICHNIS

Anthony, S.D., Trotter, A., Bell, R., Schwartz, E.I. (2020): The Transformation 20 -Strategic Change Rankings for 2019. https://www.innosight.com/wp-content/uploads/2019/09/Innosight-Transformation-20-Final.pdf, Zugriff 18.05.2021.

Anthony, S.D.; Gilbert, C.G.; Johnson M.W. (2017): Dual Transformation – How to Reposition Today's Business While Creating the Future. Boston (Mass.): Harvard Business Review Press.

Arnold, H. (2016): Wir sind Chef. Freiburg: Haufe-Lexware.

Ashkenas, R. (2015): We Still Don't Know the Difference Between Change and Transformation. Harvard Business Review https://hbr.org/2015/01/we-still-dont-know-the-difference-between-change-and-transformation, Zugriff 5.05.2021.

Audi (2021): https://www.audi.com/de/experience-audi/mobility-and-trends/digitalization/visions-of-future-mobility.html.

Baecker, D. (2003): Organisation und Management. Frankfurt: Suhrkamp.

Beuerle, D. (2019): Fragen fragen — Ask and reflect yourself. Masterarbeit Hochschule Pforzheim. https://www.hs-pforzheim.de/fileadmin/user_upload/uploads_redakteur/Forschung/heedPF/Dokumente/190415_MACD_Thesis_Fragen_Deborah_Beuerle_HEED_Pack.pdf, (Zugriff 7.05.2021).

Boonstra, J. J. (2020): The end of planned change: Can we play together. Holland Management Review,191 (37), S. 13–21.

Bruner, J. (1986): Actual Minds, Possible Worlds. Boston (Mass.): Harvard University Press.

Brunnhuber, S. (2016): Die Kunst der Transformation. Wie wir lernen, die Welt zu verändern. Freiburg im Breisgau: Herder.

Chaudron, M. (2019): Change vs. Transformation. http://rocknchange.com/change-vs-transformation/, Zugriff 5.05.2021.

Choi, M. (2011): Employees' attitudes toward organizational change: a literature review. Human Resource Management, 50, 4, S. 479–500.

Christensen, C.M. (1997): The innovators dilemma. Harvard Business School Press (Deutsche Version: Christensen, C.M., von den Eichen, S. F., Matzler, K. (2011): The Innovator's Dilemma: Warum etablierte Unternehmen den Wettbewerb um bahnbrechende Innovationen verlieren. München: Vahlen).

Dalpiaz, E., & Di Stefano, G. (2018): A universe of stories: Mobilizing narrative practices during transformative change. Strategic Management Journal, 39, 3, S. 664–696.

D'Andrada (1992): Schemas and Motives. In: D'Andrada R. G. und Strauss C. (Hrsg) Human Motives and Cultural Models, Cambridge, Cambridge University Press 1992 S. 1–20

Day, G., Moorman, C. (2010): Strategy from the Outside. London: McGraw-Hill Education.

Die Zeit (2021): Ich hatte Angst, dass irgendjemand sagt, ich würde mich nur ins gemachte Nest setzen. Interview mit Marc Fielmann, Die Zeit Nr. 3, 14.01.2021, S. 22–23.

Doppler, Klaus (2006): Führen in Zeiten der Veränderung. OrganisationsEntwicklung, 1/2006, Fachverlag der Verlagsgruppe Handelsblatt, Düsseldorf, S. 28–39.

Duhigg, Charles (2013): Die Macht der Gewohnheit. Warum wir tun, was wir tun. München: Piper.

Dyer, J., Gregersen, H., Christensen, C.M. (2011): The Innovator's DNA: Mastering the Five Skills of Disruptive Innovators. Boston (Mass.): Harvard Business Press.

Earl, S.; Carden, F.; Smutylo, T. (2002): Outcome Mapping: Building Learning and Reflection into Development Programs. Ottawa: IDRC.

Edmondson, A. C. (2019): The fearless organization. Creating psychological safety in the workplace for learning, innovation, and growth. New Jersey: Wiley.

Erlach, C., Müller, M. (2020): Narrative Organisationen. Wiesbaden: Springer Gabler, S. 171.

Erpenbeck, J., von Rosenstiel, L., Grote, S., Sauter, W. (2017): Handbuch Kompetenzmessung. 3. überarbeitete und erweiterte Auflage. Stuttgart: Schäffer-Poeschel.

Geertz, Clifford (1973): The Interpretation of Cultures. New York: Basic Books.

Gino, F. (2018): The Business Case for Curiosity. https://hbr.org/2018/09/the-business-case-for-curiosity, Zugriff 18.05.2021.

Glasl, F., Lievegoed, B. (2021): Dynamische Unternehmensentwicklung. Grundlagen für nachhaltiges Change Management. 6. Auflage. Haupt. Bern.

Goffmann, E. (2003): Wir alle spielen Theater. Die Selbstdarstellung im Alltag. 8. Auflage. München: Piper.
Gregersen, H. (2018): Better Brainstorming – Focus on questions, not answers, for breakthrough insights. Harvard Business Review, March–April 2018, https://hbr.org/2018/03/better-brainstorming, Zugriff 17.05.2021.
Haas, O. (2002): Wirkungsbeobachtung von Trainingsmaßnahmen für Klein(st)unternehmer. Berlin: VWF.
Haas, O (2021): Schattenspiele – Shadowing von Einzelpersonen und Gruppen. OrganisationsEntwicklung, 1/2021, S. 87–92.
Hall, E. T. (1976): Beyond culture. New York: Doubleday.
Hamel, G., Zanini, M. (2020): Humanocracy. Creating organizations as amazing as people inside them. Boston (Mass.): Harvard Business Review Press.
Hanelt, A., Bohnsack, R., Marz, D. and Antunes Marante, C. (2021): A Systematic Review of the Literature on Digital Transformation: Insights and Implications for Strategy and Organizational Change. J. Manage. Stud. https://doi.org/10.1111/joms.12639.
Herger, M. (2019): Foresight Mindset. München: Vahlen.
Hofert, S. (2017): Agiler führen: Einfache Maßnahmen für bessere Teamarbeit, mehr Leistung und höhere Kreativität. 2. Auflage. Wiesbaden: Springer Gabler.
Kaduk, S., Osmetz, D., Wüthrich, H. A, Hammer, D. (2020): Musterbrecher – Die Kunst, das Spiel zu drehen. Hamburg: Murmann.
Kahneman, D. (2011): Thinking, Fast and Slow. London: Penguin.
Kaplan, A. (2002): Development Practitioners and Social Process – Artists of the Invisible. London: Pluto Press.
Kashdan, T., Stiksma, M., Disabato, D., Mcknight, P., Bekier, J., Kaji, J., Lazarus, R. (2017): The Five-Dimensional Curiosity Scale: Capturing the bandwidth of curiosity and identifying four unique subgroups of curious people. Journal of Research in Personality. 73., S. 130–149, DOI 10.1016/j.jrp.2017.11.011.
Kegan, R., Laskow Lahey, L. (2009): Immunity to Change. How to overcome it and unlock the potential in yourself and your organization. Boston (Mass.): Harvard Business Review Press.
Kessel, B., Kessel, B. (2019): Der Rollenradar — Ein Reflexionstool für Change-Verantwortliche. OrganisationsEntwicklung, 4/2019, S. 86–92.
Kilkkia, K., Mäntyläa, M., Karhua,K., Hämmäinena, H., Ailistob, H. (2018): A disruption framework. Technological Forecasting & Social Change, 129, S. 275–284, https://doi.org/10.1016/j.techfore.2017.09.034.
Kim, W.C.; Mauborgne, R. (2005): Blue Ocean Strategy: How to Create Uncontested Market Space and Make the Competition Irrelevant. Boston (Mass.): Harvard Business School Press.
Knauf, C. (2006): Coaching-Ausbildung: Buddha Nature in Business. Unveröffentlichte Seminarunterlagen.
König, E., Volmer, G. (2008): Handbuch Systemische Organisationsberatung. Weinheim und Basel. Beltz.
Kotter, J. (1996): Leading Change. Boston: Harvard Business School Press.
Kühl, S., Moldaschl, M., Hrsg. (2010): Organisation und Intervention, Ansätze für eine sozialwissenschaftliche Fundierung von Organisationsberatung. München: Rainer Hampp.
Laloux, F. (2015): Reinventing Organizations: Ein Leitfaden zur Gestaltung sinnstiftender Formen der Zusammenarbeit. München: Vahlen.
Lewin, K. (1951): Field Theory in Social Science. New York: Harper and Row. (Lewin, Kurt (1963): Feldtheorie in den Sozialwissenschaften. Ausgewählte theoretische Schriften. Herausgegeben von Dorwin Cartwright. Bern: Hans Huber, S. 223–270.
Luhmann, N. (2000): Organisation und Entscheidung. Heidelberg: Springer.
Malik, F. (2015): Navigieren in Zeiten des Umbruchs. Die Welt neu denken und gestalten. Frankfurt am Main: Campus.
Madsbjerg, C., Rasmussen, M. B. (2014): The Moment of Clarity, using the human sciences to solve your toughest business problems. Harvard Business Review Press. 1/2014. S. 107 – 122.
March, J. G. (1991): Exploration and Exploitation in Organizational Learning. Organization Science, 2 (1), S. 71–87.
March, J.G. (2009): Primer on Decision Making: How Decisions Happen. New York: Simon & Schuster
Meyer, J.-U. (2019): Digitale Gewinner – Erfolgreich den digitalen Umbruch managen. Verlag BusinessVillage. Göttingen.
Müller-Stewens, G., Lechner, C. (2016): Strategisches Management: Wie strategische Initiativen zum Wandel führen. Stuttgart: Schäffer-Poeschel; 5. überarbeitete Auflage.
Mutius, B. von (2017): Disruptive Thinking – Das Denken, das der Zukunft gewachsen ist. Offenbach: Gabal.
Nagji, B., Tuff, G. (2012): A Simple Tool You Need to Manage Innovation. Harvard Business Review, May 2011. https://hbr.org/2012/05/a-simple-tool-you-need-to-mana, Zugriff 19.11.2020.
Naughton, C. (2016): Neugier: So schaffen Sie Lust auf Neues und Veränderung. Düsseldorf: Econ.
Nefzger, E. (2021): Frau Barra steigt aus. https://www.spiegel.de/auto/general-motors-verbrennerausstieg-die-konsequenz-die-der-konkurrenz-fehlt-a-c5d1cab8-6317-4ef0-ad99-2400d0a9a1be , (Zugriff 5.05.2021).
North, K., Friedrich, P., Brahtz, M. (2005): Innovationskompetenz –Bestandsaufnahme, Modell, Ebenen. In: Kompetenzentwicklung 2005. Münster: Waxmann S. 69–112.
North, K., Haas, O., Pakleppa, C-.B. (2021): Transformationskompass 2021. https://p-4-d.org/wp-content/uploads/2021/04/Transformationskompass-2021.pdf, Zugriff 5.05.2021.

O'Reilly, C.A., Tushman, M. (2013): Organizational Ambidexterity: Past, Present and Future. Academy of Management Perspectives 27 (4), S. 324–338.
Osterwalder, A., Pigneur, Y. et al. (2011): Business Model Generation: Ein Handbuch für Visionäre, Spielveränderer und Herausforderer. Frankfurt: Campus.
Osterwalder, A. et al. (2020): The Invincible Company: So schaffen Sie eine Kultur der Innovation und Transformation, die Ihr Unternehmen unbesiegbar macht. Frankfurt: Campus.
Pakleppa, C.B., Schwinge, B., Köster-Ehling, O., (2018): Co-Kreation in Multi-Akteurs-Prozessen, Eine Fallstudie zur Nutzung der Theorie U. In: OrganisationsEntwicklung. 2/2018, S. 6–13.
Pakleppa, C.-B. Schwinge, B., (2016): Beratung und Prozessbegleitung in der transorganisationalen Zusammenarbeit und bei Multistakeholderinitiativen. In: Asselmeyer,
H., Roehl, H. (Hrsg.): Organisationen klug gestalten. Kompetenzen für eine komplexe Welt. Stuttgart: Schäffer-Poeschel, S. 402 – 407.
Philips (2021): Quellen zum Praxiseinblick „Von der Krise zum radikalen Umbau"
https://www.results.philips.com/publications/ar20#ceo
https://www.philips.com/a-w/about/news/archive/standard/news/articles/20171222-philips-the-transformation-journey-to-success.html
Keine Fernseher und Staubsauger mehr, stattdessen Medizintechnik: Firmenboss Frans van Houten hat die Traditionsmarke Philips neu erfunden. Hat es sich gelohnt?
Ein Interview von Alexander Jung und Martin U. Müller
07.05.2021, DER SPIEGEL 19/2021, Zugriff 9.06.2021.
Podsakoff, P.M., MacKenzie, S.B., Moorman, R.H. & Fetter, R. (1990): Transformational leader behaviors and their effects on followers' trust in leader, satisfaction, and organizational citizenship behaviors. Leadership Quarterly, vol., 1, pp., 107–142.
Ready, D. (2016): Aligning purpose, people, and performance. MIT Management Executive Education, Training material, Boston.
Roehl, H, Haas, O. (2013): Gewohnheitstiere. Im Gespräch mit Daniel Kahneman. In: OrganisationsEntwicklung, 1/2013, S. 4–9.
Roehl, H., Haas O., Belau, M. (2017): Der Change-Navigator. 48 Frage- und Antwortkarten für wirksames Change Management. Weinheim, Beltz.
Roehl, H. (2018): Ich Anderer. Nicolai-Verlag. Berlin.
Roehl, H. (2021): Die Hinterbühne entdecken. Vom Fake Change zur echten Veränderung. In: OrganisationsEntwicklung, 1/2021, S. 4.
Rohm, A. (2015): Change-Tools: Erfahrene Prozessberater präsentieren wirksame Workshop-Interventionen. 6. Auflage. Bonn: ManagerSeminare.
Romeike, F., Spitzner, J. (2013): Von Szenarioanalyse bis Wargaming: Betriebswirtschaftliche Simulationen im Praxiseinsatz. Weinheim: Wiley-VCH.
Salber, D. (2009): Wirklichkeit im Wandel, Einführung in die morphologische Psychologie, Bonn Bouvier, S. 110.
Scharmer, C.O. (2007): Theory U. Leading from the Future as it Emerges. The Social Technology of Presencing. Oakland: Berrett-Koehler. (2. Auflage 2016)
Scharmer, C.O, Käufer, K. (2008): Führung vor der leeren Leinwand – Presencing als soziale Technik. OrganisationsEntwicklung, 2/2008, S. 4–11.
Scharmer, C.O. (2009): Theorie U. Von der Zukunft her führen: Presencing als soziale Technik. Heidelberg: Carl-Auer.
Scharmer, C.O. (2018): The Essentials of Theory U – Core Principles and Applications. Oakland: Berrett-Koehler.
Schein, E. (1999): The Corporate Culture Survival Guide. San Francisco: Jossey-Bass.
Schein, E. (2013): „Humble Inquiry: The Gentle Art of Asking Instead of Telling". Oakland: Berrett-Koehler.
Schmid, B., Messmer, A. (2005): Systemische Personal-, Organisations- und Kulturentwicklung – Konzepte und Perspektiven, in: Schmid, B. (Hrsg.): EHP-Handbuch Systemische Professionalität und Beratung. Köln: Edition Humanistische Psychologie, S. 26–47.
Schrage, M. (2000): How the World's Best Companies Simulate to Innovate. Boston (Mass.): Harvard Business School Press.
Schumacher, T. (2020): Ambidextrie gestern und heute. Ein Interview mit Michael Tushman. OrganisationsEntwicklung, 4/2020, S. 4–9.
Schwinge, B., Pakleppa, C.B., Sutterlüti, W. (2016): Der Common Ground-Prozess. Ein integrativer Ansatz zur gemeinsamen Gestaltung von Arbeitskultur. In: OrganisationsEntwicklung. 2/2016, S. 54–59.
Senge P.M. (2008): Das Fieldbook zur „fünften Disziplin". Stuttgart: Schäffer-Poeschel. (5. Auflage)
Senge, P.M. (2011): Die fünfte Disziplin. Kunst und Praxis der lernenden Organisation. Stuttgart: Schäffer-Poeschel. (11. Auflage)
Senge, P. M. (2011): Die notwendige Revolution. Wie Individuen und Organisationen zusammenarbeiten, um eine nachhaltige Welt zu schaffen. Heidelberg: Carl-Auer.

Stouten, J., Rousseau, D.M., Cremer, D. (2018): Successful Organizational Change: Integrating the Management Practice and Scholarly Literatures. Academy of Management Annals. 12, 2. S. 752–788.
Strauss, C. (1992a): Models and Motives in: D'Andrada R. G. und Strauss C. (HG) Human Motives and Cultural Models, Cambridge, Cambridge University Press, 1992 S. 1–20.
Strauss, C. (1992b): What makes Tony run? Schemas as motives reconsidered in D'Andrada R. G. und Strauss C. (HG) Human Motives and Cultural Models, Cambridge, Cambridge University Press, 1992 S. 197–224.
Tam Ngo, M. (2019): Curiosity driven Innovation. Masterarbeit Hochschule Pforzheim. https://www.hs-pforzheim.de/fileadmin/user_upload/uploads_redakteur/Forschung/heedPF/Dokumente/MinhTamNgo_CuriosityDrivenInnovation.pdf, Zugriff 8.011.2020.
Teece, D. J./Pisano, G./Shuen, A., (1997): Dynamic Capabilities and strategic management. in: Strategic Management Journal 18, S. 509–533.
Teece, D.J. (2007): Explicating Dynamic Capabilities: The Nature and Microfoundations of (sustainable) Enterprise Performance. Strategic Management Journal, 28, 4, S. 1319–1350.
Thomas, A. (1996): Psychologie interkulturellen Handelns, Göttingen: Hogrefe 1996.
von Rosenstiel, L. (2009). Grundlagen der Führung. In: L. von Rosenstiel, M. Domsch, & E. Regnet (Hrsg.), Führung von Mitarbeitern (6. Aufl.), S. 3–27. Stuttgart: Schäffer-Poeschel.
von Ameln, F., Heintel, P. (2016): Macht in Organisationen. Stuttgart: Schäffer-Poeschel.
Vroom, V.; Yetton, P.W. (1973): Leadership and Decision-Making. Pittsburgh: University of Pittburgh Press.
Vroom, V. H.; Jago, A.G. (1988): The New Leadership: Managing Participation in Organizations. Englewood Cliffs (NJ): Pearson.
Watzlawick, P.; Beavin, J.H.; Jackson, D. D. (2000): Menschliche Kommunikation. Formen, Strömungen, Paradoxien. Bern: Huber.
Wilhelmer, D., Nagel, R. (2021): Foresight-Managementhandbuch. Das Gestalten von Open Innovation. Heidelberg: Carl-Auer.
Winkler, B., Haas, O. (2018): Jubel, Trubel, Insolvenz. Wider einer Verherrlichung von Start-ups. OrganisationsEntwicklung, 1/2018, S. 55–59.
Zillich, S. (2017): Neugier als Leitmotiv anwenden und aushalten. GfWM Themen, Ausgabe 13 –Neugier. https://www.gfwm.de/gfwm-themen-13-neugier/ Zugriff 7.09.2020.
Zukunftsinstitut (2021): Die wichtigsten Methoden der Trend- und Zukunftsforschung. https://www.zukunftsinstitut.de/artikel/methoden-der-trend-und-zukunftsforschung/ (Zugriff 18.05.2021).

ÜBERSICHT DER PRAXISEINBLICKE

VERZEICHNISSE

ABBILDUNGSVERZEICHNIS

TEXTBOXEN

DANKSAGUNG

Diese Menschen haben ihr Wissen und ihre Erfahrungen mit uns geteilt und damit maßgeblich zu unserem Transformationsverständnis beigetragen. Dafür sagen wir Dankeschön!

- Stefan Barth, Vorstand, COO tarent AG, Bonn
- Christine Epler, Head of HR-Strategy, Innovation & Diversity, Deutsche Bahn, Berlin
- Christine Erlach, Narrata Consult
- Dr. Andrej Heinke, Vicepresident Corporate Foresight and Megatrends, Robert Bosch GmbH
- Michael Hähnel, Vorsitzender der Geschäftsleitung, Rügenwalder Mühle, Bad Zwischenahn
- Claudia Hauschild, Leiterin der Unternehmenskommunikation, Rügenwalder Mühle, Bad Zwischenahn
- Mathias Mogge, Generalsekretär, Welthungerhilfe, Bonn
- Christoph Roth, CFO und Vertriebsleiter, AMOVA GmbH, Netphen/Siegerland
- Dr. Thomas Rieger, Berater und Trainer, Como Consult, Hamburg
- Dr. Steffen Schröder, Market Reach Change Manager, Hilti AG
- Melanie Stenger, Agile Coach, ING, Frankfurt
- Michael Woodcock, Lead Social Scientist, Development Economics, Weltbank/Harvard Kennedy School, Washington D.C./Boston
- Nadine Zasadzin, Center of Expertise Lead/Way of Working, ING, Frankfurt
- Bettina Zedlitz, Senior Director for S/4 HANA GTM & Solution Management, SAP AG

Holger Voskuhl danken wir recht herzlich für das Foto der Autoren.

Alexander Wege und Ulrich Harz danken wir herzlich für die Covergestaltung in Bild und Text.

Welcher Anfang steckt im Ende?

NORTH, HAAS, PAKLEPPA VOR DER BUNDESKUNSTHALLE BONN FOTO: HOLGER VOSKUHL

OLIVER HAAS

begleitet seit mehr als 20 Jahren Menschen und Organisationen weltweit bei tiefgreifenden Veränderungen. Als systemtheoretisch affiner Soziologe schaut er dabei auf die Druckpunkte für kollektive Veränderungen, glaubt aber auch an die Macht kluger Fragen, um soziale Systeme im Kleinen in Bewegung zu bringen. Ob als Führungskraft, interner/externer Organisationsberater, Coach oder Mediator: Oliver verfügt über vielfältige und tiefe Einblicke in Organisationen unterschiedlicher Couleur. All diese sind in dieses Buch eingeflossen. Oliver lehrt und lehrte an der Georgetown University und George Washington University sowie den Technischen Universitäten in Darmstadt und Kaiserslautern. Er ist Mitherausgeber der Zeitschrift „OrganisationsEntwicklung" und Autor zahlreicher Bücher und Fachartikel im Themenkreis Transformation, Change Management und Organisationslernen.

Kontakt haas@organisation-transformation.org

PROF. DR-ING. KLAUS NORTH

versteht sich als Vermittler zwischen Wissenschaft und Praxis. Hierfür entwickelt er nicht nur anwendungsorientierte Konzepte zur wissensorientierten Unternehmensführung und zum Innovationsmanagement, sondern hat in über 30 Jahren mehr als 300 führende Unternehmen und öffentliche Institutionen weltweit bei der Umsetzung unterstützt. Zudem lehrt er Internationale Unternehmensführung an der Wiesbaden Business School, Hochschule Rhein Main. Klaus hat eine große Zahl von Veröffentlichungen zum Wissens-/ Kompetenz- und Innovationsmanagement verfasst, u. a. das in mehrere Sprachen übersetzte Standardwerk „Wissensorientierte Unternehmensführung" (Springer Gabler 2021, 7. Auflage). Unter seiner wissenschaftlichen Leitung standen bzw. stehen eine Vielzahl von Drittmittelprojekten zur Selbstorganisation, partizipativen Veränderung und zu Transformationen von Organisationen.

Kontakt north@organisation-transformation.org

CLAUS-BERNHARD PAKLEPPA

aufgewachsen in Deutschland und Südafrika, ist Claus Ethnologe, Unternehmer, Organisationsberater, Coach und Sparringspartner für Entscheider und Brückenbauer aus Leidenschaft. Die Begleitung tiefgreifender Veränderungen und die dabei notwendige Gestaltung von Organisationskultur ist ihm ein Anliegen. Seit 25 Jahren begleitet er als externer Berater Menschen und Organisationen international in unterschiedlichsten Sektoren, Industrien und sektorübergreifend und steht dabei für eine partnerschaftliche Entwicklung. Claus ist Gründer und Mitgründer von Beratungsunternehmen und NGOs, Geschäftsführer der p4d GmbH und Autor mehrerer Fachartikel zum Thema Organisationskultur und Change-Management. Er hat all diese Erfahrungen in dieses Buch mit einfließen lassen.

Kontakt pakleppa@organisation-transformation.org
www.organisation-transformation.org